厚生労働省認定教材	
認定番号	第59274号
認定年月日	昭和60年4月19日
改定承認年月日	令和 7 年3月31日
訓練の種類	普通職業訓練
訓練課程名	普通課程

機械製図

応用編

独立行政法人 高齢・障害・求職者雇用支援機構
職業能力開発総合大学校 基盤整備センター 編

はしがき

本書は，職業能力開発促進法に定める普通職業訓練に関する基準に準拠し，「機械系」系基礎学科「製図」の教科書として編集したものです。

コンピュータソフトの開発によってCADで図面が容易に作成できるようになりましたが，製図の基本的な規則が理解されていないと，技術言語である図面としては表現される要求事項が読図者に正確に伝わらないことになります。

本書は，基礎編として，機械工学分野で活躍される方々に設計意図が正確に伝わるために必要な図面が作成できるよう，必要な事項について順序だててまとめてあります。そして，応用編として，機械図面に多く用いられる機械要素部品を例示して，理解を深めていただけるように編集しました。

実際に図面を作成するとなると，工業分野によって種々の部品・製品を製造するためには，本書に記載のないものも多くありますが，まず基本的な製図規則を理解していただきたいと思います。そうすれば，かなりの応用ができるようになります。

昨今は，図面の国際化が行われつつあります。国際規格（ISO）との整合を図った図面が要求されるようになりましたので，独立の原則（independency principle），包絡の条件（envelope requirement），複合位置度公差方式（composite positional tolerancing）などを追加しました。これらは，すでにJIS化もされています。

今回の改定で，これらの図面への適用によって国際化の時代に相応しい内容になると確信しています。一層の理解を深めてください。

なお，本書は次の方々のご協力により改定したもので，その労に対して深く謝意を表します。

〈監 修 委 員〉

桑 田 浩 志	元 ISO/TC 10 & ISO/TC 213日本代表
吉 田 瞬	職業能力開発総合大学校

〈執 筆 委 員〉

東 健 司	AZMエンジニアリング
磯 野 宏 秋	元 職業能力開発総合大学校
滝 沢 亮 介	神奈川県立東部総合職業技術校
丹 羽 竜 介	中部職業能力開発促進センター
山 中 淳 央	兵庫県立神戸高等技術専門学院

（委員名は五十音順，所属は執筆当時のものです）

令和７年３月

独立行政法人 高齢・障害・求職者雇用支援機構
職業能力開発総合大学校 基盤整備センター

目　　次

第１章　機械要素部品の製図

第２章　図面管理

第３章　熱処理及び表面処理

第４章　CAD 機械製図

第５章　スケッチ手法

第1章
機械要素部品の製図

1.1　締結部品

1.1.1　ボルト・ナット

ボルト・ナットは，締結が確実で，組み立てや分離が容易で取り扱いやすいため，非常によく使用され，多くの種類がある。一般に，金属製のボルトのねじ部は転造加工で，ナットのねじ部は切削加工で製作される。

ここでは，最もよく用いられる**六角ボルト**，**六角ナット**，**六角穴付きボルト**，**植込みボルト**について述べる（図１－１）。

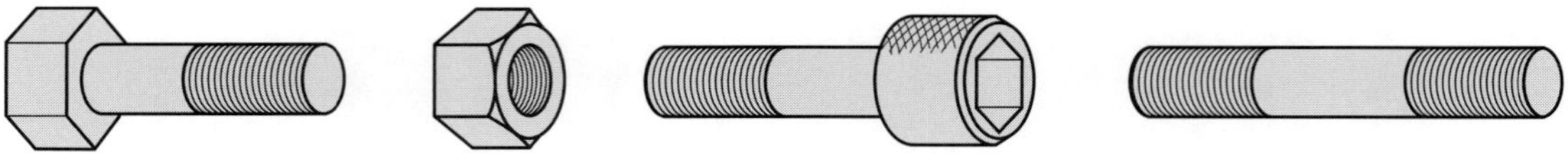

(a)　六角ボルト　(b)　六角ナット　(c)　六角穴付きボルト　(d)　植込みボルト

図1－1　ボルト・ナット

(1)　六角ボルト

a　六角ボルトの種類

六角ボルトには，次の３種類がある。

①　呼び径六角ボルト（後出の表１－４）

　軸部がねじ部と円筒部とからなり，円筒部の径がほぼ呼び径のもの。

②　全ねじ六角ボルト（後出の表１－５）

　軸部全体がねじ部で円筒部がないもの。

③　有効径六角ボルト（後出の表１－６）

　軸部がねじ部と円筒部とからなり，円筒部の径がほぼ有効径のもの。

b　六角ボルトの部品等級

六角ボルトは，精度によって部品等級Ａ，Ｂ及びＣが規定されている。表１－１に部品等級の区分，表１－２に部品等級と公差を示す。

また，表１－３に六角ボルトの部品等級と機械的性質を示す。

表１－１　部品等級の区分

ねじの呼び長さ *l*	M1.6 ～ 24(1)	M27 ～ 64(2)
10*d* 又は 150 mm(3)以下のもの	部品等級Ａ	部品等級Ｂ
10*d* 又は 150 mm(3)のいずれかを超えるもの	部品等級Ｂ	部品等級Ｂ

注）*d* は，ねじの呼び径を表す。部品等級Ｃは，M5 ～ 64 のものを対象（細目ねじはない）。
注(1)　細目ねじの場合は M8 ～ 24
(2)　有効径六角ボルトの場合は部品等級Ｂだけで，M3 ～ 20
(3)　いずれか短い方を適用する。

表１－２　部品等級と公差

部品等級	公差の水準（表面性状）		ねじの等級	
	軸部及び座面の程度	その他の形体の精度	ボルト	ナット
A	精（*Ra* 6.3）	精（*Ra* 6.3）	6g	6H
B	精（*Ra* 6.3）	粗（*Ra* 12.5）	6g	6H
C	粗（*Ra* 12.5）	粗（*Ra* 12.5）	8g(1)	7H

注(1)　ただし，強度区分 8.8 以上に対しては 6g とする。

表１－３　六角ボルトの部品等級と機械的性質（d ≦ 39 mm）（JIS B 1180：2014 参考）

六角ボルトの種類	部品等級	種　類	呼び径範囲［mm］	公　差クラス	材　質		
					鋼(6)強度区分	ステンレス鋼性状区分	非鉄金属材質区分
呼び径六角ボルト 全ねじ六角ボルト	A	並目	1.6 ～ 24(1)	6g	5.6 8.8 9.8(3) 10.9	A2 － 70(4) A4 － 70(4) A2 － 50(5) A4 － 50(5)	JIS B 1057 による
		細目	8 ～ 24(1)				
	B	並目	1.6 ～ 24(2) 27 ～ 64				
		細目	8 ～ 24(2) 27 ～ 64				
	C	並目	5 ～ 64	8g	4.6 4.8	－	－
有効径六角ボルト	B	並目	3 ～ 20	6g	5.8 6.8 8.8	A2 － 70	JIS B 1057 による

注(1)　呼び長さが 10*d*（*d* はねじの呼び径）又は 150 mm 以下のもの
(2)　呼び長さが 10*d* 又は 150 mm を超えるもの
(3)　並目の場合だけで，呼び長さが 10*d* 又は 150 mm 以下のもの
(4)　ねじの呼び径（*d*）が $d \leqq 24$ mm のもの
(5)　ねじの呼び径（*d*）が 24 mm $< d \leqq 39$ mm のもの
(6)　鋼の呼び径範囲は，並目の場合は部品等級Ａ及びＢは 3 mm $\leqq d \leqq$ 39 mm，部品等級Ｃは $d \leqq$ 39 mm，細目の場合は部品等級Ａ及びＢは $d \leqq$ 39 mm を表す。

c　六角ボルトの呼び方

ボルトの呼び方は，種類，規格番号，部品等級，ねじの呼び×呼び長さ，機械的性質の区分（鋼ボルトの場合は強度区分，ステンレスボルトの場合は性状区分，非鉄金属ボルトの場合は材質区分），部品等級，及び指定事項による。ただし，規格番号は特に必要がなければ省略してもよい。

また，指定事項としては，ねじ先の形状，表面処理の種類などを必要に応じて示す。

〔例〕

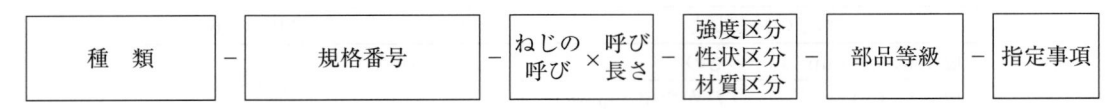

種　類	−	規格番号	−	ねじの呼び × 呼び長さ	−	強度区分 性状区分 材質区分	−	部品等級	−	指定事項

① 呼び径六角ボルト，並目，鋼の場合

呼び径六角ボルト － JIS B 1180 － ISO 4014 － M5×40 － 8.8(1) － 部品等級Ａ

② 全ねじ六角ボルト，細目，ステンレス鋼の場合

全ねじ六角ボルト － JIS B 1180 － ISO 8676 － M12×1.5×80 － A2－70(2) － 部品等級Ａ

③ 有効径六角ボルト，並目，非鉄金属の場合

有効径六角ボルト － JIS B 1180 － ISO 4015 － M8×40 － CU2(3) － 部品等級Ｂ － 面取り先

注）製品仕様がISO 規格と一致している場合は，ISO 規格番号も入れる。

注(1) 鋼の強度区分8.8は，小数点前の８を100倍して引張強さの最小値が800 MPaであることを示す。小数点後の８は降伏点又は耐力の最小値が引張強さの最小値の80%，すなわち640 MPaであることを表す。

(2) ステンレス鋼の性状区分A2－70は，鋼種がオーステナイト系ステンレス鋼（A2）を表し，強度は引張強さの最小値700 MPaを示す。

(3) CU2は，非鉄金属の材質区分を表す。CU1は銅，CU2～７は銅合金，AL1～６はアルミニウム合金を示す。引張強さなどの機械的性質は，JIS B 1057：2001による。

表１－４　呼び径六角ボルト（並目ねじ）の寸法①（JIS B 1180：2014）
── 部品等級Ａ，Ｂ及びＣ（第１選択）──

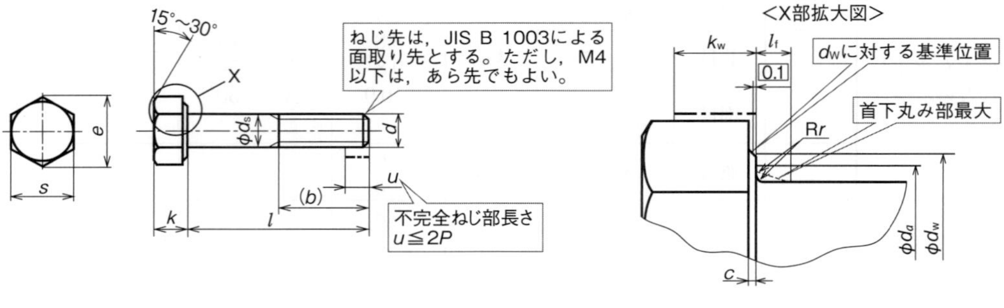

(a) 部品等級Ａ及びＢ（第１選択）

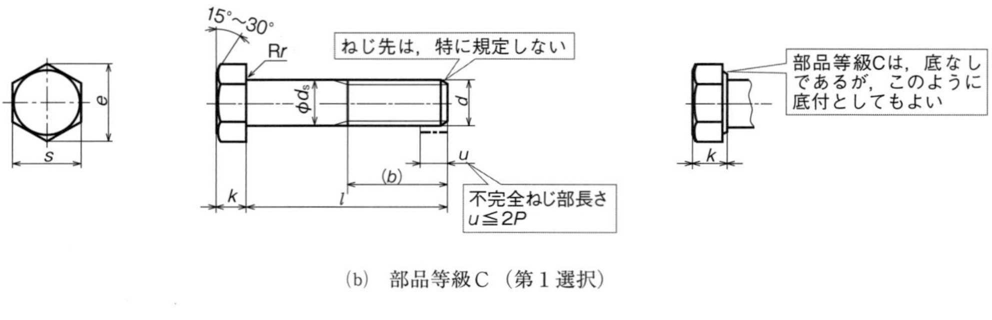

(b) 部品等級Ｃ（第１選択）

表１－４　呼び径六角ボルト（並目ねじ）の寸法②（JIS B 1180：2014）
── 部品等級Ａ，Ｂ及びＣ（第１選択）──

［単位：mm］

(a)　部品等級Ａ及びＢ（第１選択）

ねじの呼び d			M1.6	M2	M2.5	M3	M4	M5	M6	M8	M10	M12	M16	M20	M24
P (1)			0.35	0.4	0.45	0.5	0.7	0.8	1	1.25	1.5	1.75	2	2.5	3
b(参考)		(2)	9	10	11	12	14	16	18	22	26	30	38	46	54
		(3)	15	16	17	18	20	22	24	28	32	36	44	52	60
		(4)	28	29	30	31	33	35	37	41	45	49	57	65	73
c		最大	0.25	0.25	0.25	0.40	0.40	0.50	0.50	0.60	0.60	0.60	0.8	0.8	0.8
		最小	0.10	0.10	0.10	0.15	0.15	0.15	0.15	0.15	0.15	0.15	0.2	0.2	0.2
d_a		最大	2	2.6	3.1	3.6	4.7	5.7	6.8	9.2	11.2	13.7	17.7	22.4	26.4
d_s	基準寸法=最大		1.60	2.00	2.50	3.00	4.00	5.00	6.00	8.00	10.00	12.00	16.00	20.00	24.00
	部品等級 A	最小	1.46	1.86	2.36	2.86	3.82	4.82	5.82	7.78	9.78	11.73	15.73	19.67	23.67
	部品等級 B	最小	1.35	1.75	2.25	2.75	3.70	4.70	5.70	7.64	9.64	11.57	15.57	19.48	23.48
d_w	部品等級 A	最小	2.27	3.07	4.07	4.57	5.88	6.88	8.88	11.63	14.63	16.63	22.49	28.19	33.61
	部品等級 B	最小	2.30	2.95	3.95	4.45	5.74	6.74	8.74	11.47	14.47	16.47	22	27.7	33.25
e	部品等級 A	最小	3.41	4.32	5.45	6.01	7.66	8.79	11.05	14.38	17.77	20.03	26.75	33.53	39.98
	部品等級 B	最小	3.28	4.18	5.31	5.88	7.50	8.63	10.89	14.20	17.59	19.85	26.17	32.95	39.55
l_f		最大	0.6	0.8	1	1	1.2	1.2	1.4	2	2	3	3	4	4
k	基準寸法		1.1	1.4	1.7	2	2.8	3.5	4	5.3	6.4	7.5	10	12.5	15
	部品等級 A	最大	1.225	1.525	1.825	2.125	2.925	3.65	4.15	5.45	6.58	7.68	10.18	12.715	15.215
		最小	0.975	1.275	1.575	1.875	2.675	3.35	3.85	5.15	6.22	7.32	9.82	12.285	14.785
	部品等級 B	最大	1.3	1.6	1.9	2.2	3.0	3.74	4.24	5.54	6.69	7.79	10.29	12.85	15.35
		最小	0.9	1.2	1.5	1.8	2.6	3.26	3.76	5.06	6.11	7.21	9.71	12.15	14.65
k_w (5)	部品等級 A	最小	0.68	0.89	1.10	1.31	1.87	2.35	2.70	3.61	4.35	5.12	6.87	8.6	10.35
	部品等級 B	最小	0.63	0.84	1.05	1.26	1.82	2.28	2.63	3.54	4.28	5.05	6.8	8.51	10.26
r		最小	0.1	0.1	0.1	0.1	0.2	0.2	0.25	0.4	0.4	0.6	0.6	0.8	0.8
s	基準寸法=最大		3.20	4.00	5.00	5.50	7.00	8.00	10.00	13.00	16.00	18.00	24.00	30.00	36.00
	部品等級 A	最小	3.02	3.82	4.82	5.32	6.78	7.78	9.78	12.73	15.73	17.73	23.67	29.67	35.38
	部品等級 B	最小	2.90	3.70	4.70	5.20	6.64	7.64	9.64	12.57	15.57	17.57	23.16	29.16	35.00
l	部品等級	A	12～16	16～20	16～25	20～30	25～40	25～50	30～60	40～80	45～100	50～120	65～150	80～150	90～150
		B	–	–	–	–	–	–	–	–	–	–	160	160～200	160～240

(b)　部品等級Ｃ（第１選択）

ねじの呼び d		M5	M6	M8	M10	M12	M16	M20
P (1)		0.8	1	1.25	1.5	1.75	2	2.5
b(参考)	(2)	16	18	22	26	30	38	46
	(3)	22	24	28	32	36	44	52
	(4)	35	37	41	45	49	57	65
d_s	最大	5.48	6.48	8.58	10.58	12.7	16.7	20.84
	最小	4.52	5.52	7.42	9.42	11.3	15.3	19.16
e	最小	8.63	10.89	14.2	17.59	19.85	26.17	32.95
k	基準寸法	3.5	4	5.3	6.4	7.5	10	12.5
	最大	3.875	4.375	5.675	6.85	7.95	10.75	13.4
	最小	3.125	3.625	4.925	5.95	7.05	9.25	11.6
r	最小	0.2	0.25	0.4	0.4	0.6	0.6	0.8
s	基準寸法=最大	8.00	10.00	13.00	16.00	18.00	24.00	30.00
	最小	7.64	9.64	12.57	15.57	17.57	23.16	29.16
l	部品等級 C	25～50	30～60	40～80	45～100	55～120	65～160	80～200

注(1)　P は，ねじのピッチ　(2)　$l_{nom} \leqq 125$ mm に対して　(3)　125 mm$< l_{nom} \leqq 200$ mm に対して
(4)　$l_{nom} > 200$ mm に対して　(5)　$k_{w,min} = 0.7 k_{min}$

注）l は，次の数値の中から表の範囲内のものを選ぶ。
20, 25, 30, 35, 40, 45, 50, 55, 60, 65, 70, 80, 90, 100, 110, 120, 130, 140, 150, 160, 180, 200, 220, 240

表１－５　全ねじ六角ボルト（並目ねじ）の寸法①（JIS B 1180：2014）
── 部品等級Ａ及びＢ（第１選択）──

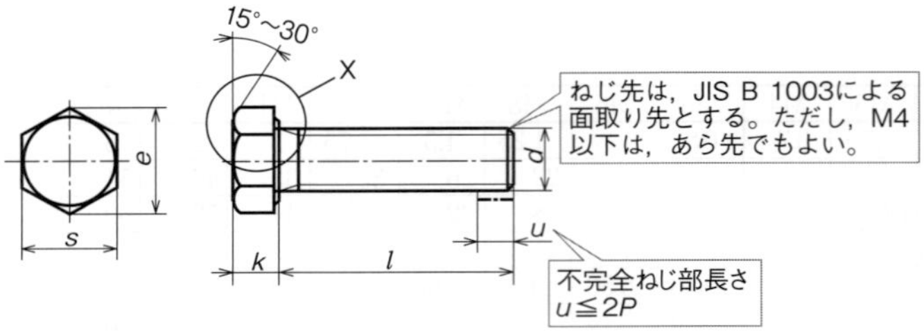

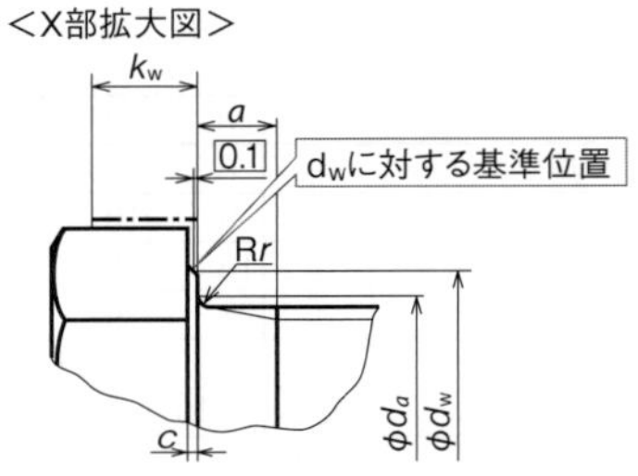

下図の形状でもよい。

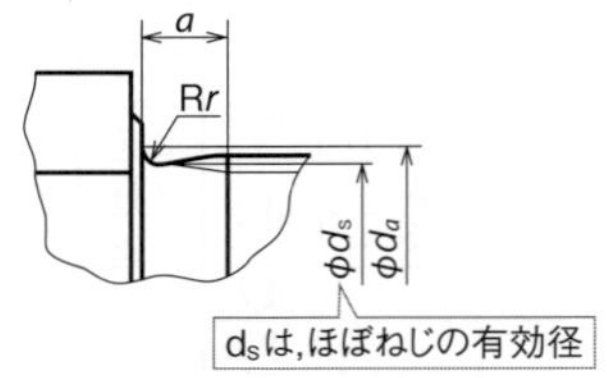

［単位：mm］

ねじの呼び d			M1.6	M2	M2.5	M3	M4	M5	M6	M8	M10	M12	M16	M20	M24
P (1)			0.35	0.4	0.45	0.5	0.7	0.8	1	1.25	1.5	1.75	2	2.5	3
a		最大(2)	1.05	1.2	1.35	1.5	2.1	2.4	3	4	4.5	5.3	6	7.5	9
		最小	0.35	0.4	0.45	0.5	0.7	0.8	1	1.25	1.5	1.75	2	2.5	3
c		最大	0.25	0.25	0.25	0.40	0.40	0.50	0.50	0.60	0.60	0.60	0.8	0.8	0.8
		最小	0.10	0.10	0.10	0.15	0.15	0.15	0.15	0.15	0.15	0.15	0.2	0.2	0.2
d_a		最大	2	2.6	3.1	3.6	4.7	5.7	6.8	9.2	11.2	13.7	17.7	22.4	26.4
d_w	部品等級 A	最小	2.27	3.07	4.07	4.57	5.88	6.88	8.88	11.63	14.63	16.63	22.49	28.19	33.61
	部品等級 B		2.30	2.95	3.95	4.45	5.74	6.74	8.74	11.47	14.47	16.47	22	27.7	33.25
e	部品等級 A	最小	3.41	4.32	5.45	6.01	7.66	8.79	11.05	14.38	17.77	20.03	26.75	33.53	39.98
	部品等級 B		3.28	4.18	5.31	5.88	7.50	8.63	10.89	14.20	17.59	19.85	26.17	32.95	39.55
k	基準寸法		1.1	1.4	1.7	2	2.8	3.5	4	5.3	6.4	7.5	10	12.5	15
	部品等級 A	最大	1.225	1.525	1.825	2.125	2.925	3.65	4.15	5.45	6.58	7.68	10.18	12.715	15.215
		最小	0.975	1.275	1.575	1.875	2.675	3.35	3.85	5.15	6.22	7.32	9.82	12.285	14.785
	部品等級 B	最大	1.3	1.6	1.9	2.2	3.0	3.74	4.24	5.54	6.69	7.79	10.29	12.85	15.35
		最小	0.9	1.2	1.5	1.8	2.6	3.26	3.76	5.06	6.11	7.21	9.71	12.15	14.65
k_w (3)	部品等級 A	最小	0.68	0.89	1.10	1.31	1.87	2.35	2.70	3.61	4.35	5.12	6.87	8.6	10.35
	部品等級 B		0.63	0.84	1.05	1.26	1.82	2.28	2.63	3.54	4.28	5.05	6.8	8.51	10.26
r		最小	0.1	0.1	0.1	0.1	0.2	0.2	0.25	0.4	0.4	0.6	0.6	0.8	0.8
s	基準寸法=最大		3.20	4.00	5.00	5.50	7.00	8.00	10.00	13.00	16.00	18.00	24.00	30.00	36.00
	部品等級 A	最小	3.02	3.82	4.82	5.32	6.78	7.78	9.78	12.73	15.73	17.73	23.67	29.67	35.38
	部品等級 B		2.90	3.70	4.70	5.20	6.64	7.64	9.64	12.57	15.57	17.57	23.16	29.16	35.00
l	部品等級	A	2～16	4～20	5～25	6～30	8～40	10～50	12～60	16～80	20～100	25～120	30～150	40～150	50～150
		B	20～200	25～200	30～200	35～200	45～200	55～200	65～200	90～200	110～200	130～200	160～200	160～200	160～200

注(1)　P は，ねじのピッチ

(2)　a_{max} の値は，JIS B 1006 の並系列による。

(3)　$k_{w,\,min} = 0.7 k_{min}$

注）l は次の数値の中から表の範囲内のものを選ぶ。
6, 8, 10, 12, 16, 20, 25, 30, 35, 40, 45, 50, 55, 60, 65, 70, 80, 90, 100, 110, 120, 130, 140, 150, 160, 180, 200

表１－５　全ねじ六角ボルト（並目ねじ）の寸法②（JIS B 1180：2014）
── 部品等級 C（第１選択）──

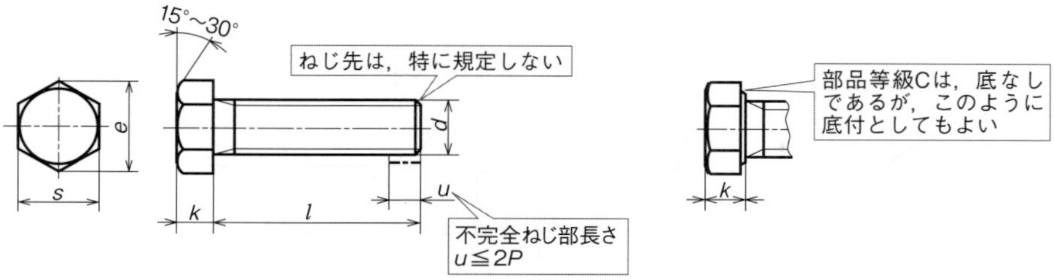

［単位：mm］

ねじの呼び d			M5	M6	M8	M10	M12	M16	M20	M24
P [(1)]			0.8	1	1.25	1.5	1.75	2	2.5	3
e	最小		8.63	10.89	14.2	17.59	19.85	26.17	32.95	39.55
k	基準寸法		3.5	4	5.3	6.4	7.5	10	12.5	15
	最大		3.875	4.375	5.675	6.85	7.95	10.75	13.4	15.9
	最小		3.125	3.625	4.925	5.95	7.05	9.25	11.6	14.1
s	基準寸法=最大		8.00	10.00	13.00	16.00	18.00	24.00	30.00	36
	最小		7.64	9.64	12.57	15.57	17.57	23.16	29.16	35
l	部品等級	C	10～50	12～60	16～80	20～100	25～120	30～160	40～200	50～240

注(1)　P は，ねじのピッチ
注）l は次の数値の中から表の範囲内のものを選ぶ。
10, 12, 16, 20, 25, 30, 35, 40, 45, 50, 55, 60, 65, 70, 80, 90, 100, 110, 120, 130, 140, 150, 160, 180, 200, 220, 240

表１－６　有効径六角ボルト（並目ねじ）の寸法（JIS B 1180：2014）
── 部品等級Ｂ ──

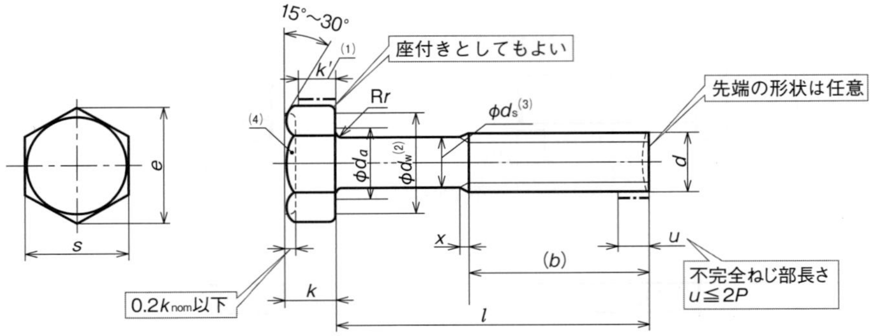

［単位：mm］

ねじの呼び　d			M3	M4	M5	M6	M8	M10	M12	(M14)(5)	M16	M20
P(6)			0.5	0.7	0.8	1	1.25	1.5	1.75	2	2	2.5
b(参考)	(7)		12	14	16	18	22	26	30	34	38	46
	(8)		–	–	–	–	28	32	36	40	44	52
d_a	最大		3.6	4.7	5.7	6.8	9.2	11.2	13.7	15.7	17.7	22.4
d_s	（約）		2.6	3.5	4.4	5.3	7.1	8.9	10.7	12.5	14.5	18.2
d_w	最小		4.4	5.7	6.7	8.7	11.4	14.4	16.4	19.2	22	27.7
e	最小		5.98	7.50	8.63	10.89	14.20	17.59	19.85	22.78	26.17	32.95
k	基準寸法		2	2.8	3.5	4	5.3	6.4	7.5	8.8	10	12.5
	最小		1.80	2.60	3.26	3.76	5.06	6.11	7.21	8.51	9.71	12.15
	最大		2.20	3.00	3.74	4.24	5.54	6.69	7.79	9.09	10.29	12.85
k'	最小		1.3	1.8	2.3	2.6	3.5	4.3	5.1	6	6.8	8.5
r	最小		0.1	0.2	0.2	0.25	0.4	0.4	0.6	0.6	0.6	0.8
s	最大		5.5	7	8	10	13	16	18	21	24	30
	最小		5.20	6.64	7.64	9.64	12.57	15.57	17.57	20.16	23.16	29.16
x	最大		1.25	1.75	2	2.5	3.2	3.8	4.3	5	5	6.3
l	部品等級	C	20～30	20～40	25～50	25～60	30～80	40～100	45～120	50～140	55～150	65～150

注(1)　頭部の最小有効高さは，$k'=0.7_{min}$
(2)　二面幅＜21 mmの場合$d_{w,\,min}=s_{min}-IT16$　　二面幅≧21 mmの場合$d_{w,\,min}=0.95s_{min}$
(3)　円筒部の径d_sは，ほぼねじの有効径とする。ただし，座面から0.5までの範囲は，ねじの呼び径まで許容する。
(4)　くぼみの有無及びその形状は，使用者から特に指定がない限り製造業者の任意とする。
(5)　ねじの呼びに括弧を付けたものは，なるべく用いない。
(6)　Pは，ねじのピッチ
(7)　l_{nom}≦125 mm に対して
(8)　125 mm＜l_{nom}≦200 mmに対して
注）l は次の数値の中から表の範囲内のものを選ぶ。
20, 25, 30, 35, 40, 45, 50, 55, 60, 65, 70, 80, 90, 100, 110, 120, 130, 140, 150

⑵　六角ナット

a　六角ナットの種類

六角ナットの種類は，ナットの高さによって六角ナットと六角低ナット注1）に区別されている。六角ナットは，ねじの呼び径（D）に対してナットの高さが$0.8D$以上のものであり，六角低ナットはナットの高さが$0.8D$未満のものである。

また，六角ナットおいて，部品等級A及びBのものに対しては，ナットの高さの違いでスタイル1[注2)]とスタイル2[注3)]に分類され，スタイル 2 のナットの高さは，スタイル 1 より高く，約 0.9D 以上となっており，スタイル1と比較してナットが高いことから，ねじのかみ合い部分が長く，強度が高いのが特徴である。

b　六角ナットの部品等級

六角ナットの精度は，部品等級 A，B 及び C が規定されている。ねじの呼び M16 以下のものを部品等級 A，M18 又は M20 以上のものを部品等級 B としている。部品等級 C は，M5 ～ 64 のものを対象としている。

表1 － 7に六角ナットの部品等級と機械的性質を示す。

表1 － 7　六角ナットの部品等級と機械的性質（$D \leqq 39$ mm）（JIS B 1181：2014 参考）

六角ナットの種類	部品等級	種類	呼び径範囲［mm］	公差クラス	材質 鋼 強度区分(1)	材質 ステンレス鋼 性状区分	材質 非鉄金属 材質区分
六角ナット－スタイル1	A	並目	1.6 ～ 16	6H	10	A2 － 70 (2) A4 － 70 (2) A2 － 50 (3) A4 － 50 (3)	JIS B 1057 による
		細目	8 ～ 16				
	B	並目	18 ～ 64		6, 8		
		細目					
六角ナット－スタイル2	A	並目	5 ～ 16	6H	8, 9, 10, 12	－	－
		細目	8 ～ 16		8, 10, 12		
	B	並目	20 ～ 36		8, 9, 10, 12		
		細目	18 ～ 36		10		
六角ナット－C	C	並目	5 ～ 64	7H	5	－	－
六角低ナット－両面取り	A	並目	1.6 ～ 16	6H	04 (4), 05	A2 － 035 (2) A4 － 035 (2) A2 － 025 (3) A4 － 025 (3)	JIS B 1057 による
		細目	8 ～ 16				
	B	並目	18 ～ 64				
		細目					
六角低ナット－面取りなし	B	並目	1.6 ～ 10	6H	硬さ（最小）110HV30	－	JIS B 1057 による

注(1)　5 mm ＜ $D \leqq 39$ mm の場合
(2)　$D \leqq 24$ mm のもの
(3)　24 mm ＜ $D \leqq 39$ mm のもの
(4)　六角低ナット－両面取りの場合，強度区分を2桁で表し，2番目の数字で保証荷重応力を示す。04 は 400 MPa の保証応力を表す。

注1）JIS B 0101 では「ひくなっと」と読む。
注2）JIS B 1052 － 2 では「並高さナット」と呼んでいる。
注3）JIS B 1052 － 2 では「高ナット」と呼んでいる。

c　六角ナットの呼び方

六角ナットの形式は，スタイルで区分され，六角低ナットは，スタイルによる区分はなく，面取りの有無によって分けられる。呼び方は，種類，規格番号，ねじの呼び，機械的性質（鋼ナットの場合は強度区分，ステンレスナットの場合は性状区分，非鉄金属の場合は材料区分）及び指定事項による。ただし，六角低ナット－面取りなしは，強度区分を省略する。

また，規格番号は必要がなければ省略してもよい。

〔例〕

種　類	－	規格番号	－	ねじの呼び	－	強度区分 性状区分 材質区分	－	指定事項

① ねじの呼びがM10，強度区分６，スタイル１の六角ナットの場合

六角ナット－スタイル１	JIS B 1181 － ISO 4032	－	M10	－	6 (1)

② ねじの呼びがM12，強度区分10，スタイル２の六角ナットの場合

六角ナット－スタイル２	JIS B 1181 － ISO 8674	－	M12 × 1.5	－	10 (1)

③ ねじの呼びがM16，強度区分04，両面取りの六角低ナットの場合

六角低ナット－両面取り	JIS B 1181 － ISO 4035	－	M16	－	04

注）製品仕様がISO 規格と一致している場合は，ISO 規格番号も入れる。
注(1)　六角ナットの強度区分は，組み合わせで使用することができるおねじの最大の強度区分の左側の数字と同一の数字で表示している。

表１－８に六角ナット，表１－９に六角低ナットの寸法を示す。

表１－８　六角ナット（並目ねじ）の寸法（JIS B 1181：2014）
── スタイル１，スタイル２及びＣ（第１選択）──

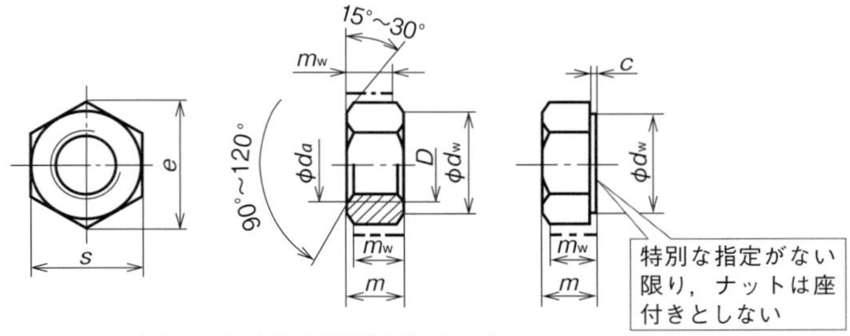

(a)　スタイル１及びスタイル２

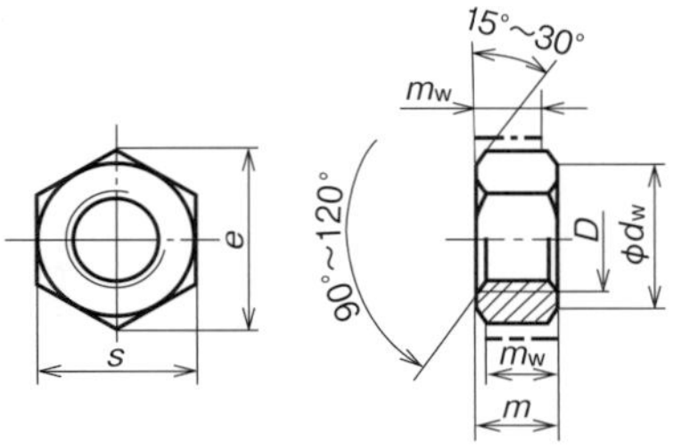

(b)　C

［単位：mm］

(a)－１　スタイル１（第１選択）

ねじの呼び　*D*		M3	M4	M5	M6	M8	M10	M12	M16	M20	M24
P (1)		0.5	0.7	0.8	1	1.25	1.5	1.75	2	2.5	3
c	最大	0.40	0.40	0.50	0.50	0.60	0.60	0.60	0.80	0.80	0.80
	最小	0.15	0.15	0.15	0.15	0.15	0.15	0.15	0.20	0.20	0.20
d_a	最大	3.45	4.60	5.75	6.75	8.75	10.80	13.00	17.30	21.60	25.90
	最小	3.00	4.00	5.00	6.00	8.00	10.00	12.00	16.00	20.00	24.00
d_w	最小	4.60	5.90	6.90	8.90	11.60	14.60	16.60	22.50	27.70	33.30
e	最小	6.01	7.66	8.79	11.05	14.38	17.77	20.03	26.75	32.95	39.55
m	最大	2.40	3.20	4.70	5.20	6.80	8.40	10.80	14.80	18.00	21.50
	最小	2.15	2.90	4.40	4.90	6.44	8.04	10.37	14.10	16.90	20.20
m_w	最小	1.70	2.30	3.50	3.90	5.20	6.40	8.30	11.30	13.50	16.20
s	基準寸法=最大	5.50	7.00	8.00	10.00	13.00	16.00	18.00	24.00	30.00	36.00
	最小	5.32	6.78	7.78	9.78	12.73	15.73	17.73	23.67	29.16	35.00

(a)－２　スタイル２（第１選択）

ねじの呼び　*D*		M5	M6	M8	M10	M12	M14	M16	M20
P (1)		0.8	1	1.25	1.5	1.75	2	2	2.5
c	最大	0.50	0.50	0.60	0.60	0.60	0.60	0.80	0.80
d_a	最大	5.75	6.75	8.75	10.80	13.00	15.10	17.30	21.60
	最小	5.00	6.00	8.00	10.00	12.00	14.00	16.00	20.00
d_w	最小	6.90	8.90	11.60	14.60	16.60	19.60	22.50	27.70
e	最小	8.79	11.05	14.38	17.77	20.03	23.36	26.75	32.95
m	最大	5.10	5.70	7.50	9.30	12.00	14.10	16.40	20.30
	最小	4.80	5.40	7.14	8.94	11.57	13.40	15.70	19.00
m_w	最小	3.84	4.32	5.71	7.15	9.26	10.70	12.60	15.20
s	基準寸法=最大	8.00	10.00	13.00	16.00	18.00	21.00	24.00	30.00
	最小	7.78	9.78	12.73	15.73	17.73	20.67	23.67	29.16

(b)　C（第１選択）

ねじの呼び　*D*		M5	M6	M8	M10	M12	M16	M20	M24
P (1)		0.8	1	1.25	1.5	1.75	2	2.5	3
d_w	最小	6.70	8.70	11.50	14.50	16.50	22.00	27.70	33.30
e	最小	8.63	10.89	14.20	17.59	19.85	26.17	32.95	39.55
m	最大	5.60	6.40	7.90	9.50	12.20	15.90	19.00	22.30
	最小	4.40	4.90	6.40	8.00	10.40	14.10	16.90	20.20
m_w	最小	3.50	3.70	5.10	6.40	8.30	11.30	13.50	16.20
s	基準寸法=最大	8.00	10.00	13.00	16.00	18.00	24.00	30.00	36.00
	最小	7.64	9.64	12.57	15.57	17.57	23.16	29.16	35.00

注(1)　Pは，ねじのピッチ

表１－９　六角低ナット（並目ねじ）の寸法（JIS B 1181：2014）
── 両面取り（第１選択），面取りなし──

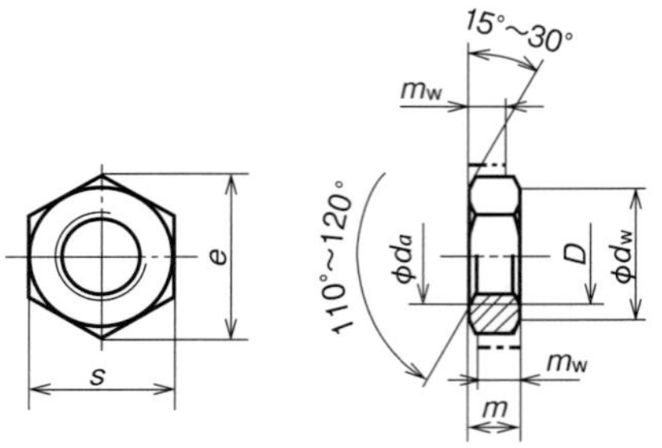

(a)　両面取り（第１選択）

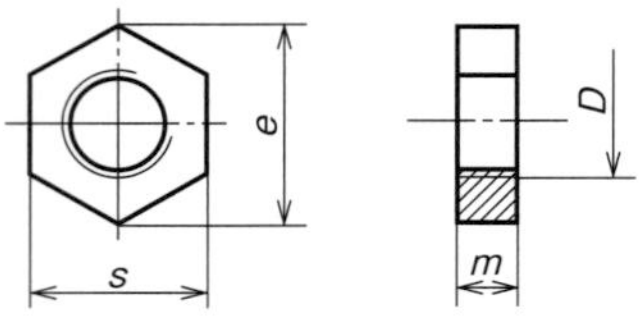

(b)　面取りなし

［単位：mm］

(a)　両面取り（第１選択）

ねじの呼び　D		M1.6	M2	M2.5	M3	M4	M5	M6
P [(1)]		0.35	0.4	0.45	0.5	0.7	0.8	1
d_a	最大	1.84	2.30	2.90	3.45	4.60	5.75	6.75
	最小	1.60	2.00	2.50	3.00	4.00	5.00	6.00
d_w	最小	2.40	3.10	4.10	4.60	5.90	6.90	8.90
e	最小	3.41	4.32	5.45	6.01	7.66	8.79	11.05
m	最大	1.00	1.20	1.60	1.80	2.20	2.70	3.20
	最小	0.75	0.95	1.35	1.55	1.95	2.45	2.90
m_w	最小	0.60	0.80	1.10	1.20	1.60	2.00	2.3
s	基準寸法=最大	3.20	4.00	5.00	5.50	7.00	8.00	10.00
	最小	3.02	3.82	4.82	5.32	6.78	7.78	9.78

ねじの呼び　D		M8	M10	M12	M16	M20	M24
P [(1)]		1.25	1.5	1.75	2	2.5	3
d_a	最大	8.75	10.80	13.00	17.30	21.60	25.90
	最小	8.00	10.00	12.00	16.00	20.00	24.00
d_w	最小	11.60	14.60	16.60	22.50	27.70	33.20
e	最小	14.38	17.77	20.03	26.75	32.95	39.55
m	最大	4.00	5.00	6.00	8.00	10.00	12.00
	最小	3.70	4.70	5.70	7.42	9.10	10.90
m_w	最小	3.0	3.8	4.60	5.90	7.30	8.70
s	基準寸法=最大	13.00	16.00	18.00	24.00	30.00	36.00
	最小	12.73	15.73	17.73	23.67	29.16	35.00

(b)　面取りなし

ねじの呼び　D		M1.6	M2	M2.5	M3	(M3.5) [(2)]	M4	M5	M6	M8	M10
P [(1)]		0.35	0.4	0.45	0.5	0.6	0.7	0.8	1	1.25	1.5
e	最小	3.28	4.18	5.31	5.88	6.44	7.50	8.63	10.89	14.20	17.59
m	最大	1.00	1.20	1.60	1.80	2.00	2.20	2.70	3.20	4.00	5.00
	最小	0.75	0.95	1.35	1.55	1.75	1.95	2.45	2.90	3.70	4.70
s	基準寸法=最大	3.20	4.00	5.00	5.50	6.00	7.00	8.00	10.00	13.00	16.00
	最小	2.90	3.70	4.70	5.20	5.70	6.64	7.64	9.64	12.57	15.57

注(1)　Pは，ねじのピッチ
　(2)　ねじの呼びに括弧を付けたものは，なるべく用いない。

(3)　六角穴付きボルトの呼び方

六角穴付きボルトは，種類，規格番号，ねじの呼び（*d*）×呼び長さ（*l*），ねじ部の長さ，ねじの等級，機械的性質の強度区分，材料，部品等級及び指定事項を次のように表す。

表1－10に，六角穴付きボルトの形状・寸法を示す。

〔例〕

種　類	－	規格番号	－	ねじの呼び × 呼び長さ	－	強度区分 性状区分 材質区分	－	指定事項

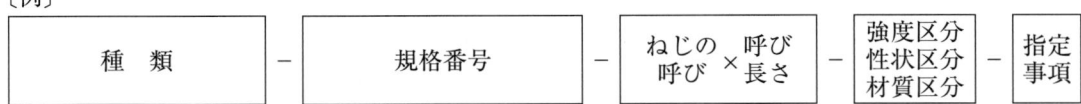

① ねじの呼びがM6，呼び長さ25 mm，強度区分10.9の六角穴付きボルトの場合

六角穴付きボルト － JIS B 1176 － ISO 4762 － M6 × 25 － 10.9

② ねじの呼びがM16，呼び長さ100 mm，強度区分12.9の六角穴付きボルトの場合

六角穴付きボルト － JIS B 1176 － ISO 12474 － M16 × 1.5 × 100 － 12.9

注）製品仕様がISO規格と一致している場合は，ISO規格番号も入れる。

(4)　植込みボルトの呼び方

植込みボルトの呼び方は，規格名称及び規格番号，ねじの呼び（*d*）×呼び長さ（*l*），植込み側のピッチ系列，ナット側のピッチ系列，bmの種別，強度区分及び指定事項を次のように表す。

表1－11に，植込みボルトの形状・寸法を示す。

〔例〕

規格名称及び規格番号	－	ねじの呼び × 呼び長さ	－	植込み側のピッチ系列	－	ナット側のピッチ系列	－	bmの種別又は数値	－	強度区分	－	指定事項

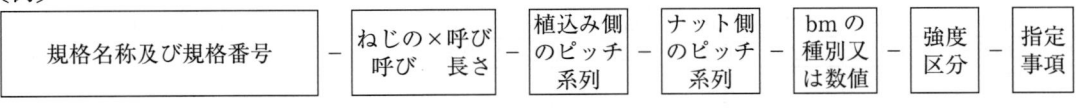

① ねじの呼びがM5，呼び長さ25 mm，強度区分8.8，bmが1種の植込みボルトの場合

植込みボルト JIS B 1173 － M5 × 25 － 並 － 並 － 1種 － 8.8

② ねじの呼びがM12（植込み側が並目ねじ，ナット側が細目ねじ），呼び長さ70 mm，強度区分8.8，bmが2種，JIS B 1044による電気めっき（A2K）の植込みボルトの場合

植込みボルト JIS B 1173 － M12 × 70 － 並 － 細 － 2種 － 8.8 － ASK

表１－10　六角穴付きボルトの形状・寸法（JIS B 1176：2014）

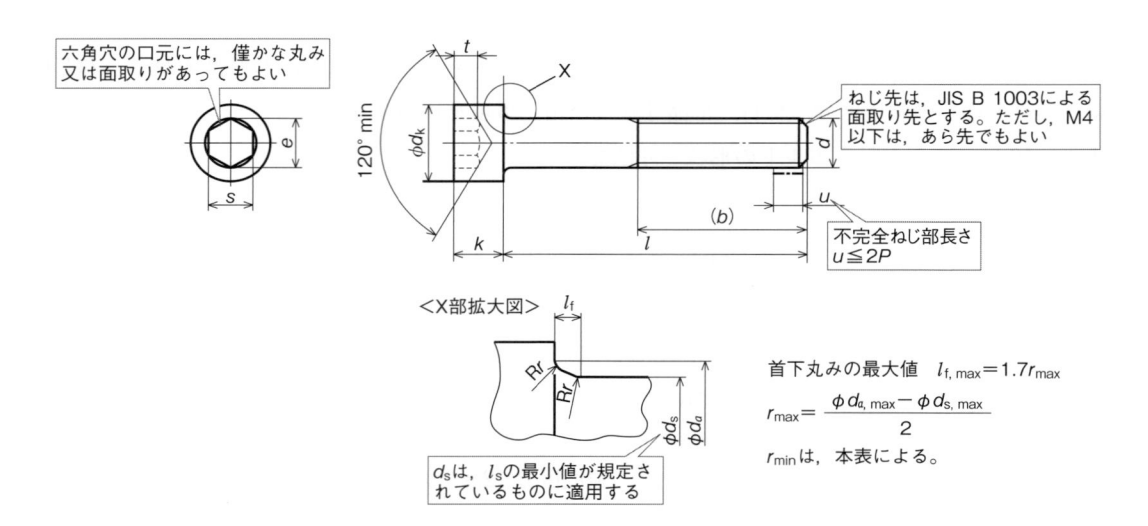

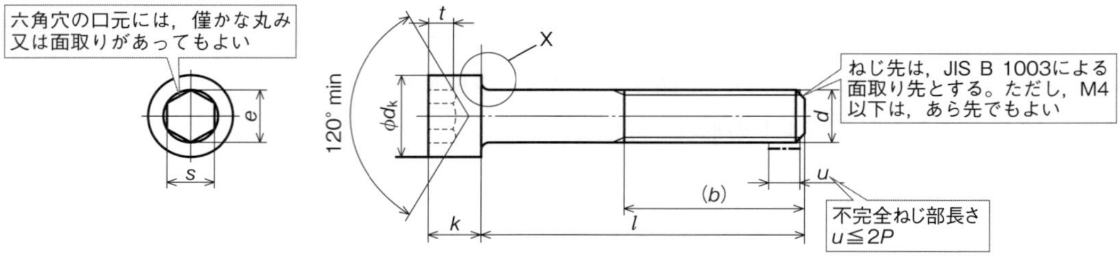

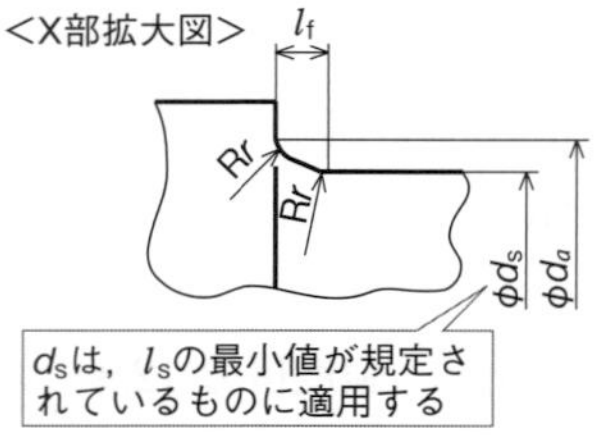

首下丸みの最大値　$l_{f,\,max} = 1.7 r_{max}$

$$r_{max} = \frac{\phi d_{a,\,max} - \phi d_{s,\,max}}{2}$$

r_{min} は，本表による。

［単位：mm］

ねじの呼び (*d*)		M 3	M 4	M 5	M 6	M 8	M10	M12	(M14)	M16	M20	M24
P (1)		0.5	0.7	0.8	1	1.25	1.5	1.75	2	2	2.5	3
b (2)	(参考)	18	20	22	24	28	32	36	40	44	52	60
d_k	最大(3)	5.50	7.00	8.50	10.00	13.00	16.00	18.00	21.00	24.00	30.00	36.00
	最大(4)	5.68	7.22	8.72	10.22	13.27	16.27	18.27	21.33	24.33	30.33	36.39
	最小	5.32	6.78	8.28	9.78	12.73	15.73	17.73	20.67	23.67	29.67	35.61
d_a	最大	3.6	4.7	5.7	6.8	9.2	11.2	13.7	15.7	17.7	22.4	26.4
d_s	最大	3.00	4.00	5.00	6.00	8.00	10.00	12.00	14.00	16.00	20.00	24.00
	最小	2.86	3.82	4.82	5.82	7.78	9.78	11.73	13.73	15.73	19.67	23.67
e	最小	2.873	3.443	4.583	5.723	6.863	9.149	11.429	13.716	15.996	19.437	21.734
l_f	最大	0.51	0.60	0.60	0.68	1.02	1.02	1.45	1.45	1.45	2.04	2.04
k	最大	3.00	4.00	5.00	6.00	8.00	10.00	12.00	14.00	16.00	20.00	24.00
	最小	2.86	3.82	4.82	5.7	7.64	9.64	11.57	13.57	15.57	19.48	23.48
r	最小	0.1	0.2	0.2	0.25	0.4	0.4	0.6	0.6	0.6	0.8	0.8
s	呼び	2.5	3	4	5	6	8	10	12	14	17	19
	最大	2.58	3.080	4.095	5.140	6.140	8.175	10.175	12.212	14.212	17.23	19.275
	最小	2.52	3.020	4.020	5.020	6.020	8.025	10.025	12.032	14.032	17.05	19.065
t	最小	1.3	2	2.5	3	4	5	6	7	8	10	12
l (5)		5～20	6～20	8～25	10～30	12～35	16～40	20～50	25～55	25～60	30～70	40～80
		25～30	25～40	30～50	35～60	40～80	45～100	55~120	60~140	65~160	80~200	90~200

注(1)　P は，ねじのピッチ。
(2)　全ねじでないもの（l の数値が表中下段の範囲のもの）に適用する。
(3)　ローレットがない頭部に適用する。
(4)　ローレットがある頭部に適用する。
(5)　l の数値が表中上段の範囲のものは全ねじとする。
l は次の数値の中から表の範囲内のものを選ぶ。
5, 6, 8, 10, 12, 16, 20, 25, 30, 35, 40, 45, 50, 55, 60, 65, 70, 80, 90, 100, 110, 120, 130, 140, 150, 160, 180, 200
注）ねじの呼びに括弧を付けたものは，なるべく用いない。

表１－11　植込みボルトの形状・寸法（JIS B 1173：2010）

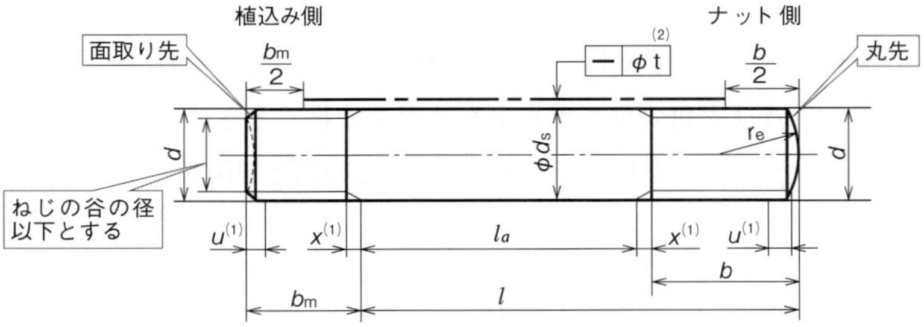

［単位：mm］

ねじの呼び径　d			4	5	6	8	10	12	(14)	16	(18)	20
ピッチ P	並目ねじ		0.7	0.8	1	1.25	1.5	1.75	2	2	2.5	2.5
	細目ねじ		−	−	−	−	1.25	1.25	1.5	1.5	1.5	1.5
d_s	最大(基準寸法)		4	5	6	8	10	12	14	16	18	20
	最小		3.82	4.82	5.82	7.78	9.78	11.73	13.73	15.73	17.73	19.67
b	l≦125 mmのもの	最小(基準寸法)	14	16	18	22	26	30	34	38	42	46
		最大 並目ねじ	15.4	17.6	20	24.5	29	33.5	38	42	47	51
		最大 細目ねじ	−	−	−	−	28.5	32.5	37	41	45	49
	l>125 mmのもの	最小(基準寸法)	−	−	−	−	−	−	−	−	48	52
		最大 並目ねじ	−	−	−	−	−	−	−	−	53	57
		最大 細目ねじ	−	−	−	−	−	−	−	−	51	55
b_m	1種	最小	−	−	−	−	12	15	18	20	22	25
		最大	−	−	−	−	13.1	16.1	19.1	21.3	23.3	26.3
	2種	最小	6	7	8	11	15	18	21	24	27	30
		最大	6.75	7.9	8.9	12.1	16.1	19.1	22.3	25.3	28.3	31.3
	3種	最小	8	10	12	16	20	24	28	32	36	40
		最大	8.9	10.9	13.1	17.1	21.3	25.3	29.3	33.6	37.6	41.6
r_e		(約)	5.6	7	8.4	11	14	17	20	22	25	28
呼び長さ　$l^{(3)}$			12〜16	12〜18	12〜20	16〜25	20〜30	22〜35	25〜40	32〜45	32〜50	35〜50
			18〜40	20〜45	22〜50	28〜55	32〜100	38〜100	45〜100	50〜100	55〜160	55〜160

注(1)　x 及び u は，不完全ねじ部の長さで，２ピッチ以下とする。

(2)　真直度は，JIS B 1173 の表２（本書では省略）による。

(3)　推奨する呼び長さ（l）のうち，表中の上段の値のものは，呼び長さ（l）が短いため規定のねじ部長さを確保することができないので，ナット側ねじ部長さを，本表の b の最小値より小さくしてもよいが，JIS B 1173 の表３（本書では省略）に示す $d+2P$（d はねじの呼び径，P はピッチで，並目の値を用いる）の値より小さくなってはならない。

また，これらの円筒部長さは，表３の l_a 以上を原則とする。

呼び長さ l の数値は，次の中から表の範囲内のものを選ぶ。

12, 14, 16, 18, 20, 22, 25, 28, 30, 32, 35, 38, 40, 45, 50, 55, 60, 65, 70, 80, 90, 100, 110, 120, 140, 160

注１）ねじの呼び径に括弧を付けたものは，できるだけ用いないのがよい。

２）ナット側のねじ部長さ（b）は，JIS B 1009 を参照。

３）植込み側のねじ部長さ（bm）は，１種，２種，３種 のうち，いずれかを注文者が指定する。

なお，１種は 1.25d，２種は 1.5d，３種は 2d に等しいかこれに近く，１種及び２種は鋼（鋳鋼品及び鍛鋼品を含む）又は鋳鉄に，３種は軽合金に植え込むものを対象としている。

４）植込み側のねじ先は面取り先，ナット側のねじ先は丸先とし，その形状・寸法は，JIS B 1003 を参照。

(5) ボルト・ナットの図示

六角ボルト・六角ナット及び六角穴付きボルトなどの図示は，図１－２に示すような簡略図示で表す。六角ボルト・六角ナット及び六角穴付きボルトを略画法で描くときは，ねじの呼び d を基準とした各部の割合を決めて描くとよい。図１－３にその製図方法の例と製図順序を示す。

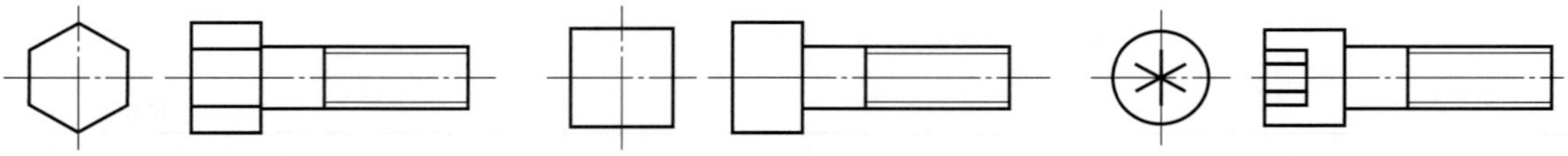

(a)　六角ボルト　　(b)　四角ボルト　　(c)　六角穴付きボルト

図１－２　ボルト・ナットの簡略図示

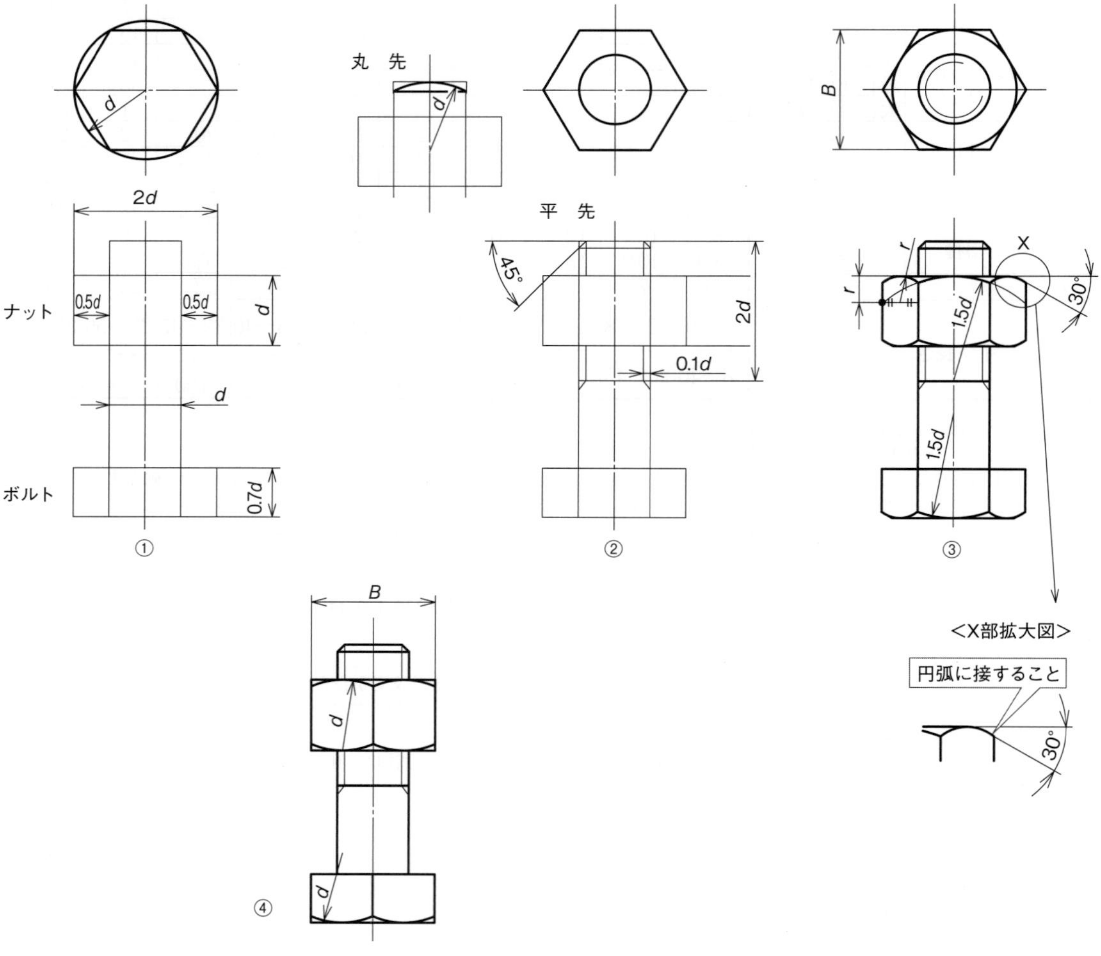

(a)　六角ボルト・六角ナットの製図順序

図１－３　ボルト・ナットの製図方法の例（略画法）①

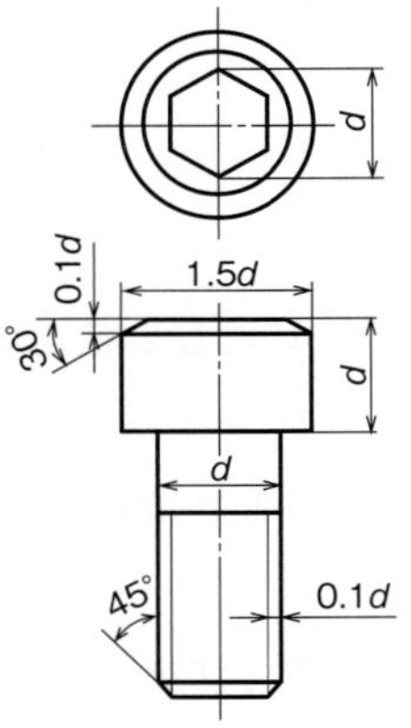

(b)　六角穴付きボルト

図１－３　ボルト・ナットの製図方法の例（略画法）②

(6)　ボルト・ナットの使用方法

ボルト・ナットは，使用目的によって，通しボルト，押さえボルト，植込みボルトという使い方があり，図１－４(a)～(c)のように描かれる。

また，六角穴付きボルトは，ボルトの頭部が出ないようにして機械部品を締め付けるときなどに用いられ，同図(d)のように図示される。

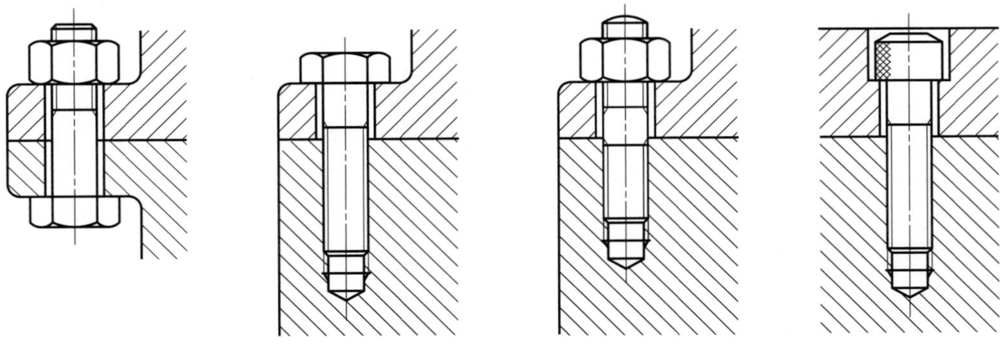

(a)　通しボルト　(b)　押さえボルト　(c)　植込みボルト　(d)　六角穴付きボルト

図１－４　ボルト・ナットの図示例

1.1.2　ボルト穴・座金

⑴　ボルト穴径とざぐり径

ボルト・小ねじを通す**ボルト穴径**は，ねじの呼びと使用箇所の精度によって，表１－12 に示す値が用いられる。

また，ボルト頭やナットの座面が締め付ける面と密着しにくい場合には，ざぐりを行う。この場合も**ざぐり径**は，同表の値を用いる。

六角穴付きボルトの，ボルト穴と深ざぐりの寸法を表１－13 に示す。

表１－12　ボルト穴径及びざぐり径の寸法（JIS B 1001：1985）

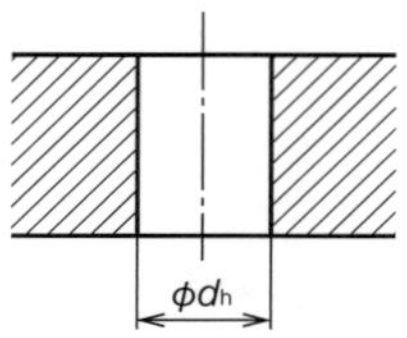

(a)　ボルト穴

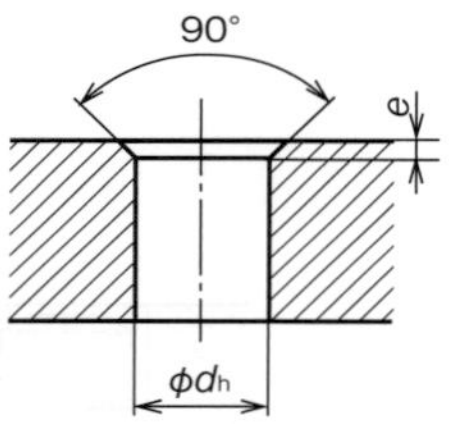

(b)　ボルト穴（面取りあり）

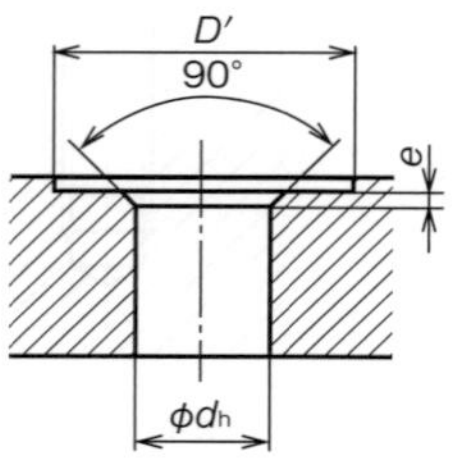

(c)　ボルト穴（ざぐり，面取りあり）

［単位：mm］

ねじの呼び径	ボルト穴径 d_h				面取り e	ざぐり径 D'
	１級	２級	３級	４級(1)		
1	1.1	1.2	1.3	−	0.2	3
1.2	1.3	1.4	1.5			4
1.4	1.5	1.6	1.8			
1.6	1.7	1.8	2			5
1.8	2.0	2.1	2.2			
2	2.2	2.4	2.6		0.3	7
2.5	2.7	2.9	3.1			8
3	3.2	3.4	3.6			9
3.5	3.7	3.9	4.2			10
4	4.3	4.5	4.8	5.5 *	0.4	11
4.5	4.8	5	5.3	6 *		13
5	5.3	5.5	5.8	6.5 *		
6	6.4	6.6	7	7.8 *		15
7	7.4	7.6	8	− *		18
8	8.4	9	10	10 *	0.6	20
10	10.5	11	12	13 *		24
12	13	13.5	14.5	15 *	1.1	28
14	15	15.5	16.5	17 *		32
16	17	17.5	18.5	20 *		35
18	19	20	21	22 *		39
20	21	22	24	25 *	1.2	43
22	23	24	26	27 *		46
24	25	26	28	29 *		50
27	28	30	32	33 *	1.7	55

注⑴　４級は，主として鋳抜き穴に適用する。
注１）穴の面取りは，必要に応じて行い，その角度は原則として90°とする。
　２）あるねじの呼び径に対して，この表のざぐり径よりも小さいもの又は大きいものを必要とする場合は，なるべくこの表のざぐり径系列から数値を選ぶのがよい。
　３）ざぐり面は，穴の中心線に対して直角となるようにし，ざぐりの深さは，一般に黒皮がとれる程度とする。
　４）＊印を付したものは，ISO 273に規定されていない。

表1－13　六角穴付きボルトに対する座ぐり及びボルト穴の寸法（JIS B 1176：1974 参考）

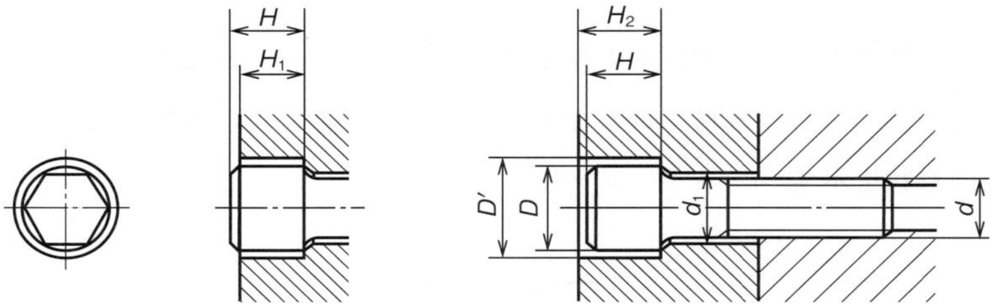

［単位：mm］

ねじの呼び d	ボルト穴径 d_1	ざぐり径 D	ざぐり径 D'	H	H_1	H_2
M3	3.4	5.5	6.5	3	2.7	3.3
M4	4.5	7	8	4	3.6	4.4
M5	5.5	8.5	9.5	5	4.6	5.4
M6	6.6	10	11	6	5.5	6.5
M8	9	13	14	8	7.4	8.6
M10	11	16	17.5	10	9.2	10.8
M12	14	18	20	12	11	13
(M14)	16	21	23	14	12.8	15.2
M16	18	24	26	16	14.5	17.5
(M18)	20	27	29	18	16.5	19.5
M20	22	30	32	20	18.5	21.5
(M22)	24	33	35	22	20.5	23.5
M24	26	36	39	24	22.5	25.5
(M27)	30	40	43	27	25	29

⑵ 座　　金

座金（ワッシャ）は，ボルト穴がボルトの径より大きすぎる場合，ボルト頭やナットを受ける面が凹凸の場合，耐圧力の低い材料（木材，ゴムなど）をボルトで締め付ける場合などに用いられる。

図１－５に座金の形状を示す。

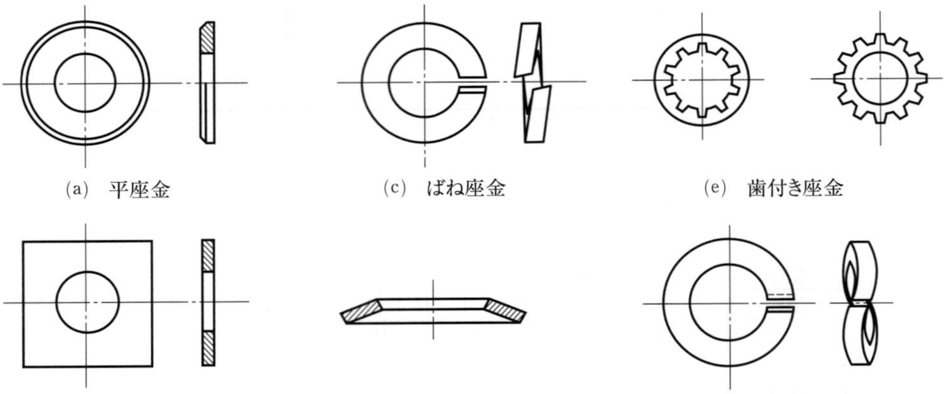

(a)　平座金　(c)　ばね座金　(e)　歯付き座金

(b)　角座金　(d)　皿ばね座金　(f)　波形ばね座金

図１－５　座金の形状

a 平 座 金

平座金の種類を表１－14 に，形状，寸法及び製品の呼び方を表１－15 に示す。

表１－14　平座金の種類（JIS B 1256：2008 参考）

種　類	部品等級	適用ねじ呼び径［mm］	硬さ区分［HV］
小　径	A	1.6 ～ 36	200，300
並　形	A	1.6 ～ 64	200，300
	C		100
並形面取り	A	5 ～ 64	200，300
大　形	A	3 ～ 36	200，300
	C		100
特大形	C	5 ～ 36	100

表１－15　平座金の形状，寸法及び呼び方①（JIS B 1256：2008）
── 小形（部品等級A）──

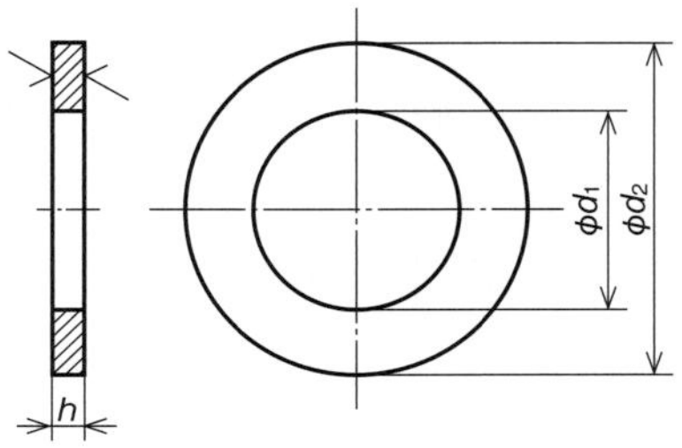

寸法［単位：mm］，表面粗さ［単位：μm］

$\sqrt{} = \begin{cases} h \leqq 3: & \sqrt{Ra\ \ 1.6} \\ h > 3: & \sqrt{Ra\ \ 3.2} \end{cases}$

(a)　第１選択　　［単位：mm］

平座金の呼び径（ねじの呼び径 d）	内径 d_1		外径 d_2		厚さ h		
	基準寸法（最小）	最大	基準寸法（最大）	最小	基準寸法	最大	最小
1.6	1.70	1.84	3.5	3.2	0.3	0.35	0.25
2	2.20	2.34	4.5	4.2	0.3	0.35	0.25
2.5	2.70	2.84	5.0	4.7	0.5	0.55	0.45
3	3.20	3.38	6.0	5.7	0.5	0.55	0.45
4	4.30	4.48	8.00	7.64	0.5	0.55	0.45
5	5.30	5.48	9.00	8.64	1	1.1	0.9
6	6.40	6.62	11.00	10.57	1.6	1.8	1.4
8	8.40	8.62	15.00	14.57	1.6	1.8	1.4
10	10.50	10.77	18.00	17.57	1.6	1.8	1.4
12	13.00	13.27	20.00	19.48	2	2.2	1.8
16	17.00	17.27	28.00	27.48	2.5	2.7	2.3
20	21.00	21.33	34.00	33.38	3	3.3	2.7
24	25.00	25.33	39.00	38.38	4	4.3	3.7
30	31.00	31.39	50.00	49.38	4	4.3	3.7
36	37.00	37.62	60.0	58.8	5	5.6	4.4

(b)　呼び方

〔例１〕　呼び径 d= 6 mm，硬さ区分 300HV の小形系列，部品等級Aの鋼製平座金の場合
　　平座金・小形－ JIS B 1256 － ISO 7092 － 6 － 300HV －部品等級 A

〔例２〕　呼び径 d=10 mm，硬さ区分 200HV の小形系列，部品等級Aの鋼種区分 A2 ステンレス鋼製平座金の場合
　　平座金・小形－ JIS B 1256 － ISO 7092 － 10 － 200HV － A2 －部品等級 A

表１－15　平座金の形状，寸法及び呼び方②（JIS B 1256：2008）
― 並形（部品等級Ａ）―

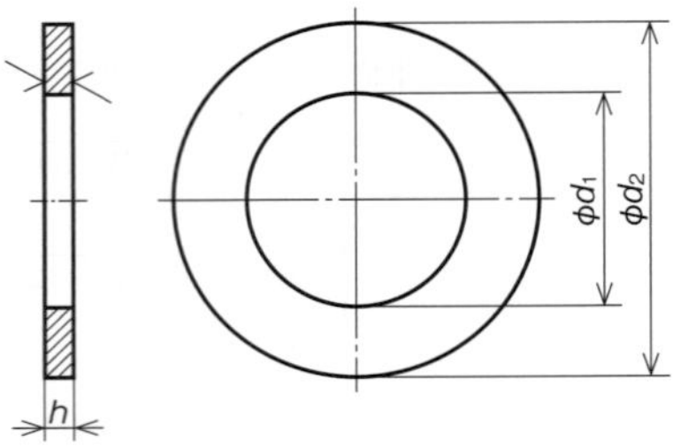

寸法［単位：mm］，表面粗さ［単位：μm］

$\sqrt{\ } = \begin{cases} h \leqq 3 & : \sqrt{Ra\ \ 1.6} \\ 3 < h \leqq 6 & : \sqrt{Ra\ \ 3.2} \\ h > 6 & : \sqrt{Ra\ \ 6.3} \end{cases}$

(a)　第１選択

［単位：mm］

平座金の呼び径（ねじの呼び径 d）	内径 d_1		外径 d_2		厚さ h		
	基準寸法（最小）	最大	基準寸法（最大）	最小	基準寸法	最大	最小
1.6	1.70	1.84	4.0	3.7	0.3	0.35	0.25
2	2.20	2.34	5.0	4.7	0.3	0.35	0.25
2.5	2.70	2.84	6.0	5.7	0.5	0.55	0.45
3	3.20	3.38	7.00	6.64	0.5	0.55	0.45
4	4.30	4.48	9.00	8.64	0.8	0.9	0.7
5	5.30	5.48	10.00	9.64	1	1.1	0.9
6	6.40	6.62	12.00	11.57	1.6	1.8	1.4
8	8.40	8.62	16.00	15.57	1.6	1.8	1.4
10	10.50	10.77	20.00	19.48	2	2.2	1.8
12	13.00	13.27	24.00	23.48	2.5	2.7	2.3
16	17.00	17.27	30.00	29.48	3	3.3	2.7
20	21.00	21.33	37.00	36.38	3	3.3	2.7
24	25.00	25.33	44.00	43.38	4	4.3	3.7
30	31.00	31.39	56.00	55.26	4	4.3	3.7
36	37.00	37.62	66.0	64.8	5	5.6	4.4
42	45.00	45.62	78.0	76.8	8	9	7
48	52.00	52.74	92.0	90.6	8	9	7
56	62.00	62.74	105.0	103.6	10	11	9
64	70.00	70.74	115.0	113.6	10	11	9

(b)　呼び方

〔例 1〕　呼び径 d= 6 mm，硬さ区分 300HV の並形系列，部品等級 A の鋼製平座金の場合
　平座金・並形－ JIS B 1256 － ISO 7089 － 6 － 300HV －部品等級 A

〔例 2〕　呼び径 d=10 mm，硬さ区分 200HV の並形系列，部品等級 A の鋼種区分 A2 ステンレス鋼製平座金の場合
　平座金・並形－ JIS B 1256 － ISO 7089 － 10 － 200HV － A2 －部品等級 A

表１－15　平座金の形状，寸法及び呼び方③（JIS B 1256：2008）
―― 並形面取り（部品等級A）――

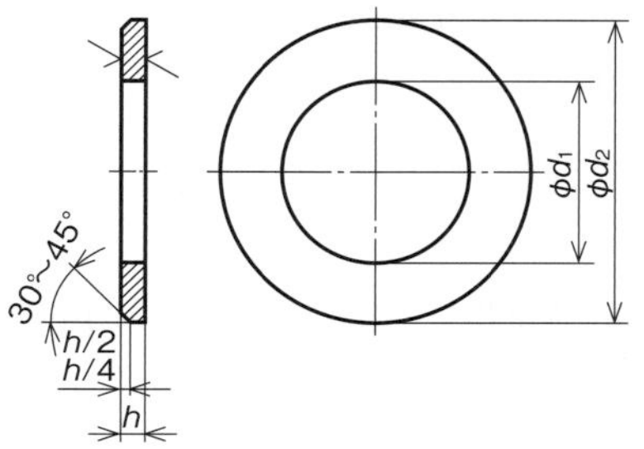

寸法［単位：mm］，表面粗さ［単位：μm］

$\sqrt{\ } = \begin{cases} h \leqq 3 & : \sqrt{Ra\ \ 1.6} \\ 3 < h \leqq 6 & : \sqrt{Ra\ \ 3.2} \\ h > 6 & : \sqrt{Ra\ \ 6.3} \end{cases}$

(a)　第１選択　　　　［単位：mm］

平座金の呼び径（ねじの呼び径 d）	内径 d_1		外径 d_2		厚さ h		
	基準寸法（最小）	最大	基準寸法（最大）	最小	基準寸法	最大	最小
5	5.30	5.48	10.00	9.64	1	1.1	0.9
6	6.40	6.62	12.00	11.57	1.6	1.8	1.4
8	8.40	8.62	16.00	15.57	1.6	1.8	1.4
10	10.50	10.77	20.00	19.48	2	2.2	1.8
12	13.00	13.27	24.00	23.48	2.5	2.7	2.3
16	17.00	17.27	30.00	29.48	3	3.3	2.7
20	21.00	21.33	37.00	36.38	3	3.3	2.7
24	25.00	25.33	44.00	43.38	4	4.3	3.7
30	31.00	31.39	56.00	55.26	4	4.3	3.7
36	37.00	37.62	66.0	64.8	5	5.6	4.4
42	45.00	45.62	78.0	76.8	8	9	7
48	52.00	52.74	92.0	90.6	8	9	7
56	62.00	62.74	105.0	103.6	10	11	9
64	70.00	70.74	115.0	113.6	10	11	9

(b)　呼び方

〔例１〕　呼び径 d= 6 mm，硬さ区分 300HV の並形系列，部品等級 A の鋼製面取り平座金の場合

平座金・並形面取り－ JIS B 1256 － ISO 7090 － 6 － 300HV －部品等級 A

〔例２〕　呼び径 d=10 mm，硬さ区分 200HV の並形系列，部品等級 A の鋼種区分 A2 ステンレス鋼製面取り平座金の場合

平座金・並形面取り－ JIS B 1256 － ISO 7090 － 10 － 200HV － A2 －部品等級 A

b　ばね座金

	規格番号	種類の記号又は種類の名称	用途もしくは形状の名称，又は，それらの記号	呼び	材料の記号	指定事項
〔例1〕	ばね座金	SW	一般用	8	S	Ep−Fe/Zn 5/CM2
	JIS B 1251	ばね座金	2号	12	SUS	
〔例2〕	皿ばね座金	CW	1種軽負荷用（軽荷重用）	10		Ep−Fe/Zn 5/CM2
	JIS B 1251	皿ばね座金	2H	20		
〔例3〕	歯付き座金	TW	内歯形	8	S	Ep−Fe/Zn 5/CM2
	JIS B 1251	歯付き座金	B	12	PB	
〔例4〕	波形ばね座金	WW	重負荷用（重荷重用）	8	S	Ep−Fe/Zn 5/CM2
	JIS B 1251	波形ばね座金	3号	12	SUS	

注）材料記号の略号は，鋼製はS，ステンレス製はSUS，リン青銅はPBで表す。　（JIS B 1251：2018）

ばね座金の形状及び寸法を，表１－16に示す。

ばね座金を組立図などに描く場合は，図１－６に示すように描くとよい。

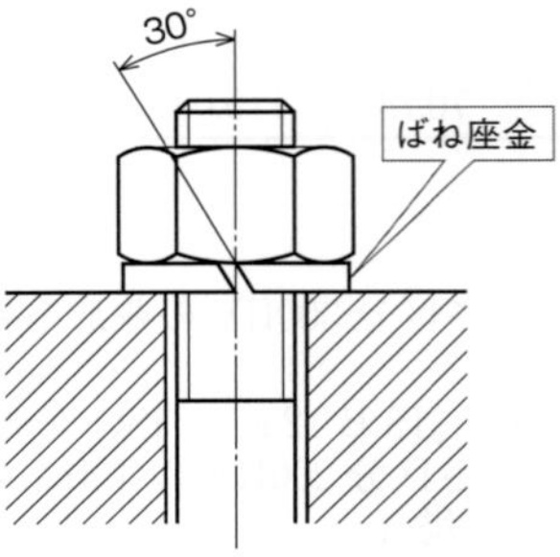

図１－６　ばね座金の図示

表1－16　ばね座金（一般用）の形状・寸法（JIS B 1251：2018）

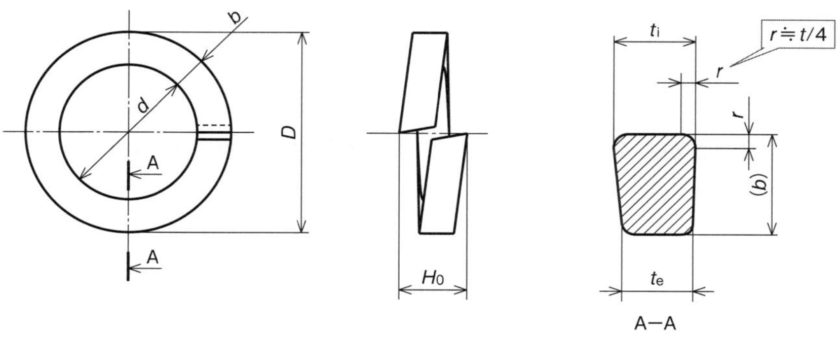

［単位：mm］

呼び[(1)]	内径 d[(2)]		断面寸法（最小）		外径	自由高さ	圧縮試験後の自由高さ H_f（最小）[(4)]		試験力
	基準寸法	許容差	幅 b	厚さ t[(3)]	D（最大）	H_0（約$2t$）	鋼製	ステンレス鋼製	（荷重）［kN］
2	2.1	+0.25 0	0.9	0.5	4.4	1.0	0.85	0.75	0.42
2.5	2.6	+0.3 0	1.0	0.6	5.2	1.2	1.00	0.90	0.69
3	3.1		1.1	0.7	5.9	1.4	1.20	1.05	1.03
(3.5)	3.6		1.2	0.8	6.6	1.6	1.35	1.20	1.37
4	4.1	+0.4 0	1.4	1.0	7.6	2.0	1.70	1.50	1.77
(4.5)	4.6		1.5	1.2	8.3	2.4	2.00	1.80	2.26
5	5.1		1.7	1.3	9.2	2.6	2.20	1.95	2.94
6	6.1		2.7	1.5	12.2	3.0	2.50	2.25	4.12
(7)	7.1		2.8	1.6	13.4	3.2	2.70	2.40	5.88
8	8.2	+0.5 0	3.2	2.0	15.4	4.0	3.35	3.00	7.45
10	10.2		3.7	2.5	18.4	5.0	4.20	3.75	11.8
12	12.2	+0.6 0	4.2	3.0	21.5	6.0	5.00	4.50	17.7
(14)	14.2		4.7	3.5	24.5	7.0	5.85	5.25	23.5
16	16.2	+0.8 0	5.2	4.0	28.0	8.0	6.70	6.00	32.4
(18)	18.2		5.7	4.6	31.0	9.2	7.70	6.90	39.2
20	20.2		6.1	5.1	33.8	10.2	8.50	7.65	49.0
(22)	22.5	+1.0 0	6.8	5.6	37.7	11.2	9.35	8.40	61.8
24	24.5		7.1	5.9	40.3	11.8	9.85	8.85	71.6
(27)	27.5	+1.2 0	7.9	6.8	45.3	13.6	11.3	10.20	93.2
30	30.5		8.7	7.5	49.9	15.0	12.5	11.25	118
(33)	33.5	+1.4 0	9.5	8.2	54.7	16.4	13.7	12.30	147
36	36.5		10.2	9.0	59.1	18.0	15.0	13.50	167
(39)	39.5		10.7	9.5	63.1	19.0	15.8	14.25	197

注(1)　呼びに括弧を付けたばね座金は，使用しないのが望ましい。
(2)　内径dは，JIS B 1251の12. 2. 2（外径及び内径）による最小値とする。
(3)　$t=(t_e+t_i)/2$　この場合，t_i-t_e は，$0.064b$ 以下とし，b は当表で規定する最小値とする。
(4)　試験内容は，JIS B 1251の12. 2. 3（自由高さ）及び12. 2. 5（圧縮試験）による。

1.1.3　小ねじ・止めねじ

ねじ部品には，ボルト・ナットのほかにドライバで締め付ける**小ねじ**やねじの先端を利用して部品を固定する**止めねじ**などがある。ここでは主に，**すりわり付き小ねじ・十字穴付き小ねじ**及び**六角穴付き止めねじ**について述べる（図１－７）。

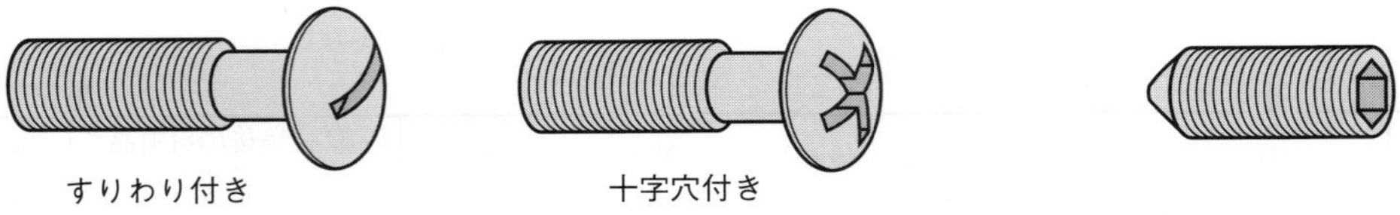

(a)　小ねじ　　(b)　六角穴付き止めねじ

図１－７　小ねじ・止めねじ

(1)　すりわり付き小ねじ

a　すりわり付き小ねじの種類

頭部の形状によって，表１－17のとおり区分される。形状・寸法は，表１－18による。

表１－17　すりわり付き小ねじの種類（JIS B 1101：2017）

種　類	ねじの呼びの範囲	対応国際規格（参考）
すりわり付きチーズ小ねじ	M1.6 ～ M10	ISO 1207
すりわり付きなべ小ねじ		ISO 1580
すりわり付き皿小ねじ		ISO 2009
すりわり付き丸皿小ねじ		ISO 2010

b　すりわり付き小ねじの呼び方

〔例〕

小ねじの種類	－	規格番号	－	ねじの呼び ×長さ	－	強度区分
すりわり付きチーズ小ねじ	－	JIS B 1101 － ISO 1207	－	M3 × 20	－	4.8
すりわり付きなべ小ねじ	－	JIS B 1101 － ISO 1580	－	M5 × 35	－	4.8
すりわり付き皿小ねじ	－	JIS B 1101 － ISO 2009	－	M6 × 50	－	4.8
すりわり付き丸皿小ねじ	－	JIS B 1101 － ISO 2010	－	M10 × 70	－	4.8

表1－18　すりわり付き小ねじの形状・寸法①（JIS B 1101：2017）
── チーズ小ねじ，なべ小ねじ──

注）円筒部の径は，ほぼねじの有効径又はねじの外径とする。
ただし，ねじの外径を超えてはならない。

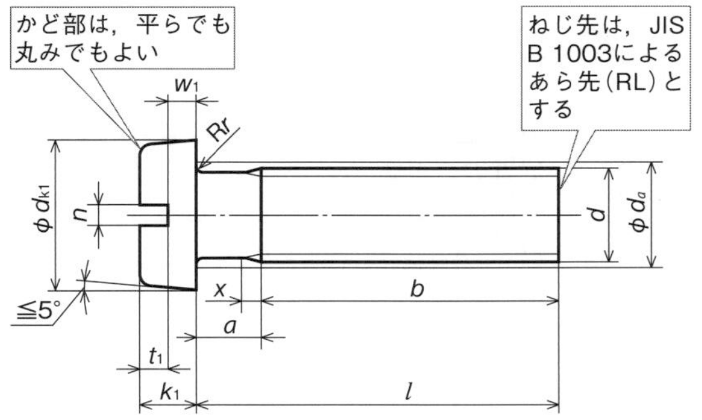

(a)　すりわり付きチーズ小ねじ

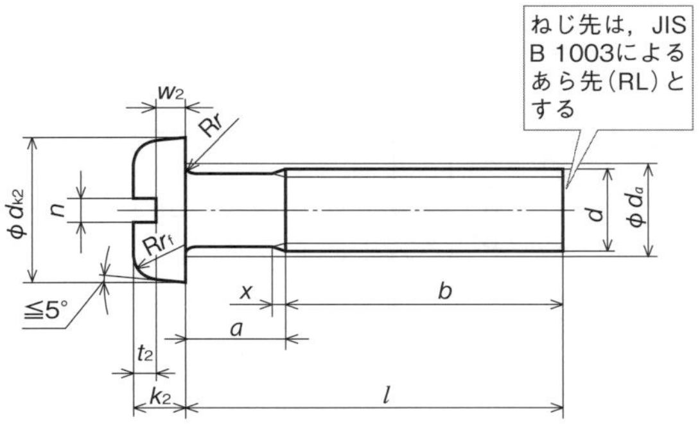

(b)　すりわり付きなべ小ねじ

［単位：mm］

ねじの呼び　*d*		M1.6	M2	M2.5	M3	(M3.5)[1]	M4	M5	M6	M8	M10
P[2]		0.35	0.4	0.45	0.5	0.6	0.7	0.8	1	1.25	1.5
a	最大	0.7	0.8	0.9	1.0	1.2	1.4	1.6	2.0	2.5	3.0
b	最小	25	25	25	25	38	38	38	38	38	38
d_{k1}	呼び=最大	3.0	3.8	4.5	5.5	6.0	7.0	8.5	10.0	13.0	16.0
	最小	2.86	3.62	4.32	5.32	5.82	6.78	8.28	9.78	12.73	15.73
d_{k2}	呼び=最大	3.2	4.0	5.0	5.6	7.0	8.0	9.5	12.0	16.0	20.0
	最小	2.9	3.7	4.7	5.3	6.64	7.64	9.14	11.57	15.57	19.48
d_a	最大	2.0	2.6	3.1	3.6	4.1	4.7	5.7	6.8	9.2	11.2
k_1	呼び=最大	1.1	1.4	1.8	2.0	2.4	2.6	3.3	3.9	5.0	6.0
	最小	0.96	1.26	1.66	1.86	2.26	2.46	3.12	3.6	4.7	5.7
k_2	呼び=最大	1.0	1.3	1.5	1.8	2.1	2.4	3.0	3.6	4.8	6.0
	最小	0.86	1.16	1.36	1.66	1.96	2.26	2.86	3.3	4.5	5.7
n	呼び	0.4	0.5	0.6	0.8	1	1.2	1.2	1.6	2	2.5
	最大	0.60	0.70	0.80	1.00	1.20	1.51	1.51	1.91	2.31	2.81
	最小	0.46	0.56	0.66	0.86	1.06	1.26	1.26	1.66	2.06	2.56
r	最小	0.1	0.1	0.1	0.1	0.1	0.2	0.2	0.25	0.4	0.4
r_f	参考	0.5	0.6	0.8	0.9	1.0	1.2	1.5	1.8	2.4	3.0
t_1	最小	0.45	0.6	0.7	0.85	1.0	1.1	1.3	1.6	2.0	2.4
t_2	最小	0.35	0.5	0.6	0.7	0.8	1.0	1.2	1.4	1.9	2.4
w_1	最小	0.4	0.5	0.7	0.75	1.0	1.1	1.3	1.6	2.0	2.4
w_2	最小	0.3	0.4	0.5	0.7	0.8	1.0	1.2	1.4	1.9	2.4
x	最大	0.9	1.0	1.1	1.25	1.5	1.75	2.0	2.5	3.2	3.8
呼び長さ　*l*[3]		2～16	3～20[4] 2.5～20	3～25	4～30	5～35	5～40	6～50	8～60	10～80	12～80

注(1)　ねじの呼び及び呼び長さに括弧を付けたものは，なるべく用いない。
(2)　*P* は，ねじのピッチ。
(3)　ねじの呼びに対して推奨する呼び長さ（*l*）は，次の数値内から表の範囲内のものを選ぶ。呼び長さ 40 mm 以下のものは，注文者から指定がない限り全ねじとする。この場合，$b = l - a$ とする。
2, 2.5, 3, 4, 5, 6, 8, 10, 12, (14), 16, 20, 25, 30, 35, 40, 45, 50, (55), 60, (65), 70, (75), 80
(4)　すりわり付きチーズ小ねじの場合

表１－18　すりわり付き小ねじの形状・寸法②（JIS B 1101：2017）
── 皿小ねじ，丸皿小ねじ──

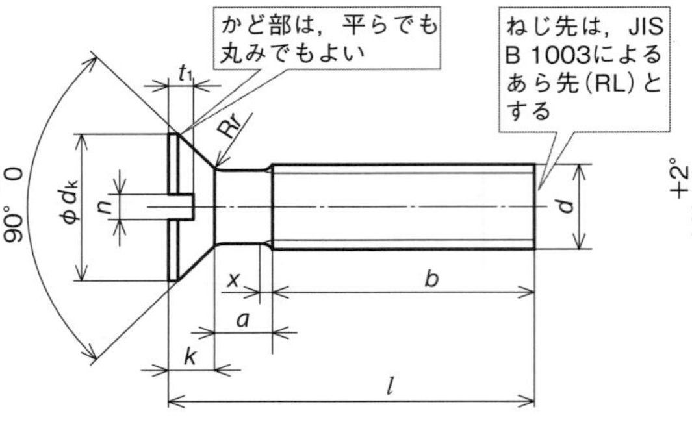

(a)　すりわり付き皿小ねじ

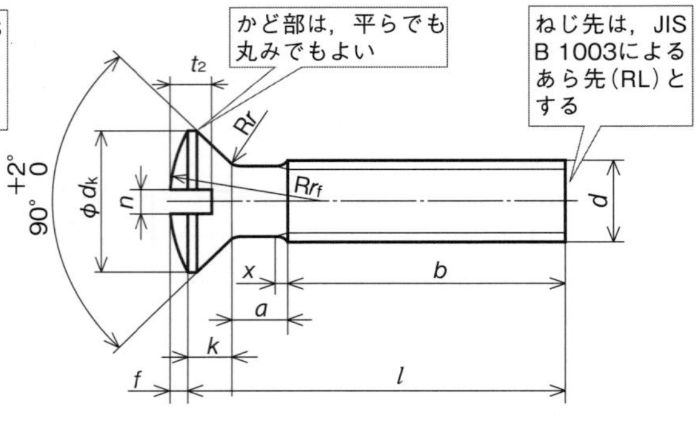

(b)　すりわり付き丸皿小ねじ

［単位：mm］

ねじの呼び　d			M1.6	M2	M2.5	M3	(M3.5)[1]	M4	M5	M6	M8	M10
P[2]			0.35	0.4	0.45	0.5	0.6	0.7	0.8	1	1.25	1.5
a	最大		0.7	0.8	0.9	1.0	1.2	1.4	1.6	2.0	2.5	3.0
b	最小		25	25	25	25	38	38	38	38	38	38
d_k[3]	理論寸法の最大		3.6	4.4	5.5	6.3	8.2	9.4	10.4	12.6	17.3	20.0
	実寸法	呼び=最大	3.0	3.8	4.7	5.5	7.3	8.4	9.3	11.3	15.8	18.3
		最小	2.7	3.5	4.4	5.2	6.94	8.04	8.94	10.87	15.37	17.78
f	約		0.4	0.5	0.6	0.7	0.8	1.0	1.2	1.4	2.0	2.3
k[3]	呼び=最大		1.0	1.2	1.5	1.65	2.35	2.7	2.7	3.3	4.65	5.0
n	呼び		0.4	0.5	0.6	0.8	1	1.2	1.2	1.6	2	2.5
	最大		0.6	0.7	0.8	1.0	1.2	1.51	1.51	1.91	2.31	2.81
	最小		0.46	0.56	0.66	0.86	1.06	1.26	1.26	1.66	2.06	2.56
r	最大		0.4	0.5	0.6	0.8	0.9	1.0	1.3	1.5	2.0	2.5
r_f	約		3.0	4.0	5.0	6.0	8.5	9.5	9.5	12.0	16.5	19.5
t_1	最大		0.5	0.6	0.75	0.85	1.2	1.3	1.4	1.6	2.3	2.6
	最小		0.32	0.4	0.5	0.6	0.9	1.0	1.1	1.2	1.8	2.0
t_2	最大		0.8	1.0	1.2	1.45	1.7	1.9	2.4	2.8	3.7	4.4
	最小		0.64	0.8	1.0	1.2	1.4	1.6	2.0	2.4	3.2	3.8
x	最大		0.9	1.0	1.1	1.25	1.5	1.75	2.0	2.5	3.2	3.8
呼び長さ　l[4]			2.5～16	3～20	4～25	5～30	6～35	6～40	8～50	8～60	10～80	12～80

注(1)　ねじの呼び及び呼び長さに括弧を付けたものは，なるべく用いない。
(2)　P は，ねじのピッチ。
(3)　JIS B 1013 を参照。
(4)　ねじの呼びに対して推奨する呼び長さ（l）は，次の数値内から表の範囲内のものを選ぶ。呼び長さ 45 mm 以下のものは，注文者から指定がない限り全ねじとする。この場合，$b = l - (k + a)$ とする。
2.5, 3, 4, 5, 6, 8, 10, 12, (14), 16, 20, 25, 30, 35, 40, 45, 50, (55), 60, (65), 70, (75), 80

(2)　十字穴付き小ねじ

a　十字穴付き小ねじの種類

頭部の形状によって，表１－19のとおり区分する。十字穴付き皿小ねじ（タイプ１及びタイプ２）の機械的性質を表１－20に示す。形状・寸法は，表１－21による。

表１－19　十字穴付き小ねじの種類（JIS B 1111：2017）

種　類	十字穴	ねじの呼びの範囲	対応国際規格（参考）
十字穴付きなべ小ねじ	H形又はZ形	M1.6 ～ M10	ISO 7045
十字穴付き皿小ねじ－タイプ1		M1.6 ～ M10	ISO 7046 － 1
十字穴付き皿小ねじ－タイプ2		M2 ～ M10	ISO 7046 － 2
十字穴付き丸皿小ねじ		M1.6 ～ M10	ISO 7047
十字穴付きチーズ小ねじ		M2.5 ～ M8	ISO 7048

表１－20　十字穴付き皿小ねじ（タイプ１及びタイプ２）の機械的性質（JIS B 1111：2017参考）

		タイプ１	タイプ２		
材　料		鋼	鋼	ステンレス鋼	非鉄金属
機械的性質	強度区分	4.8	8.8	－	－
	鋼種区分－強度区分	－	－	A2 － 70	－
	材料区分	－	－	－	CU2，CU3(1)
	適用規格	JIS B 1051	JIS B 1051	JIS B 1054 － 1	JIS B 1057

注）材質の選択は，製造業者の任意とする。

b　十字穴付き小ねじの呼び方

〔例〕

小ねじの種類	－	規格番号	－	ねじの呼び×長さ	－	強度区分	－	十字穴の種類
十字穴付きなべ小ねじ	－	JIS B 1111 － ISO 7045	－	M4 × 16	－	4.8	－	H
十字穴付き皿小ねじ－タイプ1	－	JIS B 1111 － ISO 7046 － 1	－	M5 × 25	－	4.8	－	Z
十字穴付き皿小ねじ－タイプ2	－	JIS B 1101 － ISO 7046 － 2	－	M3 × 12	－	8.8	－	H
十字穴付き丸皿小ねじ	－	JIS B 1111 － ISO 7047	－	M6 × 35	－	4.8	－	Z
十字穴付きチーズ小ねじ	－	JIS B 1111 － ISO 7048	－	M8 × 40	－	4.8	－	Z

表１－21　十字穴付き小ねじの形状・寸法①（JIS B 1111：2017）
── なべ小ねじ ──

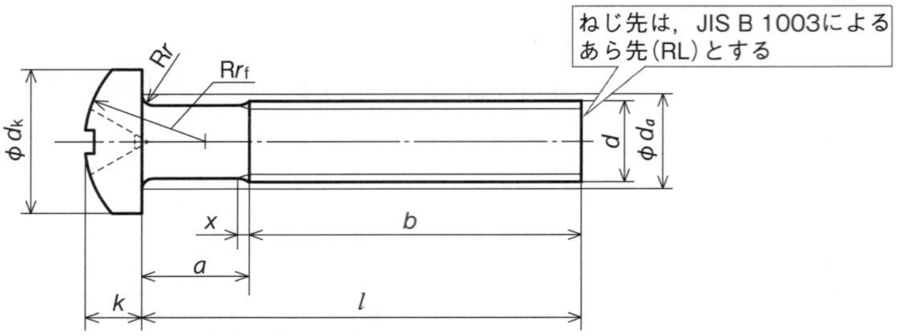

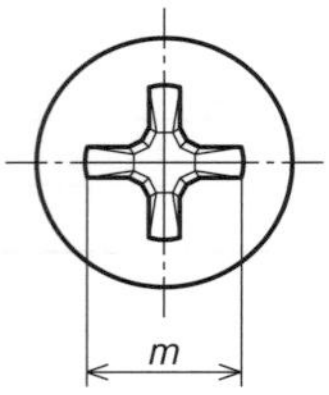

(a)　十字穴－H形

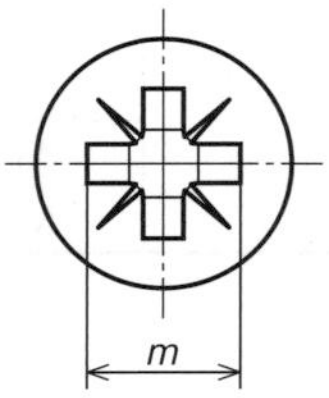

(b)　十字穴－Z形

注）円筒部の径は，ほぼねじの有効径又はねじの外径とする。
ただし，ねじの外径を超えてはならない。

［単位：mm］

ねじの呼び d				M1.6	M2	M2.5	M3	(M3.5)(1)	M4	M5	M6	M8	M10
P (2)				0.35	0.4	0.45	0.5	0.6	0.7	0.8	1	1.25	1.5
a			最大	0.7	0.8	0.9	1	1.2	1.4	1.6	2	2.5	3
b			最小	25	25	25	25	38	38	38	38	38	38
d_a			最大	2	2.6	3.1	3.6	4.1	4.7	5.7	6.8	9.2	11.2
d_k			呼び＝最大	3.2	4.0	5.0	5.6	7.00	8.00	9.50	12.00	16.00	20.00
			最小	2.9	3.7	4.7	5.3	6.64	7.64	9.14	11.57	15.57	19.48
k			呼び＝最大	1.30	1.60	2.10	2.40	2.60	3.10	3.70	4.6	6.0	7.50
			最小	1.16	1.46	1.96	2.26	2.46	2.92	3.52	4.3	5.7	7.14
r			最小	0.1	0.1	0.1	0.1	0.1	0.2	0.2	0.25	0.4	0.4
r_f			約	2.5	3.2	4	5	6	6.5	8	10	13	16
x			最大	0.9	1	1.1	1.25	1.5	1.75	2	2.5	3.2	3.8
十字穴の番号				0		1		2			3	4	
十字穴	H形	m	参考	1.7	1.9	2.7	3	3.9	4.4	4.9	6.9	9	10.1
		ゲージ沈み深さ(q)	最大	0.95	1.2	1.55	1.8	1.9	2.4	2.9	3.6	4.6	5.8
			最小	0.70	0.9	1.15	1.4	1.4	1.9	2.4	3.1	4.0	5.2
	Z形	m	参考	1.6	2.1	2.6	2.8	3.9	4.3	4.7	6.7	8.8	9.9
		ゲージ沈み深さ(q)	最大	0.90	1.42	1.50	1.75	1.93	2.34	2.74	3.46	4.50	5.69
			最小	0.65	1.17	1.25	1.50	1.48	1.89	2.29	3.03	4.05	5.24
呼び長さ l (3)				3～16	3～20	3～25	4～30	5～35	5～40	6～45	8～60	10～60	12～60

注(1)　ねじの呼び及び呼び長さに括弧を付けたものは，なるべく用いない。
(2)　Pは，ねじのピッチ。
(3)　ねじの呼びに対して推奨する呼び長さ（l）は，次の数値内から表の範囲内のものを選ぶ。呼び長さ40 mm以下のものは，注文者から指定がない限り全ねじとする。この場合，$b = l - a$とする。
3, 4, 5, 6, 8, 10, 12, (14), 16, 20, 25, 30, 35, 40, 45, 50, (55), 60

表１－21　十字穴付き小ねじの形状・寸法②（JIS B 1111：2017）
── 皿小ねじ（タイプ１）──

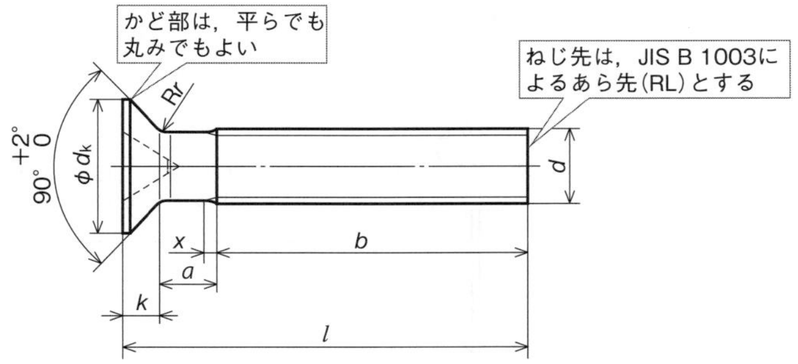

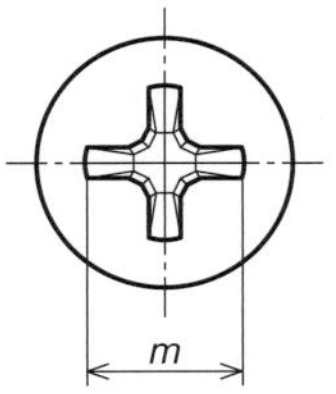

(a)　十字穴－H形

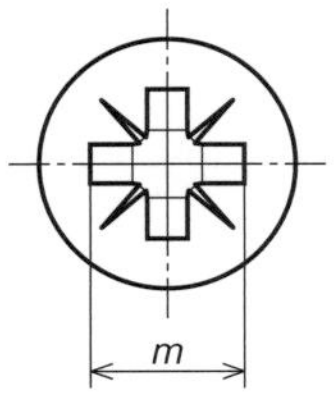

(b)　十字穴－Z形

注１）円筒部の径は，ほぼねじの有効径又はねじの外径とする。
ただし，ねじの外径を超えてはならない。

［単位：mm］

ねじの呼び　d	M1.6	M2	M2.5	M3	(M3.5)(1)	M4	M5	M6	M8	M10
P (2)	0.35	0.4	0.45	0.5	0.6	0.7	0.8	1	1.25	1.5
a　最大	0.7	0.8	0.9	1	1.2	1.4	1.6	2	2.5	3
b　最小	25	25	25	25	38	38	38	38	38	38
d_k (3)　理論寸法の最大	3.6	4.4	5.5	6.3	8.2	9.4	10.4	12.6	17.3	20
d_k (3)　実寸法　呼び=最大	3.0	3.8	4.7	5.5	7.30	8.40	9.30	11.30	15.80	18.30
d_k (3)　実寸法　最小	2.7	3.5	4.4	5.2	6.94	8.04	8.94	10.87	15.37	17.78
k (3)　呼び=最大	1	1.2	1.5	1.65	2.35	2.7	2.7	3.3	4.65	5
r　最大	0.4	0.5	0.6	0.8	0.9	1	1.3	1.5	2	2.5
x　最大	0.9	1	1.1	1.25	1.5	1.75	2	2.5	3.2	3.8
十字穴の番号	0		1		2			3	4	
十字穴(4)（シリーズ1（深形））　H形　m　参考	1.6	1.9	2.9	3.2	4.4	4.6	5.2	6.8	8.9	10
十字穴　H形　ゲージ沈み深さ(q)　最大	0.9	1.2	1.8	2.1	2.4	2.6	3.2	3.5	4.6	5.7
十字穴　H形　ゲージ沈み深さ(q)　最小	0.6	0.9	1.4	1.7	1.9	2.1	2.7	3.0	4.0	5.1
十字穴　Z形　m　参考	1.6	1.9	2.8	3	4.1	4.4	4.9	6.6	8.8	9.8
十字穴　Z形　ゲージ沈み深さ(q)　最大	0.95	1.20	1.73	2.01	2.20	2.51	3.05	3.45	4.60	5.64
十字穴　Z形　ゲージ沈み深さ(q)　最小	0.70	0.95	1.48	1.76	1.75	2.06	2.60	3.00	4.15	5.19
呼び長さ　l (5)	3～16	3～20	3～25	4～30	5～35	5～40	6～50	8～60	10～60	12～60

注(1)　ねじの呼び及び呼び長さに括弧を付けたものは，なるべく用いないほうがよい。
(2)　P は，ねじのピッチ。
(3)　JIS B 1013参照
(4)　JIS B 1014参照
(5)　M1.6～M3では呼び長さ30 mm以下，M3.5～M10では呼び長さ45 mm以下のものは，全ねじとする。この場合，$b = l - (k + a)$ とする。

注２）l は次の数値の中から表の範囲内のものを選ぶ。
3, 4, 5, 6, 8, 10, 12, (14), 16, 20, 25, 30, 35, 40, 45, 50, (55), 60

表１－21　十字穴付き小ねじの形状・寸法③（JIS B 1111：2017）
── 皿小ねじ（タイプ２）──

注１）$a_{\max}=2.5P$
　２）円筒部の径は，ほぼねじの有効径又はねじの外径とする。
　　ただし，ねじの外径を超えてはならない。

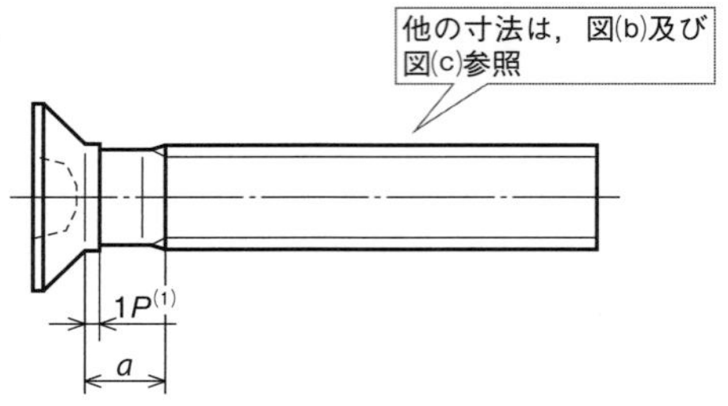

(a)　シリーズ１（深形）

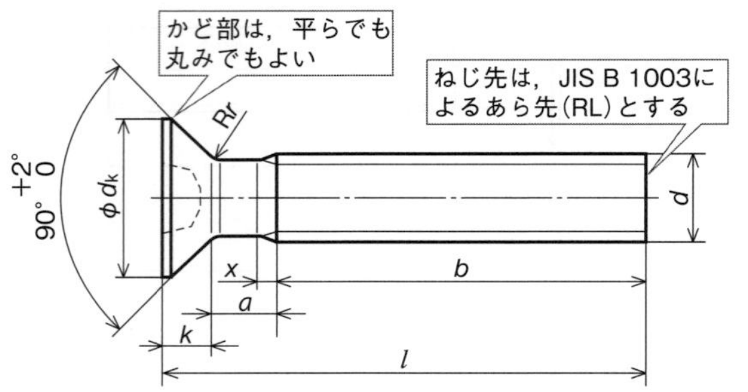

(b)　シリーズ２（浅形）

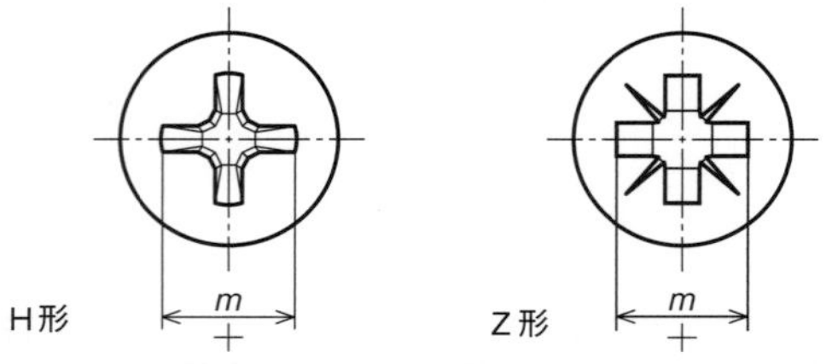

(c)　十字穴

［単位：mm］

ねじの呼び　d					M2	M2.5	M3	(M3.5)(2)	M4	M5	M6	M8	M10
P(1)					0.4	0.45	0.5	0.6	0.7	0.8	1	1.25	1.5
b				最小	25	25	25	38	38	38	38	38	38
dk(3)				理論寸法の最大	4.4	5.5	6.3	8.2	9.4	10.4	12.6	17.3	20
	実寸法			呼び＝最大	3.8	4.7	5.5	7.3	8.4	9.3	11.3	15.8	18.3
				最小	3.5	4.4	5.2	6.9	8.0	8.9	10.9	15.4	17.8
k				呼び＝最大	1.2	1.5	1.65	2.35	2.7	2.7	3.3	4.65	5
r				最大	0.5	0.6	0.8	0.9	1	1.3	1.5	2	2.5
x				最大	1	1.1	1.25	1.5	1.75	2	2.5	3.2	3.8
十字穴の番号					0	1		2			3	4	
十字穴	シリーズ１(4)（深形）	H形	m	参考	1.9	2.9	3.2	4.4	4.6	5.2	6.8	8.9	10
			ゲージ沈み深さ(q)	最大	1.2	1.8	2.1	2.4	2.6	3.2	3.5	4.6	5.7
				最小	0.9	1.4	1.7	1.9	2.1	2.7	3.0	4.0	5.1
		Z形	m	参考	1.9	2.8	3	4.1	4.4	4.9	6.6	8.8	9.8
			ゲージ沈み深さ(q)	最大	1.20	1.73	2.01	2.20	2.51	3.05	3.45	4.60	5.64
				最小	0.95	1.48	1.76	1.75	2.06	2.60	3.00	4.15	5.19
	シリーズ２(4)（浅形）	H形	m	参考	1.9	2.7	2.9	4.1	4.6	4.8	6.6	8.7	9.6
			ゲージ沈み深さ(q)	最大	1.2	1.55	1.8	2.1	2.6	2.8	3.3	4.4	5.3
				最小	0.9	1.25	1.4	1.6	2.1	2.3	2.8	3.9	4.8
		Z形	m	参考	1.9	2.5	2.8	4	4.4	4.6	6.3	8.5	9.4
			ゲージ沈み深さ(q)	最大	1.20	1.47	1.73	2.05	2.51	2.72	3.18	4.32	5.23
				最小	0.95	1.22	1.48	1.61	2.06	2.27	2.73	3.87	4.78
呼び長さ　l(5)					3～20	3～25	3～30	5～35	5～40	6～45	8～60	10～60	12～60

注(1)　Pは，ねじのピッチ　　(2)　ねじの呼び及び呼び長さに括弧を付けたものは，なるべく用いないほうがよい。
　(3)　JIS B 1013参照　　(4)　JIS B 1014参照
　(5)　M2～M3では呼び長さ30 mm以下，M3.5～M10では呼び長さ45 mm以下のものは，全ねじとする。この場合，$b=l-(k+a)$とする。

注３）lは次の数値の中から表の範囲内のものを選ぶ。3, 4, 5, 6, 8, 10, 12, (14), 16, 20, 25, 30, 35, 40, 45, 50, (55), 60

表１－21　十字穴付き小ねじの形状・寸法④（JIS B 1111：2017）
── 丸皿小ねじ ──

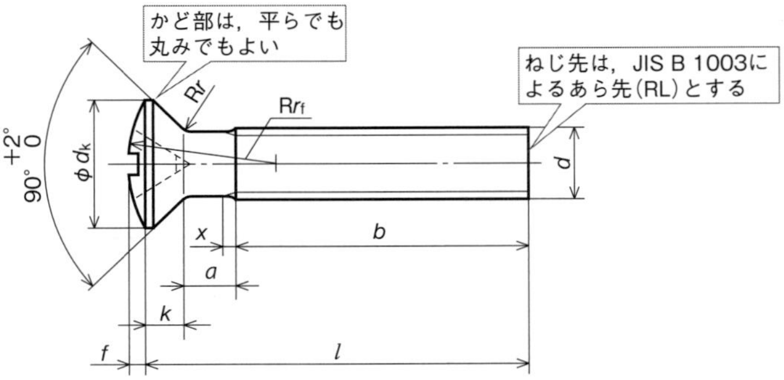

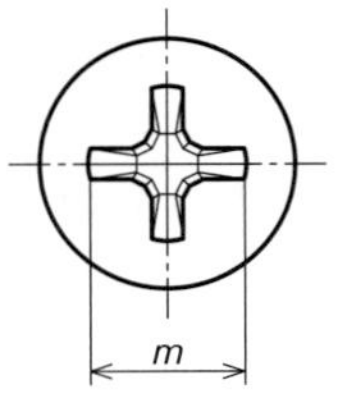

(a)　十字穴－H形

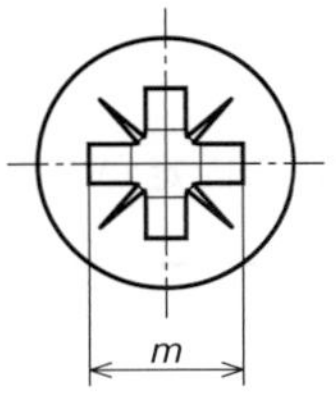

(b)　十字穴－Z形

注）円筒部の径は，ほぼねじの有効径又はねじの外径とする。
ただし，ねじの外径を超えてはならない。

［単位：mm］

ねじの呼び　*d*				M1.6	M2	M2.5	M3	(M3.5)(1)	M4	M5	M6	M8	M10
P (2)				0.35	0.4	0.45	0.5	0.6	0.7	0.8	1	1.25	1.5
a			最大	0.7	0.8	0.9	1	1.2	1.4	1.6	2	2.5	3
b			最小	25	25	25	25	38	38	38	38	38	38
d_k (3)	理論寸法の最大			3.6	4.4	5.5	6.3	8.2	9.4	10.4	12.6	17.3	20
	実寸法		呼び=最大	3.0	3.8	4.7	5.5	7.30	8.40	9.30	11.30	15.80	18.30
			最小	2.7	3.5	4.4	5.2	6.94	8.04	8.94	10.87	15.37	17.78
f			約	0.4	0.5	0.6	0.7	0.8	1	1.2	1.4	2	2.3
k (3)			呼び=最大	1	1.2	1.5	1.65	2.35	2.7	2.7	3.3	4.65	5
r			最大	0.4	0.5	0.6	0.8	0.9	1	1.3	1.5	2	2.5
r_f			約	3	4	5	6	8.5	9.5	9.5	12	16.5	19.5
x			最大	0.9	1	1.1	1.25	1.5	1.75	2	2.5	3.2	3.8
十字穴の番号				0		1		2			3	4	
十字穴	H形	*m*	参考	1.9	2	3	3.4	4.8	5.2	5.4	7.3	9.6	10.4
		ゲージ沈み深さ(*q*)	最大	1.2	1.5	1.85	2.2	2.75	3.2	3.4	4.0	5.25	6.0
			最小	0.9	1.2	1.50	1.8	2.25	2.7	2.9	3.5	4.75	5.5
	Z形	*m*	参考	1.9	2.2	2.8	3.1	4.6	5	5.3	7.1	9.5	10.3
		ゲージ沈み深さ(*q*)	最大	1.20	1.40	1.75	2.08	2.70	3.10	3.35	3.85	5.20	6.05
			最小	0.95	1.15	1.50	1.83	2.25	2.65	2.90	3.40	4.75	5.60
呼び長さ　*l* (4)				3～16	3～20	3～25	4～30	5～35	5～40	6～50	8～60	10～60	12～60

注(1)　ねじの呼び及び呼び長さに括弧を付けたものは，なるべく用いないほうがよい。
(2)　*P*は，ねじのピッチ。
(3)　JIS B 1013 参照
(4)　ねじの呼びに対して推奨する呼び長さ(*l*)は，次の数値内から表の範囲内のものを選ぶ。呼び長さ45 mm以下のものは，注文者から指定がない限り全ねじとする。この場合，$b = l-(k+a)$とする。
3, 4, 5, 6, 8, 10, 12, (14), 16, 20, 25, 30, 35, 40, 45, 50, (55), 60

(3) 六角穴付き止めねじ

a　六角穴付き止めねじの種類

ねじ先の形状によって，表１－22のとおり区分する。形状・寸法は，表１－23による。

表１－22　六角穴付き止めねじの種類

種　類	用途及び使用方法	材　料	対応国際規格（参考）
平　先	ねじ先が平らのため相手部品に傷を付けにくく，繰り返し使用する場合に用いられる。	鋼， ステンレス鋼， 非鉄金属	ISO 4026 : 2003
とがり先	相手部品に尖った先端で接触するため，主に永久に固定する場合に使用される。		ISO 4027 : 2003
棒　先	相手部品の溝やすきまにはめ込み，軸方向，回転方向のずれを防ぐ。		ISO 4028 : 2003
くぼみ先	相手部品に円形状に接触して強固な固定ができる。もっともよく使用される。		ISO 4029 : 2003

b　六角穴付き止めねじの呼び方

〔例〕

六角穴付き止めねじの種類	－	規格番号	－	ねじの呼び	－	強度区分
六角穴付き止めねじ－平先	－	JIS B 1177 － ISO 4026	－	M5 × 10	－	45H[(1)]
六角穴付き止めねじ－とがり先	－	JIS B 1177 － ISO 4027	－	M6 × 16	－	A1[(2)]－ 12H
六角穴付き止めねじ－棒先	－	JIS B 1177 － ISO 4028	－	M10 × 12	－	45H
六角穴付き止めねじ－くぼみ先	－	JIS B 1177 － ISO 4029	－	M12 × 25	－	45H

注(1)　止めねじの強度区分45Hは，数字を10倍にしてビッカーズ硬さ450（Hv）を表し，文字のHは硬さを意味する。
　(2)　A1は，オーステナイト系ステンレス鋼を表す。

表1－23　六角穴付き止めねじの形状・寸法①（JIS B 1177：2007）
── 平先及びとがり先──

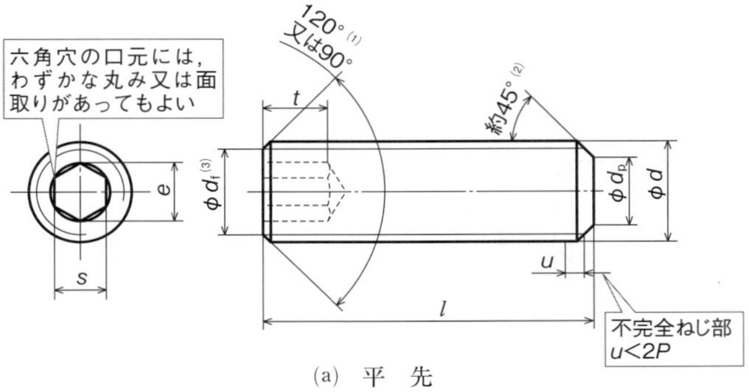

(a)　平　先

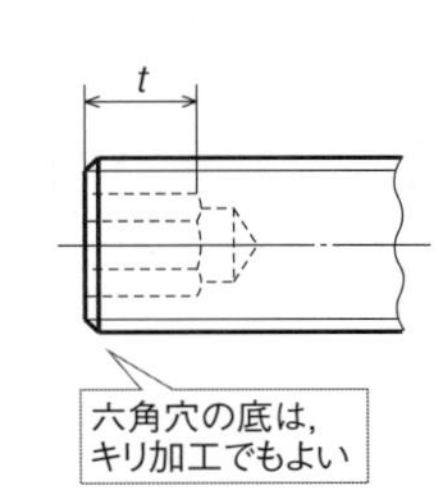

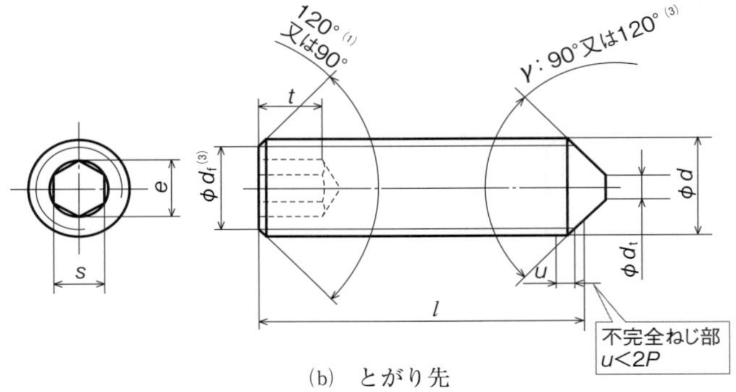

(b)　とがり先

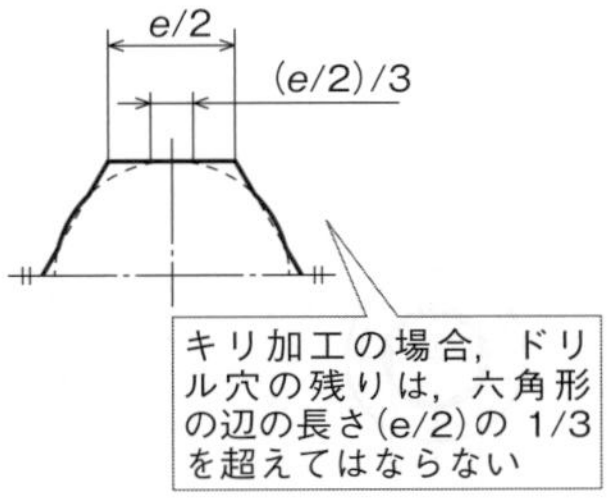

ねじの呼び d	ピッチ p	六角穴形状				平　先			とがり先	
		e (5)(6)	s (6)	t（最小）		d_P		呼び長さ	d_t	呼び長さ
			呼び	(7)	(8)	最大	最小	l	最大	l
M1.6	0.35	0.809	0.7	0.7	1.5	0.80	0.55	2*～8	0.4	2*, 2.5*～8
M2	0.4	1.011	0.9	0.8	1.7	1.00	0.75	2*, 2.5*, 3*～10	0.5	2*, 2.5*, 3*～10
M2.5	0.45	1.454	1.3	1.2	2	1.50	1.25	2.5*, 3*～12	0.65	2.5*, 3*～12
M3	0.5	1.733	1.5	1.2	2	2.00	1.75	3*～16	0.75	3*, 4*～16
M4	0.7	2.303	2	1.5	2.5	2.50	2.25	4*～20	1	4*, 5*～20
M5	0.8	2.873	2.5	2	3	3.50	3.20	5*～25	1.25	5*, 6*～25
M6	1	3.443	3	2	3.5	4.00	3.70	6*～30	1.5	6*～30
M8	1.25	4.583	4	3	5	5.50	5.20	8*～40	2	8*～40
M10	1.5	5.723	5	4	6	7.00	6.64	10*～50	2.5	10*～50
M12	1.75	6.863	6	4.8	8	8.50	8.14	12*～60	3	12*～60
M16	2	9.149	8	6.4	10	12.00	11.57	16*～60	4	16*～60
M20	2.5	11.429	10	8	12	15.00	14.57	20*～60	5	20*～60
M24	3	13.716	12	10	15	18.00	17.57	25*～60	6	25*～60

注(1)　呼び長さ（l）で表に＊印で示したものは，120° の面取りを付ける。
(2)　約 45° の角度は，おねじの谷の径より下の傾斜部に適用する。
(3)　d_f は，ほぼおねじの谷の径を示す。
(4)　ねじ先の円すい角度 γ は，おねじの谷の径より小さい直径先端部に適用し，呼び長さ l が＊印のものは 120°，それより長いものは 90° とする
(5)　$e_{min}=1.14\,s_{min}$
(6)　e 及び s のゲージ検査は，JIS B 1016 による。
(7)　＊印が付いた呼び長さのねじに適用する。
(8)　＊印が付いていない呼び長さのねじに適用する。

注）推奨する呼び長さ（l）は，次の数値の中から表の範囲内のものを選ぶ。
2, 2.5, 3, 4, 5, 6, 8, 10, 12, 16, 20, 25, 30, 35, 40, 45, 50, 55, 60

表１－23　六角穴付き止めねじの形状・寸法②（JIS B 1177：2007）
── 棒先及びくぼみ先──

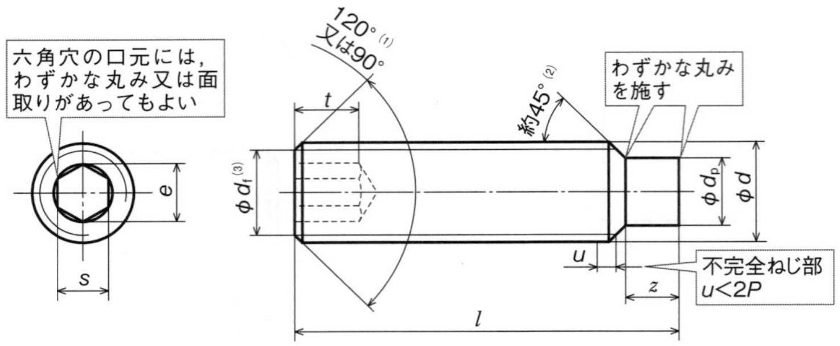

(a)　棒　先

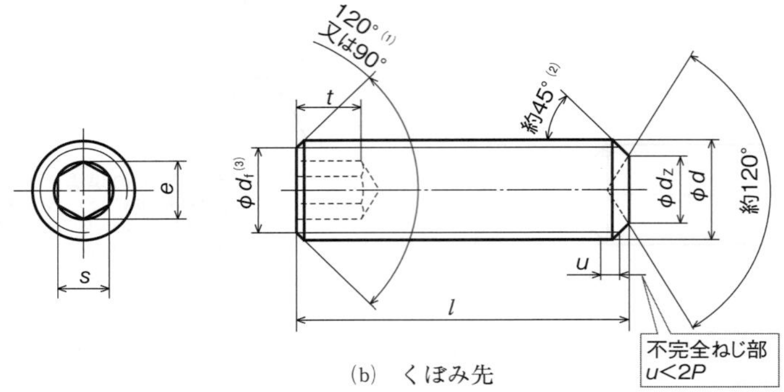

(b)　くぼみ先

注１）六角穴の底の形状は，
表１-23①を参照。

ねじの呼び d	ピッチ p	六角穴形状				棒　先							くぼみ先		
		e (4)(5)	s (5)	t（最小）		d_P		短い棒先				呼び長さ	d_z		呼び長さ
								z (6)		z (7)					
			呼び	(6)	(7)	最大	最小	最大	最小	最大	最小	l	最大	最小	l
M1.6	0.35	0.809	0.7	0.7	1.5	0.80	0.55	0.65	0.40	1.05	0.80	2*, 2.5*～8	0.80	0.55	2*～8
M2	0.4	1.011	0.9	0.8	1.7	1.00	0.75	0.75	0.50	1.25	1.00	2.5*, 3*～10	1.00	0.75	2*, 2.5*～10
M2.5	0.45	1.454	1.3	1.2	2	1.50	1.25	0.88	0.63	1.50	1.25	3*, 4*～12	1.20	0.95	2.5*, 3*～12
M3	0.5	1.733	1.5	1.2	2	2.00	1.75	1.00	0.75	1.75	1.50	4*, 5*～16	1.40	1.15	3*, 4*～16
M4	0.7	2.303	2	1.5	2.5	2.50	2.25	1.25	1.00	2.25	2.00	5*, 6*～20	2.00	1.75	4*, 5*～20
M5	0.8	2.873	2.5	2	3	3.50	3.20	1.50	1.25	2.75	2.50	6*～25	2.50	2.25	5*～25
M6	1	3.443	3	2	3.5	4.00	3.70	1.75	1.50	3.25	3.00	8*～30	3.00	2.75	6*～30
M8	1.25	4.583	4	3	5	5.50	5.20	2.25	2.00	4.30	4.00	8*, 10*～40	5.00	4.70	8*～40
M10	1.5	5.723	5	4	6	7.00	6.64	2.75	2.50	5.30	5.00	10*, 12*～50	6.00	5.70	10*～50
M12	1.75	6.863	6	4.8	8	8.50	8.14	3.25	3.00	6.30	6.00	12*, 16*～60	8.00	7.64	12*～60
M16	2	9.149	8	6.4	10	12.00	11.57	4.30	4.00	8.36	8.00	16*, 20*～60	10.00	9.64	16*～60
M20	2.5	11.429	10	8	12	15.00	14.57	5.30	5.00	10.36	10.00	20*, 25*～60	14.00	13.57	20*～60
M24	3	13.716	12	10	15	18.00	17.57	6.30	6.00	12.43	12.00	25*, 30*～60	16.00	15.57	25*～60

注(1)　呼び長さ（l）で表に＊印で示したものは，120°の面取りを付ける。
(2)　約 45°の角度は，おねじの谷の径より下の傾斜部に適用する。
(3)　d_f は，ほぼおねじの谷の径を示す。
(4)　e_{min}=1.14 s_{min}
(5)　e 及び s のゲージ検査は，JIS B 1016 による。
(6)　＊印が付いた呼び長さのねじに適用する。
(7)　＊印が付いていない呼び長さのねじに適用する。
注２）推奨する呼び長さは，次の数値内から表の範囲内のものを選ぶ。
2, 2. 5, 3, 4, 5, 6, 8, 10, 12, 16, 20, 25, 30, 35, 40, 45, 50, 55, 60

⑷　小ねじ・止めねじの図示

小ねじや止めねじの図示は，JIS のねじ製図によって，図１－８に示すような略図で表す。

小ねじの略図を描くときは，ねじの呼び d を基準とした各部の寸法割合を決めて描くとよい。図１－９にその例を示す。

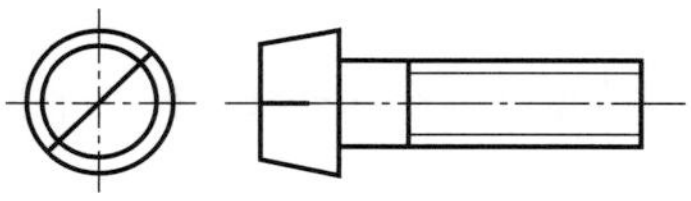

(a)　すりわり付き平小ねじ（なべ頭形状）

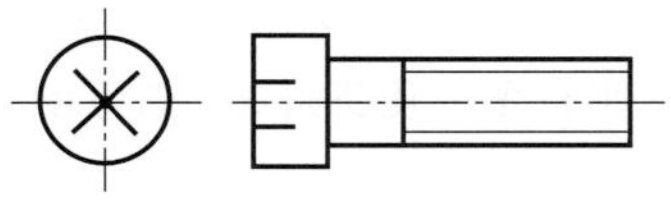

(b)　十字穴付き平小ねじ

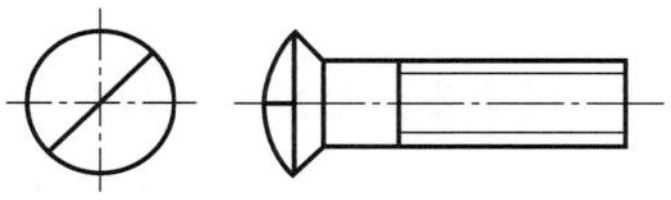

(c)　すりわり付き丸皿小ねじ

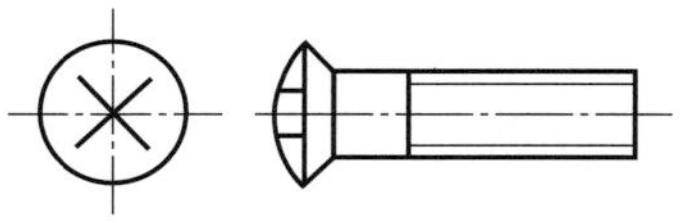

(d)　十字穴付き丸皿小ねじ

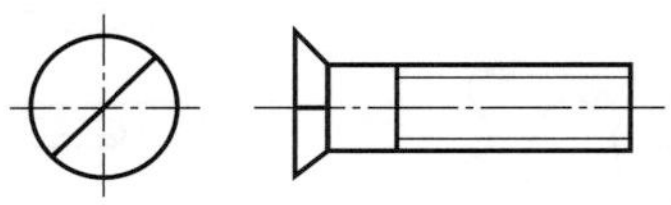

(e)　すりわり付き皿小ねじ

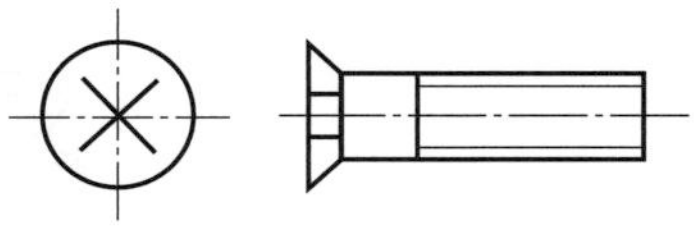

(f)　十字穴付き皿小ねじ

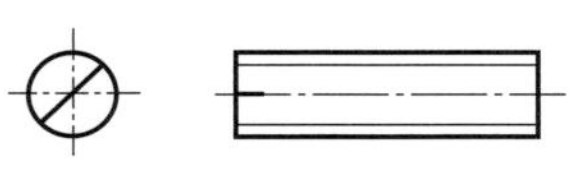

(g)　すりわり付き止めねじ

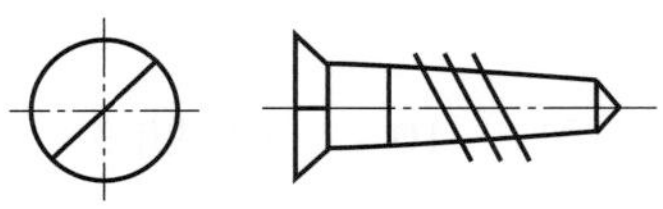

(h)　すりわり付き木ねじ及びタッピンねじ

図１－８　小ねじ・止めねじの図示

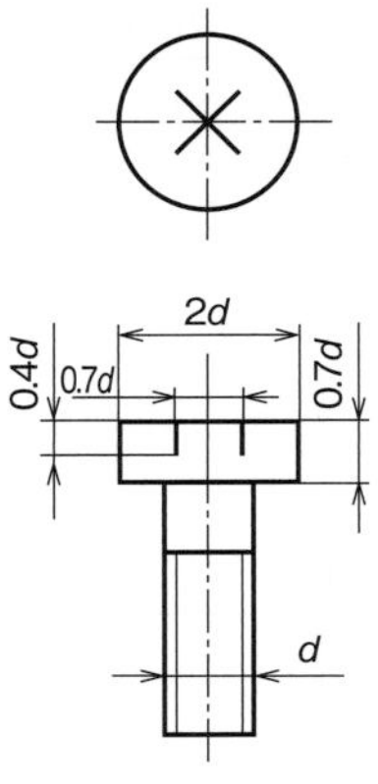

(a)

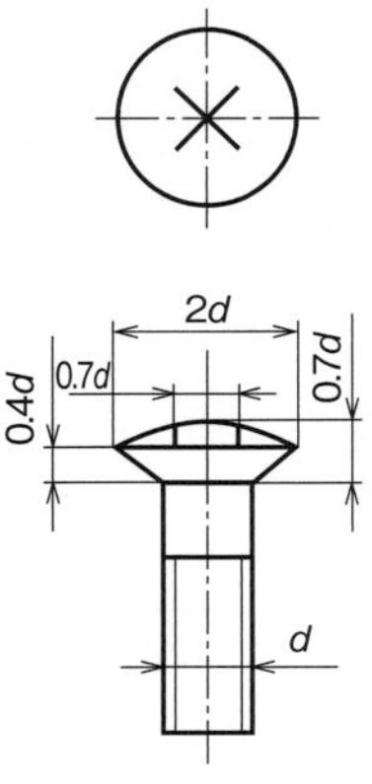

(b)

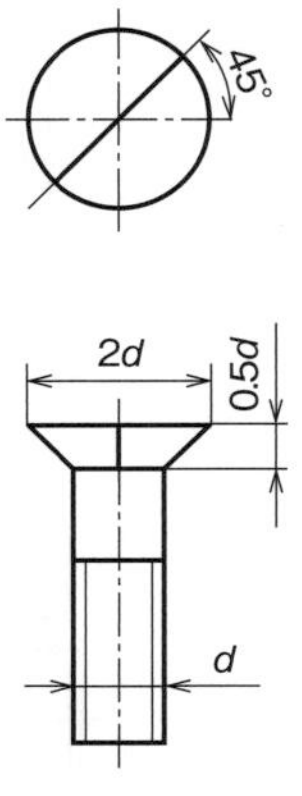

(c)

図１－９　小ねじの製図方法の例

1.1.4　キ　　ー

キーは，回転軸に歯車やベルト車などをはめ込んだとき，動力を伝達するための回り止めとして使用される（図1－10）。キーには，表1－24に示すとおり多くの種類があるが，JISには，**平行キー**（図1－11），**こう配キー**（図1－12），**半月キー**（図1－13）の規格がある。

キーの呼び方は，規格番号，種類（又はその記号）及び呼び寸法×長さ（半月キーでは呼び寸法だけ）による。ただし，ねじ用穴なし平行キー及び頭なしこう配キーの種類は，それぞれ単に「平行キー」及び「こう配キー」と記してもよい。

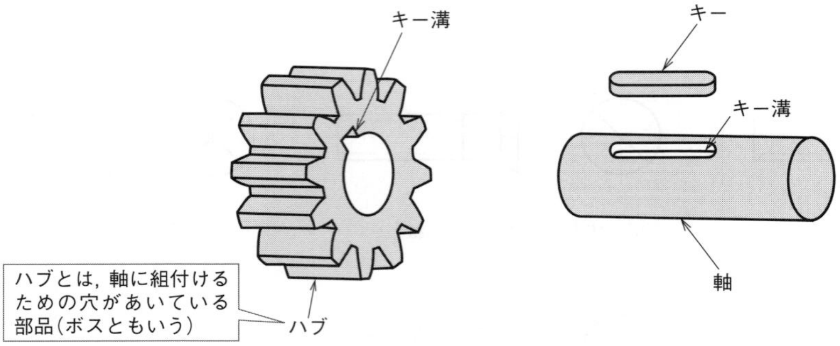

図1－10　キーの使用例

表1－24　キーの種類及び記号

形　状		記　号	用　途
平行キー	ねじ用穴なし	P	最も広く用いられる。上下面が平行のキー。
	ねじ用穴付き	PS	ハブを軸方向に滑らせるときに用いられる。
こう配キー	頭なし	T	軸とハブを固定するときに用いられる。
	頭付き	TG	頭があるため取り外しが容易になる。
半月キー	丸底	WA	テーパ軸に多く使用される。キー溝深さが深くなるため大負荷には向いていない。
	平底	WB	

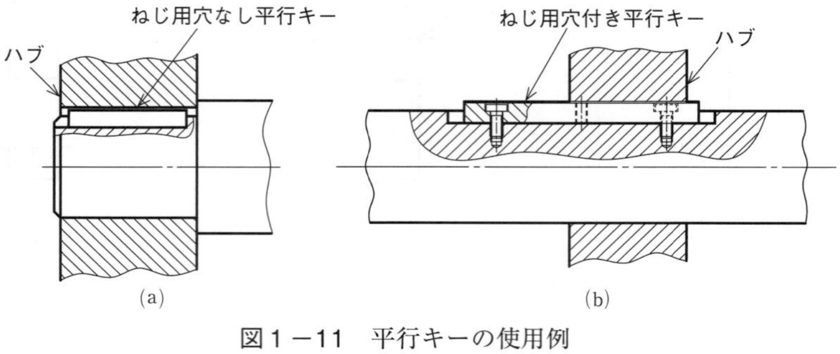

図1－11　平行キーの使用例

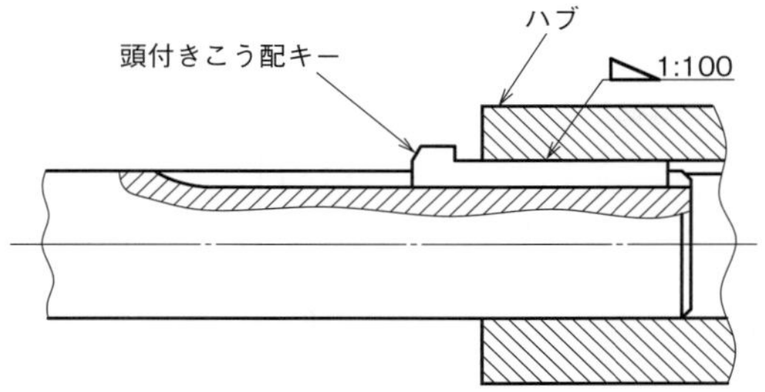

図１－12　こう配キーの使用例

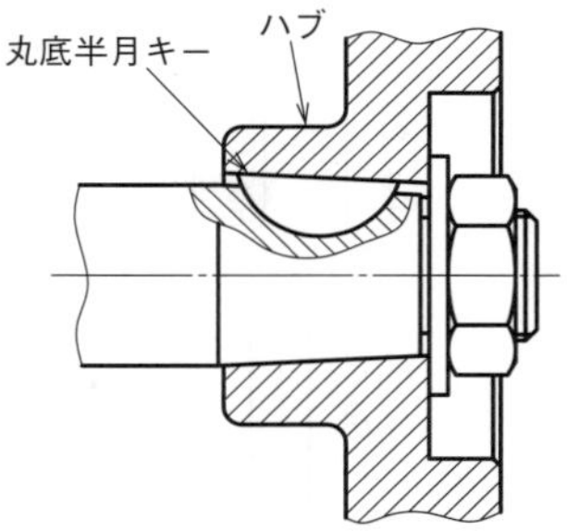

図１－13　半月キーの使用例

平行キーの端部の形状を示す必要がある場合には，種類の後にその形状（又は短線を挟んでその記号）を記す（表１－25)。指定がない場合には，両角形とする。

〔例１〕　JIS B 1301　ねじ用穴なし平行キー　片丸形　20 × 12 × 100

又は，JIS B 1301　P － C　20 × 12 × 100

〔例２〕　JIS B 1301　頭なしこう配キー　25 × 14 × 100

又は，JIS B 1301　T　25 × 14 × 100

〔例３〕　JIS B 1301　丸底半月キー　5 × 16

又は，JIS B 1301　WA　5 × 16

表１－25　平行キーの端部

両丸形（記号 A）	両角形（記号 B）	片丸形（記号 C）
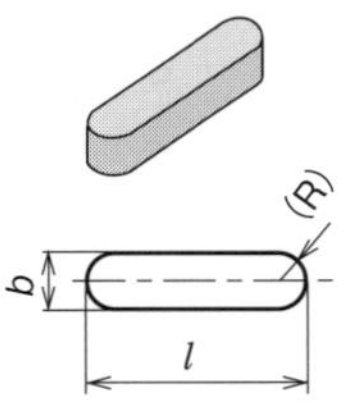	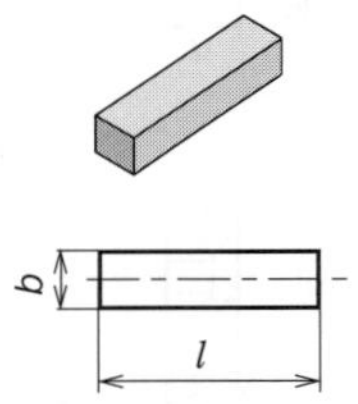	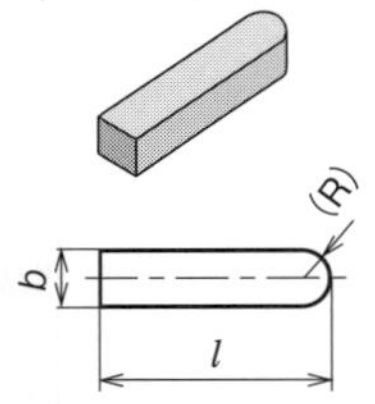

注）丸形の端部は，受渡当事者間の協定によって大きい面取りとしてもよい。

表１－26 に，キー及びキー溝の形状・寸法を示す。

表1－26　キー及びキー溝①（JIS B 1301：1996）

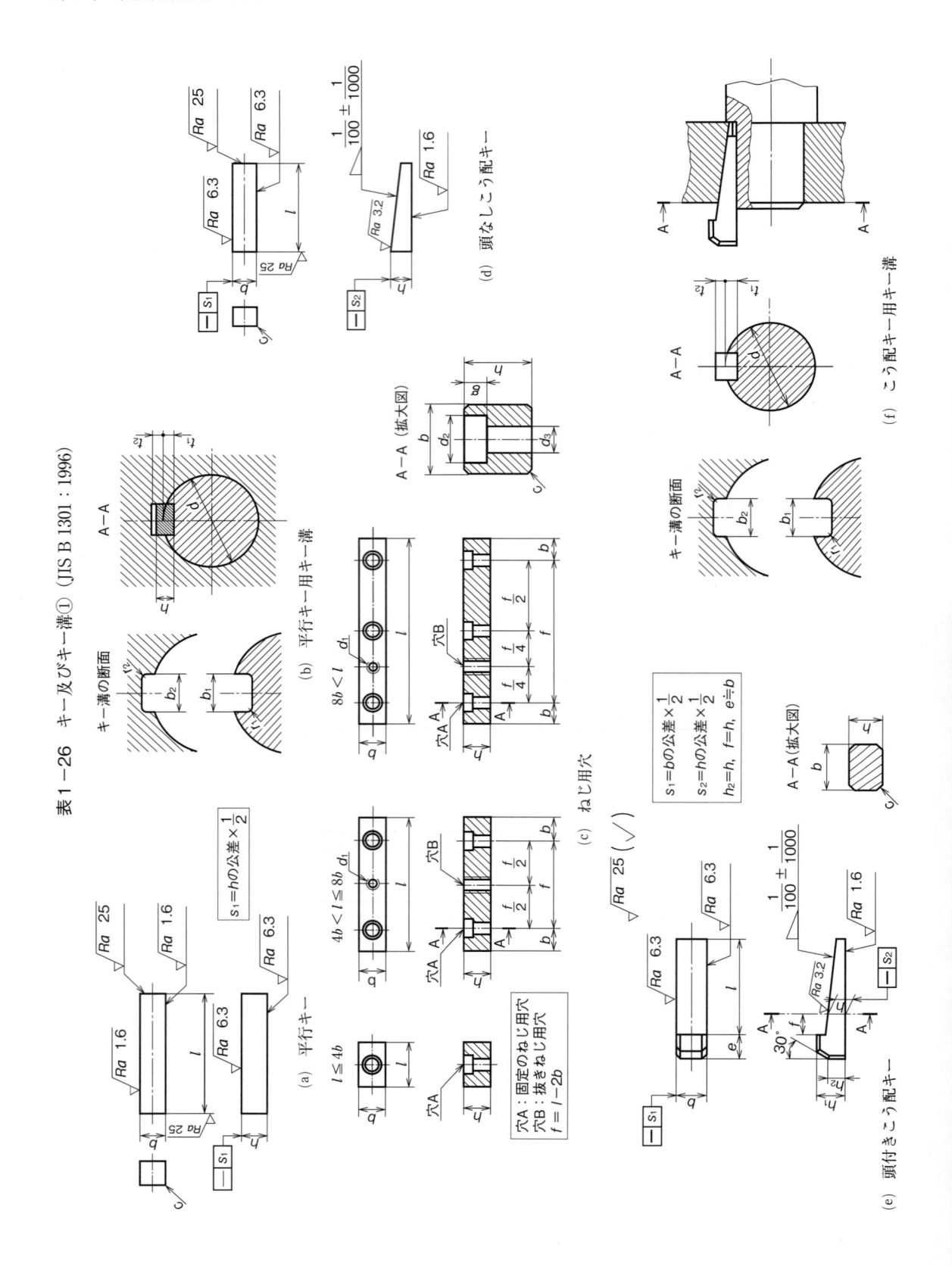

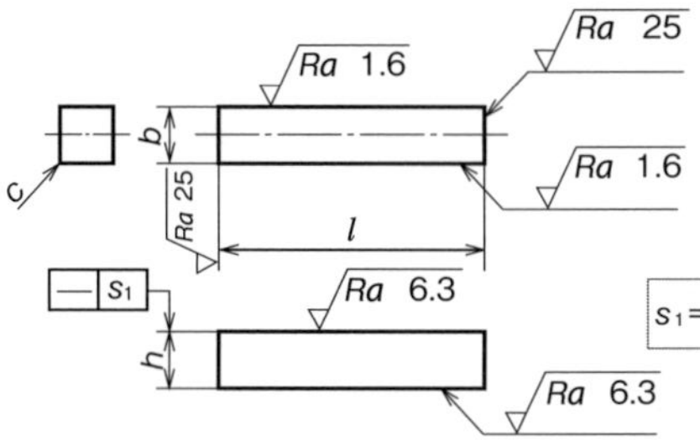

(a)　平行キー

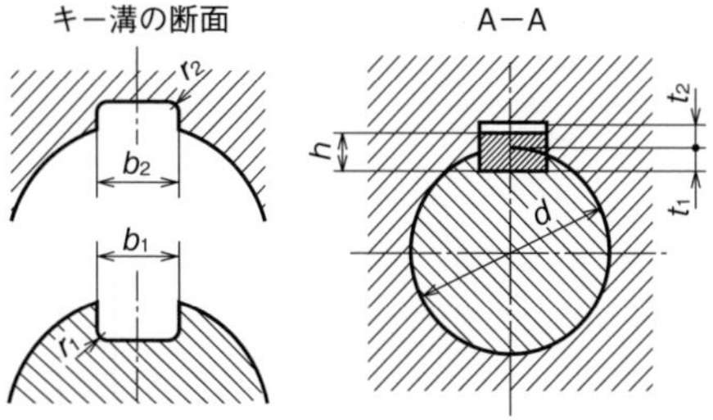

(b)　平行キー用キー溝

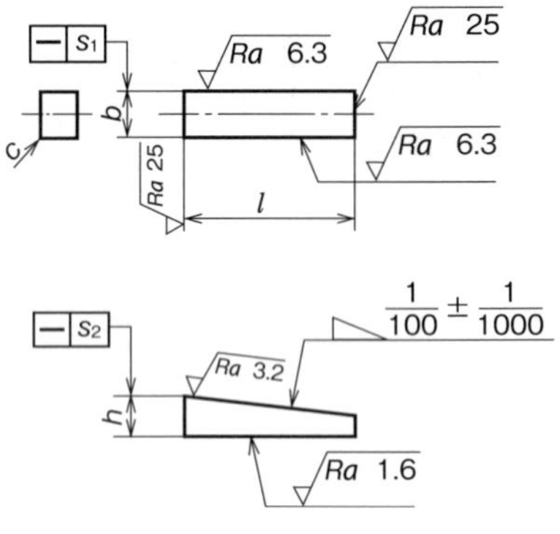

(d)　頭なしこう配キー

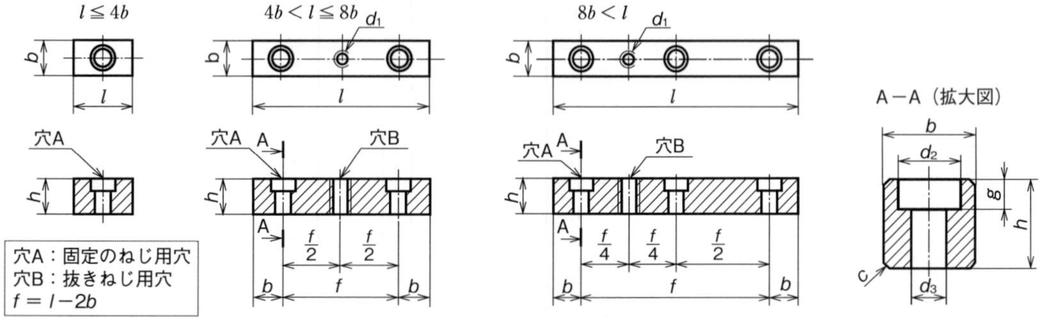

(c)　ねじ用穴

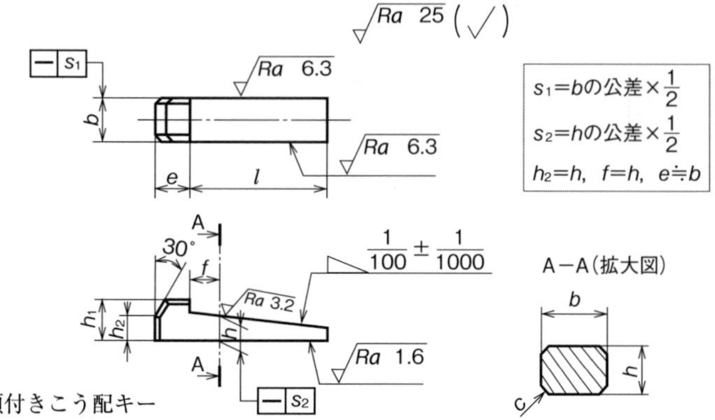

(e)　頭付きこう配キー

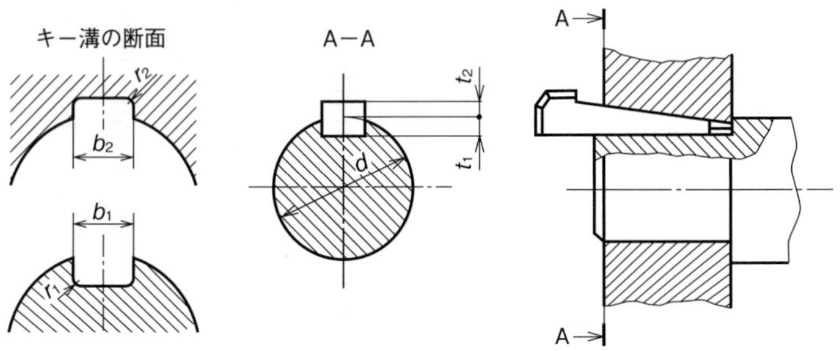

(f)　こう配キー用キー溝

表1－26　キー及びキー溝②（JIS B 1301：1996）

［単位：mm］

キーの呼び寸法 $b \times h$	キー本体 b 基準寸法	b 許容差（h9）	h 基準寸法	h 許容差		h_1	c(2)	l(1)	ねじ用穴 ねじの呼び d_1	d_2	d_3	g	キー溝の寸法 b_1 及び b_2 の基準寸法	平行キー 滑動形 b_1 許容差（H9）	滑動形 b_2 許容差（D10）	普通形 b_1 許容差（N9）	普通形 b_2 許容差（JS9）	締込み形 b_1 及び b_2 許容差（P9）	こう配キー b_1 及び b_2 許容差（D10）	r_1 及び r_2	t_1 の基準寸法	t_2 の基準寸法 平行キー	t_2 の基準寸法 こう配キー	t_1 及び t_2 の許容差 平行キー	t_1 及び t_2 の許容差 こう配キー	参考 適応する軸径(4) d を超え	以下
2×2	2	0 -0.025	2	0 -0.025	h9	–	0.16 ～0.25	6～20 (6～30)(3)	–	–	–	–	2	+0.025 0	+0.060 -0.020	-0.004 -0.029	±0.0125	-0.006 -0.031	+0.060 +0.020	0.08 ～0.16	1.2	1.0	0.5	+0.1 0	+0.05 0	6	8
3×3	3		3			–		6～36	–	–	–	–	3								1.8	1.4	0.9			8	10
4×4	4	0 -0.030	4	0 -0.030		7		8～45	–	–	–	–	4	+0.030 0	+0.078 +0.030	0 -0.030	±0.0150	-0.012 -0.042	+0.078 +0.030		2.5	1.8	1.2		+0.1 0	10	12
5×5	5		5			8	0.25 ～0.40	10～56	–	–	–	–	5							0.16 ～0.25	3.0	2.3	1.7			12	17
6×6	6		6			10		14～70	–	–	–	–	6								3.5	2.8	2.2			17	22
(7×7)	7	0 -0.036	7 (7.2)(3)	0 -0.036		10		16～80	–	–	–	–	7	+0.036 0	+0.098 +0.040	0 -0.036	±0.0180	-0.015 -0.051	+0.098 +0.040		4.0	3.3	3.0	+0.2 0		20	25
8×7	8		7	0 -0.090	h11	11		18～90	M3	6.0	3.4	2.3	8								4.0	3.3	2.4		+0.2 0	22	30
10×8	10		8			12	0.40 ～0.60	22～110	M3	6.0	3.4	2.3	10							0.25 ～0.40	5.0	3.3	2.4			30	38
12×8	12	0 -0.043	8			12		28～140	M4	8.0	4.5	3.0	12	+0.043 0	+0.120 +0.050	0 -0.043	±0.0215	-0.018 -0.061	+0.120 +0.050		5.0	3.3	2.4			38	44
14×9	14		9			14		36～160	M5	10.0	5.5	3.7	14								5.5	3.8	2.9			44	50
(15×10)	15		10 (10.2)(3)	0 -0.090 (0 -0.070)(3)	h11 (h10)(3)	15		40～180	M5	10.0	5.5	3.7	15								5.0	5.3	5.0		+0.1 0	50	55
16×10	16		10	0 -0.090	h11	16		45～180	M5	10.0	5.5	3.7	16								6.0	4.3	3.4		+0.2 0	50	58
18×11	18		11	0 -0.110		18		50～200	M6	11.5	6.6	4.3	18								7.0	4.4	3.4			58	65
20×12	20	0 -0.052	12			20	0.60 ～0.80	56～220	M6	11.5	6.6	4.3	20	+0.052 0	+0.149 +0.065	0 -0.052	±0.0260	-0.022 -0.074	+0.149 +0.065	0.40 ～0.60	7.5	4.9	3.9			65	75
22×14	22		14			22		63～250	M6	11.5	6.6	4.3	22								9.0	5.4	4.4			75	85
(24×16)	24		16 (16.2)(3)	0 -0.110 (0 -0.070)(3)	h11 (h10)(3)	24		70～280	M8	15.0	9.0	5.7	24								8.0	8.4	8.0		+0.1 0	80	90
25×14	25		14	0 -0.110	h11	22		70～280	M8	15.0	9.0	5.7	25								9.0	5.4	4.4		+0.2 0	85	95
28×16	28		16			25		80～320	M10	17.5	11.0	10.8	28								10.0	6.4	5.4			95	110

注(1)　l は，表の範囲内で，次の中から選ぶのがよい。l の寸法許容差は，h12とする。
6，8，10，12，14，16，18，20，22，25，28，32，36，40，45，50，56，63，70，80，90，100，110，125，140，160，180，200，220，250，280，320，360，400

(2)　45°面取り（c）の代わりに丸み（r）でもよい。　(3)　こう配キーの場合の値を表す。

(4)　適応する軸径は，キーの強さに対応するトルクから求められるものであって，一般用途の目安として示す。
キーの大きさが伝達するトルクに対して適切な場合には，適応する軸径より太い軸を用いてもよい。その場合には，キーの側面が，軸及びハブに均等に当たるように t_1 及び t_2 を修正するのがよい。適応する軸径より細い軸には用いないほうがよい。

注１）括弧を付けた呼び寸法のものは，対応国際規格には規定されていないので，新設計には使用しない。

参考）本表に規定するキーの許容差よりも公差の小さいキーが必要な場合には，キーの幅 b に対する許容差をh7とする。
この場合の高さ h の許容差は，キーの呼び寸法7×7以下はh7，キーの呼び寸法8×7以上はh11とする。

1.1.5　スプライン及びセレーション

軸とハブの間を結合し，回転力を伝達する機械要素に**スプライン**がある。

スプラインは，軸に軸線と平行に多数の溝を設け，スプライン軸とし，ハブ側の穴にもこれとかみ合うように軸線に平行に多数の溝を設け，スプライン穴とし，両者をかみ合わせるものである。キーと比較して大きなトルクを伝達することができる。スプラインには角型スプラインとインボリュートスプラインがあり，インボリュートスプラインには溝底の形状から丸底スプラインと平底スプラインがある。図1－14にスプラインの外観図を示す。

セレーションは，スプラインよりも小さいピッチの歯と歯溝のかみ合いによって軸とハブを固定し，トルクを伝達するものであり，歯形がインボリュート曲線であるものをインボリュートセレーションと呼ぶ。セレーションは，歯のピッチが小さいため，小径の軸に使用される。図1－15にインボリュートセレーションの外観図を示す。

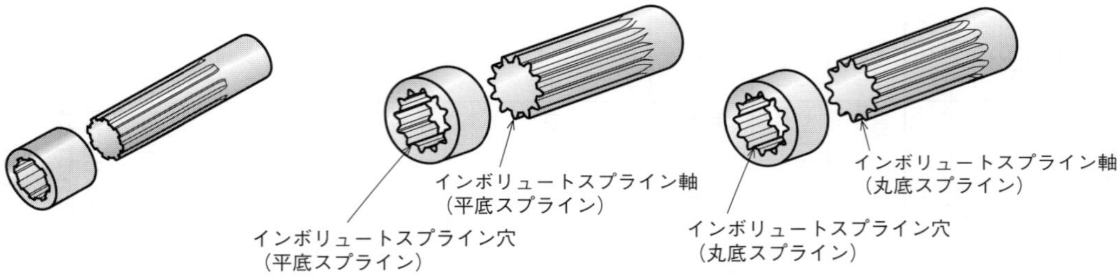

(a)　角形スプライン　　(b)　インボリュートスプライン

図1－14　スプラインの外観図

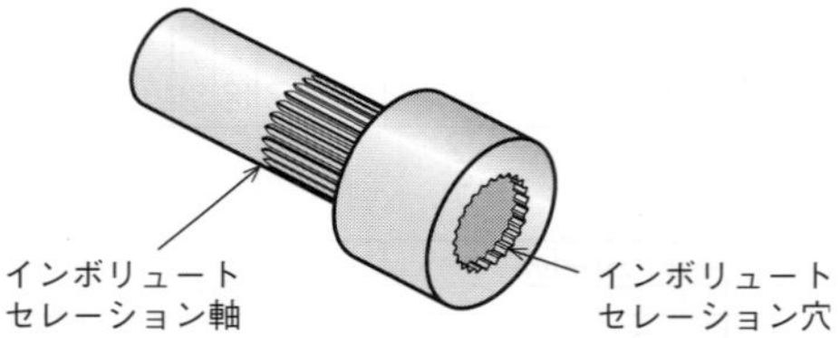

図1－15　インボリュートセレーションの外観図

スプライン及びセレーションの表し方は，JIS B 0006：1993に規定されている。

図1－16に角形スプラインの図示方法を示す。同図(a)及び(b)は，スプラインの完全な図示の例であるが，通常の表示では，同図(c)～(e)の簡単な図示法を使う。

図1－17にインボリュートスプライン及びセレーションの図示法を示す。同図(a)～(d)は，インボリュートスプライン及びセレーションの完全な図示の例を示し，同図(e)～(g)は，簡単な図示方法を示す。

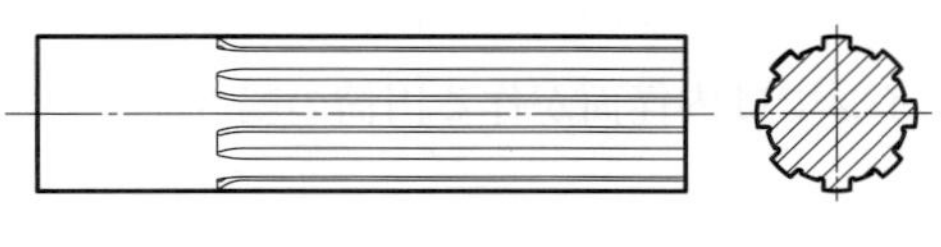

(a)　角形スプライン軸の
完全な図示の例

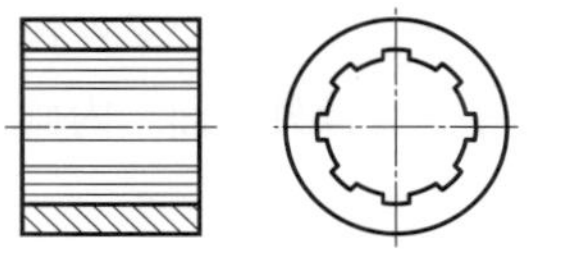

(b)　角形スプラインハブの
完全な図示の例

注(1)　必要な場合には，スプライン継手の呼び方を付記しなければならない（図1－20参照）。

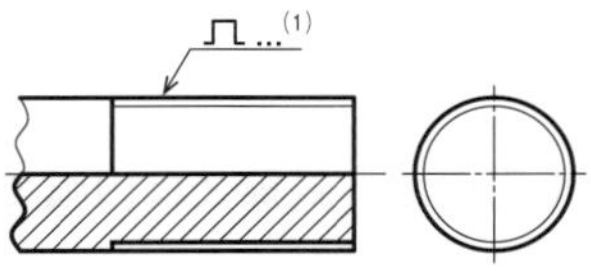

(c)　角形スプライン軸の
簡単な図示法

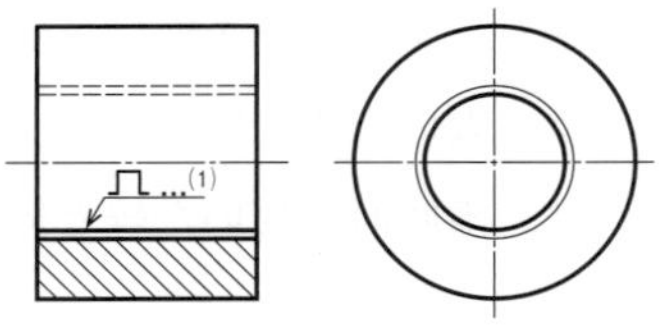

(d)　角形スプラインハブの
簡単な図示法

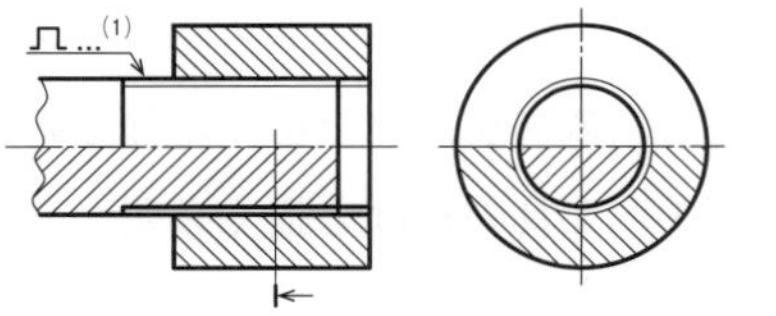

(e)　角形スプライン継手の
簡単な図示法

図1－16　角形スプラインの表し方

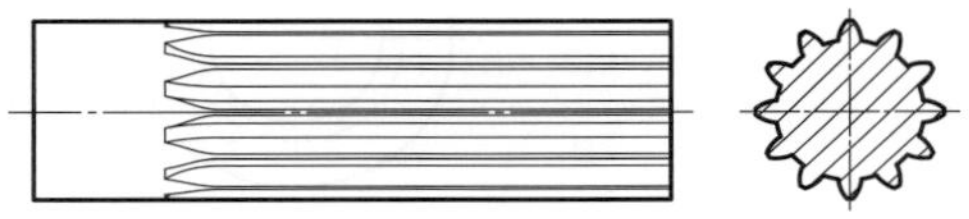

(a)　インボリュートスプライン軸
の完全な図示の例

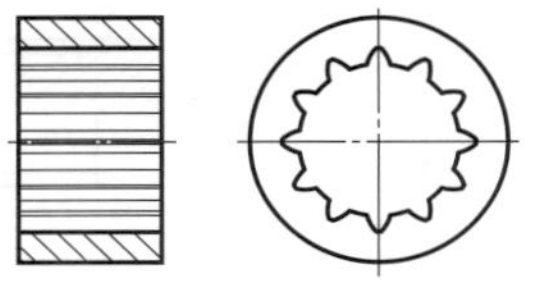

(b)　インボリュートスプラインハブ
の完全な図示の例

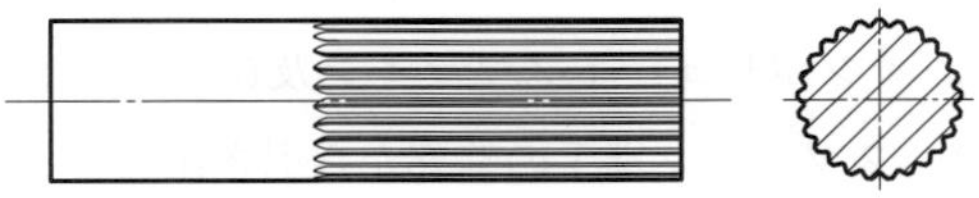

(c)　インボリュートセレーション軸
の完全な図示の例

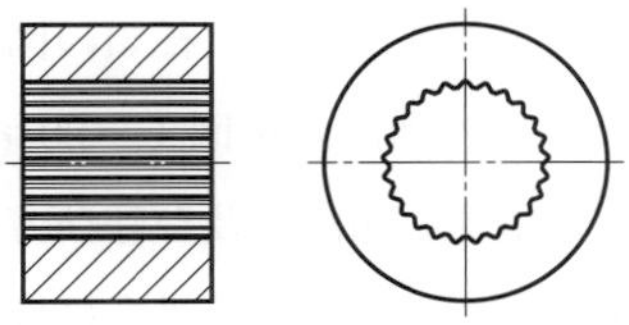

(d)　インボリュートセレーションハブ
の完全な図示の例

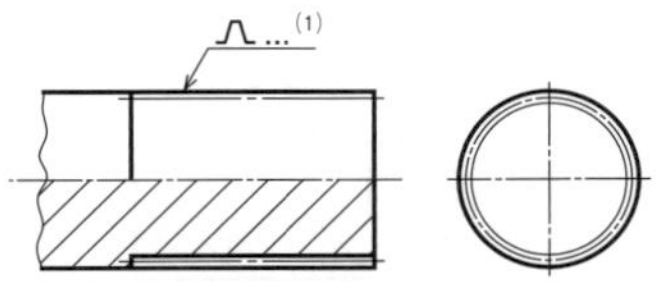

(e)　インボリュートスプライン及び
セレーション軸の簡単な図示法

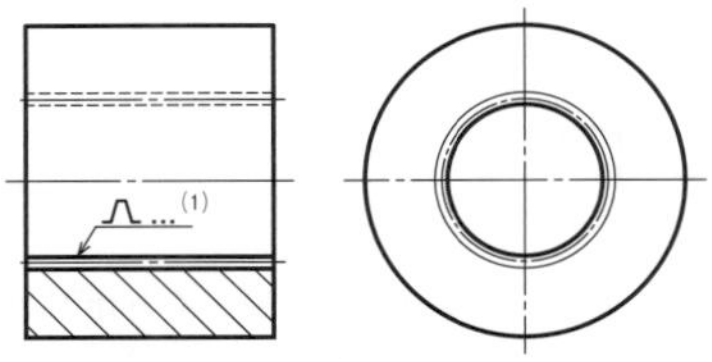

(f)　インボリュートスプライン及び
セレーションハブの簡単な図示法

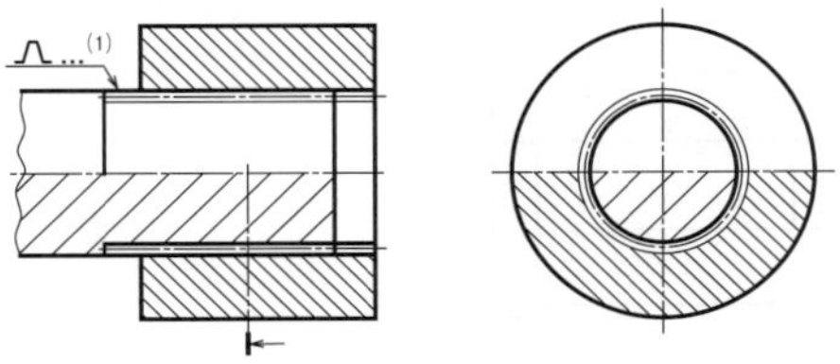

(g)　インボリュートスプライン及び
セレーション継手の簡単な図示法

注(1)　必要な場合には，スプライン継手の呼び方を付記しなければならない（図1－20参照）。

図1－17　インボリュートスプライン及びセレーションの表し方

外側スプラインの軸，内側スプラインのハブの輪郭・端部は，簡単な図示法では次のように描く。

① 外形図は，外側スプラインでは外径面，内側スプラインでは内径面が作る円筒の輪郭を太い実線で描く。

② 歯底面は，角形スプラインに対しては，細い実線で描き，軸又はハブの長手方向の断面図では，太い実線で描く。インボリュートスプライン及びセレーションに対しては，歯底面は描かない。

③ インボリュートスプライン及びセレーションのピッチ面は，細い一点鎖線で描く。

④ スプラインを切った部分の有効長さは，太い実線で図示する。

⑤ 工具の逃げを描く必要がある場合には，歯底面に用いた線と同じ線を用いて，斜線又は円弧で図示してもよい（図1－18）。

⑥ ピッチ円周上で歯の位置を指示する必要がある場合には，1枚又は2枚の歯を太い実線で描いてもよい（図1－19）。

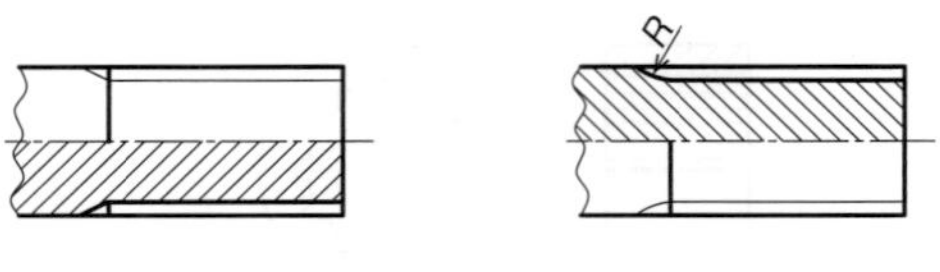

図1－18　工具逃げ部の表し方

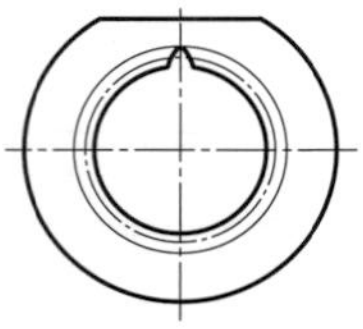

図1－19　歯の位置を指示する必要がある場合の図示

スプライン継手の呼び方は，種類の図記号と，各規格に規定されている継手の呼び方で構成する。

角形スプラインの図記号を図1－20(a)に示す。インボリュートスプライン及びセレーションの図記号を同図(b)に示す。図記号及び呼び方の指示は，スプライン継手の輪郭から引き出して指示し，接触面の肌を指示する必要がある場合には，この引出線上に示す（同図(c)）。

組立図では，ハブ及び軸の両方の部分の呼び方を組み合わせる（同図(d)及び(e)）。

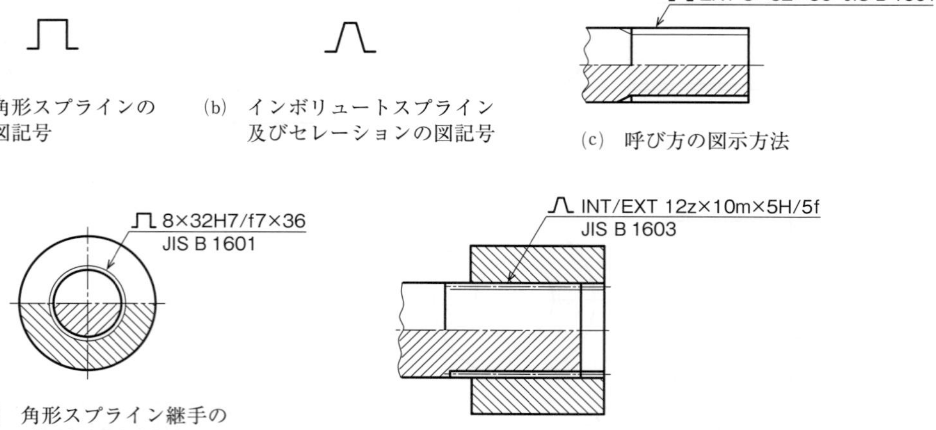

(a) 角形スプラインの図記号

(b) インボリュートスプライン及びセレーションの図記号

(c) 呼び方の図示方法

(d) 角形スプライン継手の呼び方の図示方法

(e) インボリュートスプライン継手の呼び方の図示方法

図1－20　スプラインの図記号及び呼び方の指示方法

1.1.6 ピ　　ン

ピンは，比較的小さな力の掛かる部品の固定やナットのゆるみ止め，部品の位置決めなどに用いられる。ピンの種類には，**割りピン**，**平行ピン**，**テーパピン**，**スプリングピン**などがある。

(1) ピンの呼び方

ピンの呼び方は，次に示す順に従って表す。

a 割りピン

割りピンは，溝付きナットの回り止めや，取り付け部品の抜け止めなどのために用いられ，穴に通した後，先端を二股に開く。

割りピンの形状及び寸法について，表1－27に示す。

〔例〕

規格番号又は規格名称	呼び径×長さ	材　料	指定事項
JIS B 1351	2 × 32	SWRM10	
割りピン	8 × 80	黄　銅	平　先

b 平行ピン

平行ピンは，分解・組み立てなどをする部品の精度の高い位置決めなどに使われる。

平行ピンの形状及び寸法について，表1－28に示す。

〔例〕

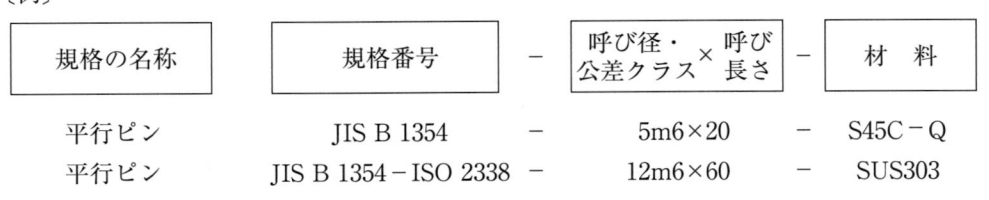

規格の名称	規格番号		呼び径・公差クラス×呼び長さ		材　料
平行ピン	JIS B 1354	－	5m6×20	－	S45C－Q
平行ピン	JIS B 1354－ISO 2338	－	12m6×60	－	SUS303

注）製品仕様がISO規格と一致している場合は，ISO規格番号も入れる。

表１－27　割りピンの形状・寸法（JIS B 1351：1987）

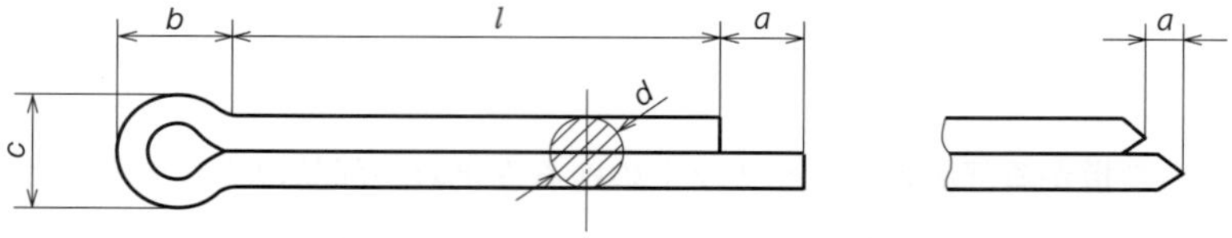

(a)　平　先　　　　(b)　とがり先

［単位：mm］

呼び径			0.6	0.8	1	1.2	1.6	2	2.5	3.2	4	5	6.3	8	10	13	16	20
d		基準寸法	0.5	0.7	0.9	1	1.4	1.8	2.3	2.9	3.7	4.6	5.9	7.5	9.5	12.4	15.4	19.3
		許容差	0 −0.1						0 −0.2							0 −0.3		
c		基準寸法	1	1.4	1.8	2	2.8	3.6	4.6	5.8	7.4	9.2	11.8	15	19	24.8	30.8	38.6
		許容差	0 −0.1	0 −0.2		0 −0.3	0 −0.4		0 −0.6	0 −0.7	0 −0.9	0 −1.2	0 −1.5	0 −1.9	0 −2.4	0 −3.1	0 −3.8	0 −4.8
b		約	2	2.4	3	3	3.2	4	5	6.4	8	10	12.6	16	20	26	32	40
a		最大	1.6	1.6	1.6	2.5	2.5	2.5	2.5	3.2	4	4	4	4	6.3	6.3	6.3	6.3
		最小	0.8	0.8	0.8	1.2	1.2	1.2	1.2	1.6	2	2	2	2	3.2	3.2	3.2	3.2
適用するボルト及びピンの径	ボルト	を超え	−	2.5	3.5	4.5	5.5	7	9	11	14	20	27	39	56	80	120	170
		以下	2.5	3.5	4.5	5.5	7	9	11	14	20	27	39	56	80	120	170	−
	クレビスピン(1)	を超え	−	2	3	4	5	6	8	9	12	17	23	29	44	69	110	160
		以下	2	3	4	5	6	8	9	12	17	23	29	44	69	110	160	−
ピン穴径		（参考）	0.6	0.8	1	1.2	1.6	2	2.5	3.2	4	5	6.3	8	10	13	16	20
l			4〜12	5〜16	6〜20	8〜25	8〜32	10〜40	12〜50	14〜63	18〜80	22〜100	32〜125	40〜160	45〜200	71〜250	112〜280	160〜280

注(1)　軸直角方向の繰返し荷重を受けるクレビスピンの場合は，この表の割りピンより一段階太いものを用いる。
注１）呼び径は，ピン穴の径による。
　２）*d* は，先端から *l*/2 の間における値とする。
　３）先端の形状は，とがり先でも平先でもよい。そのいずれかを必要とする場合は指定する。
　４）*l* は次の数値の中から表の範囲内のものを選ぶ。
　　4, 5, 6, 8, 10, 12, 14, 16, 18, 20, 22, 25, 28, 32, 36, 40, 45, 50, 56, 63, 71, 80, 90, 100, 112, 125, 140, 160, 180, 200, 224, 250, 280
　５）頭部は，軸心から著しく傾いてはならない。

表１－28　平行ピンの形状・寸法（JIS B 1354：2012）

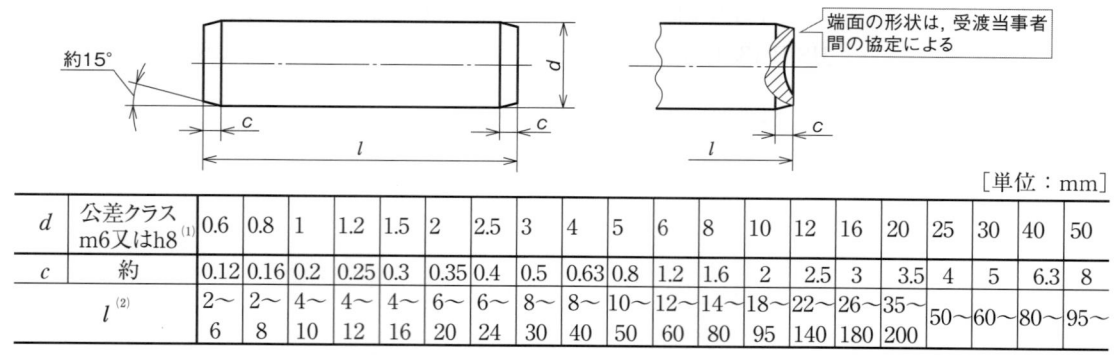

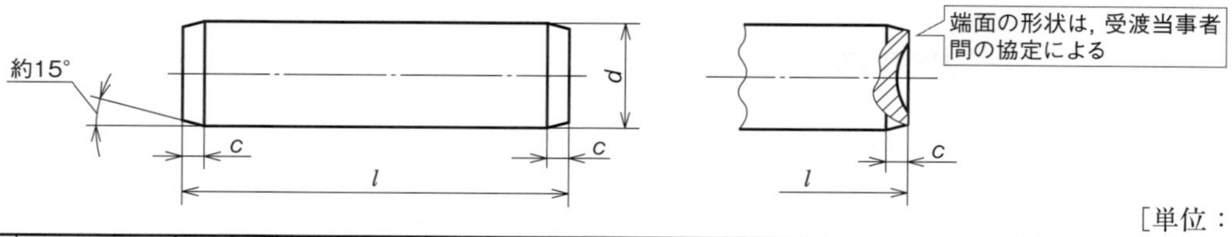

［単位：mm］

d	公差クラスm6又はh8(1)	0.6	0.8	1	1.2	1.5	2	2.5	3	4	5	6	8	10	12	16	20	25	30	40	50
c	約	0.12	0.16	0.2	0.25	0.3	0.35	0.4	0.5	0.63	0.8	1.2	1.6	2	2.5	3	3.5	4	5	6.3	8
l(2)		2〜6	2〜8	4〜10	4〜12	4〜16	6〜20	6〜24	8〜30	8〜40	10〜50	12〜60	14〜80	18〜95	22〜140	26〜180	35〜200	50〜	60〜	80〜	95〜

注(1)　*d* の公差クラスm6 及び h8 は，JIS B 0401－2による。
　　なお，受渡当事者間の協定によって，他の公差クラスを用いることができる。
　(2)　*l* は次の数値の中から表の範囲内のものを選ぶ。
　　2, 3, 4, 5, 6, 8, 10, 12, 14, 16, 18, 20, 22, 24, 26, 28, 30, 32, 35, 40, 45, 50, 55, 60, 65, 70, 75, 80, 85, 90, 95, 100, 120, 140, 160, 180, 200
　　200 mmを超える呼び径長さは，20 mmとびとする。

c　テーパピン

テーパピンは，１：50 のテーパをもつピンで，小さいハンドルや軸継手などを軸に組み付けるのに用いられる。テーパピンの径は，最小端部の径で表す。

A種は主として研削によるもの，B種は主として旋削によるものである。

テーパピンの形状及び寸法について，表１－29 に示す。

〔例〕

規格番号又は規格名称	種　類	呼び径 × 呼び長さ	材　料 焼入れ焼戻しの表示を含む	指定事項
JIS B 1352	A	6 × 30	S45C－Q	ϕ6f8
テーパピン	B種	6 × 30	St	りん酸塩皮膜

（JIS B 1352：2006）

表１－29　テーパピンの形状・寸法（JIS B 1352：2006）

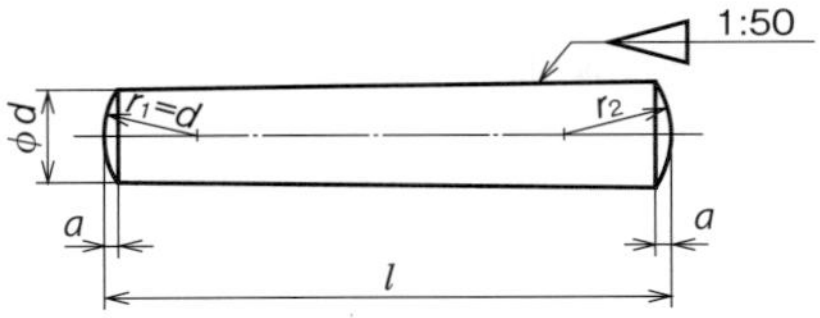

［単位：mm］

呼び径		0.6	0.8	1	1.2	1.5	2	2.5	3	4	5	6	8	10	12	16	20	25	30	40	50
d	基準寸法	0.6	0.8	1.0	1.2	1.5	2.0	2.5	3.0	4.0	5.0	6.0	8.0	10	12	16	20	25	30	40	50
	許容差 (h10) (1)	0 －0.040								0 －0.048			0 －0.058		0 －0.070		0 －0.084			0 －0.100	
a	約	0.08	0.1	0.12	0.16	0.2	0.25	0.3	0.4	0.5	0.63	0.8	1	1.2	1.6	2	2.5	3	4	5	6.3
l		4～8	5～12	6～16	6～20	8～24	10～35	10～35	12～45	14～55	18～60	22～90	22～120	26～160	32～180	40～200	45～	50～	55～	60～	65～

注(1)　h10に対する数値は，JIS B 0401－2による。

注１）l は次の数値の中から表の範囲内のものを選ぶ。
2, 3, 4, 5, 6, 8, 10, 12, 14, 16, 18, 20, 22, 24, 26, 28, 30, 32, 35, 40, 45, 50, 55, 60, 65, 70, 75, 80, 85, 90, 95, 100, 120, 140, 160, 180, 200

２）200 mmを超える呼び径長さは20 mmとびとする。

３）小端側の径(d)に対して，h 10以外の許容差を必要とする場合は，注文者が指定する。ただし，その許容差は，JIS B 0401－2によるものとする。

４）テーパ部の許容限界は，d に与えた許容差とテーパ1/50の基準円すい及び長さ(l)によって決まる幾何学的に正しい二つの円すいによる。

５）本表の許容差は，表面処理を施す前のものに適用する。

d　スプリングピン

スプリングピンは，穴に取り付けたとき，ばねの作用によって広げようとする力が働き，穴の内面に密着して部品同士を固定したいときに使われる。

① 種　　類

スプリングピンは，板厚によって表１－30 の６種類がある。

② 呼び方の例

呼び方は，規格番号，呼び径，長さ，種類の記号，面取り形状の記号，からみ防止の記号及び材料の記号による。

規格番号	－	呼び径×長さ	－	種類の記号	－	面取り形状の記号	－	からみ防止の記号(1)	－	材料の記号

〔例１〕　炭素鋼製（St）溝付き軽荷重用スプリングピン，呼び径 6 mm，長さ 30 mm，両面取りの場合

JIS B 2808 －　6×30　－　GL　－　W　－　St

〔例２〕　オーステナイト系ステンレス鋼（A）溝付き一般荷重用スプリングピン，呼び径 8 mm，長さ 32 mm，片面取り，からみ防止品の場合

JIS B 2808 －　8×32　－　GS　－　V　－　N　－　A

〔例３〕　炭素鋼製（St）二重巻き軽荷重用スプリングピン，呼び径 6 mm，長さ 30 mm，両面取りの場合

JIS B 2808 －　6×30　－　CL　－　W　－　St

注(1)　からみ防止品でない場合は，省略する。

(JIS B 2808：2013)

表１－30　スプリングピンの種類（JIS B 2808：2013）

種　類		記　号	寸　法
溝付き	重荷重用	GH	JIS B 2808 の表５による
	一般荷重用	GS	同表６（表１－31）による
	軽荷重用	GL	同表７による
二重巻き	重荷重用	CH	同表８による
	一般荷重用	CS	同表９による
	軽荷重用	CL	同表 10 による

表1－31　溝付きスプリングピンの形状・寸法（JIS B 2808：2013）

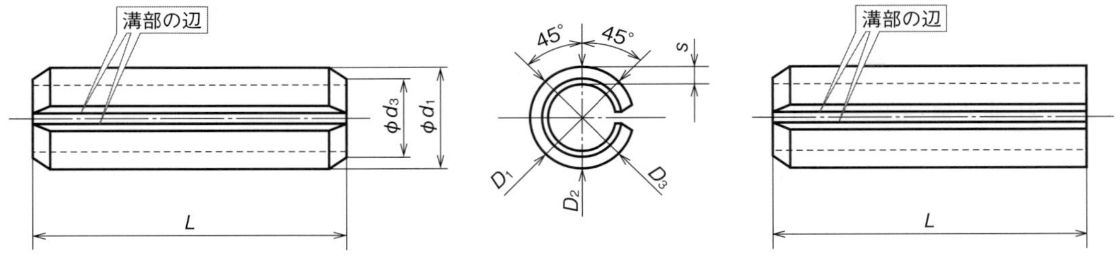

(a)　両面取り（W形）　　(b)　片面取り（V形）

溝付き一般荷重用

［単位：mm］

呼び径		1	1.2	1.4	1.5	1.6	2	2.5	3	4	5	6	8	10	13
取り付け前	最大	1.2	1.4	1.6	1.7	1.8	2.25	2.75	3.25	4.4	5.4	6.4	8.6	10.6	13.7
d_1(1)	最小	1.1	1.3	1.5	1.6	1.7	2.15	2.65	3.15	4.2	5.2	6.2	8.3	10.3	13.4
面取りの径 d_3	最大	0.2	0.25	0.28	0.3	0.3	0.4	0.5	0.6	0.8	1.0	1.2	1.6	2.0	2.5
厚さ　s		0.9	1.1	1.3	1.4	1.5	1.9	2.4	2.9	3.9	4.8	5.8	7.8	9.8	12.7
せん断強さ(2)	最小値(kN)	0.69	1.02	1.35	1.55	1.68	2.76	4.31	6.2	10.8	17.25	24.83	44.13	68.94	112.78
長さ　L(3)		4～10	4～12	4～14	4～14	4～16	5～20	5～25	6～32	8～40	10～50	12～63	16～80	18～100	22～140

注(1)　外径d_1の最大値はピン円周上の外径の最大値，外径d_1の最小値はピン円周上のD_1，D_2，D_3の３カ所の外径平均値とする。
(2)　せん断強さの値は，炭素鋼及びマルテンサイト系ステンレス鋼製のものに適用する。
(3)　Lは次の数値の中から表の範囲内のものを選ぶ。
4, 5, 6, 8, 10, 12, 14, 16, 18, 20, 22, 25, 28, 32, 36, 40, 45, 50, 56, 63, 70, 80, 90, 100, 110, 125, 140
140 mmを超える長さについては，受渡当事者間の協定による。

1.1.7　止　め　輪

止め輪（JIS B 2804：2010）は，部品の抜け止めに使用され，軸方向取り付けで溝加工が必要な**C 形偏心止め輪**，**C 形同心止め輪**，溝加工不要の**グリップ止め輪**，そして軸に直角方向取り付けで溝加工が必要な**E 形止め輪**がある。

(1)　止め輪の呼び方

止め輪の呼び方は，規格番号又は規格名称，種類又は種類を表す記号，呼び，鋼種及び指定事項の順序とする。

なお，E 形止め輪の場合は，材質が鋼のときは St を，ステンレス鋼のときは Su を呼びの後に表記する。

また，指定事項には，めっきなどの表面処理を施した場合の処理方法，又は受渡当事者間の協定による事項を表記する。E 形止め輪の場合は鋼種の後に，E 形止め輪以外の場合には呼びの後に表記する。

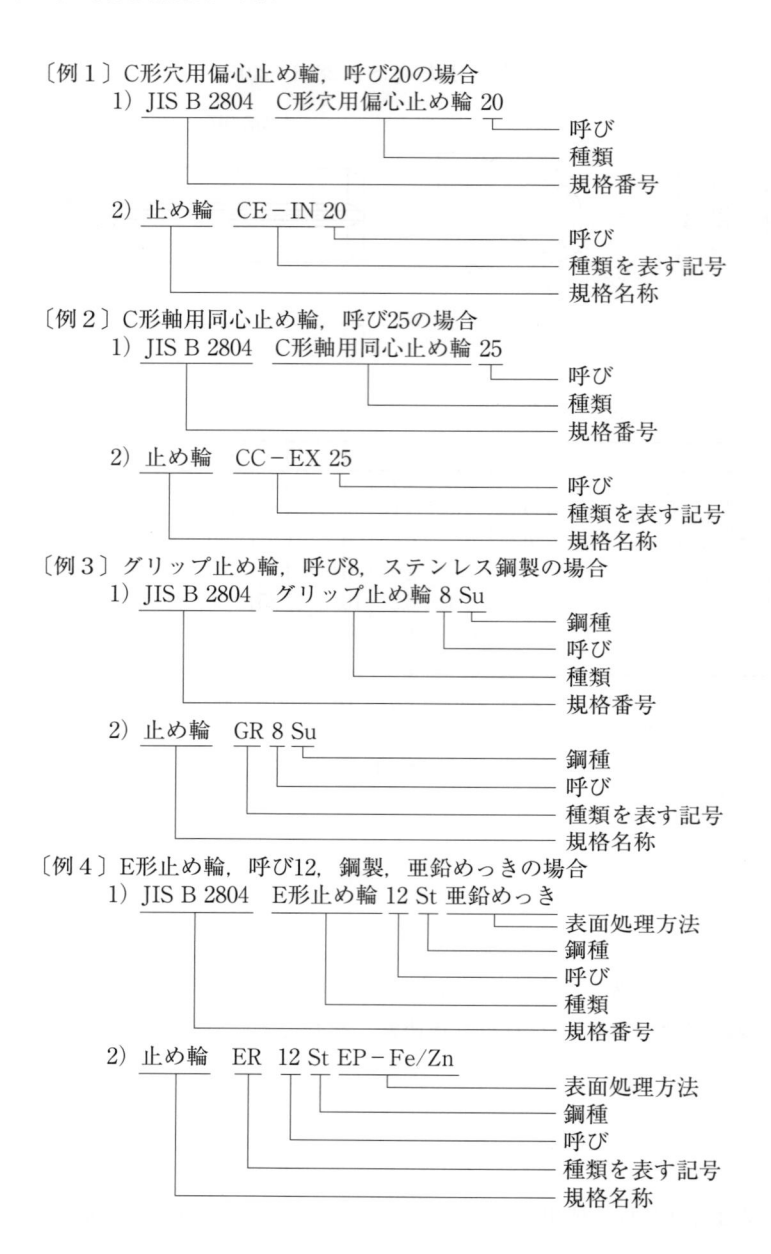

〔例1〕C形穴用偏心止め輪，呼び20の場合

1）JIS B 2804　C形穴用偏心止め輪 20
- 20：呼び
- C形穴用偏心止め輪：種類
- JIS B 2804：規格番号

2）止め輪　CE－IN 20
- 20：呼び
- CE－IN：種類を表す記号
- 止め輪：規格名称

〔例2〕C形軸用同心止め輪，呼び25の場合

1）JIS B 2804　C形軸用同心止め輪 25
- 25：呼び
- C形軸用同心止め輪：種類
- JIS B 2804：規格番号

2）止め輪　CC－EX 25
- 25：呼び
- CC－EX：種類を表す記号
- 止め輪：規格名称

〔例3〕グリップ止め輪，呼び8，ステンレス鋼製の場合

1）JIS B 2804　グリップ止め輪 8 Su
- Su：鋼種
- 8：呼び
- グリップ止め輪：種類
- JIS B 2804：規格番号

2）止め輪　GR 8 Su
- Su：鋼種
- 8：呼び
- GR：種類を表す記号
- 止め輪：規格名称

〔例4〕E形止め輪，呼び12，鋼製，亜鉛めっきの場合

1）JIS B 2804　E形止め輪 12 St 亜鉛めっき
- 亜鉛めっき：表面処理方法
- St：鋼種
- 12：呼び
- E形止め輪：種類
- JIS B 2804：規格番号

2）止め輪　ER　12 St EP－Fe/Zn
- EP－Fe/Zn：表面処理方法
- St：鋼種
- 12：呼び
- ER：種類を表す記号
- 止め輪：規格名称

表1－32に，各種止め輪の形状や寸法を示す。

表１－32　止め輪の形状①（JIS B 2804：2010）
── C形軸用偏心止め輪 ──

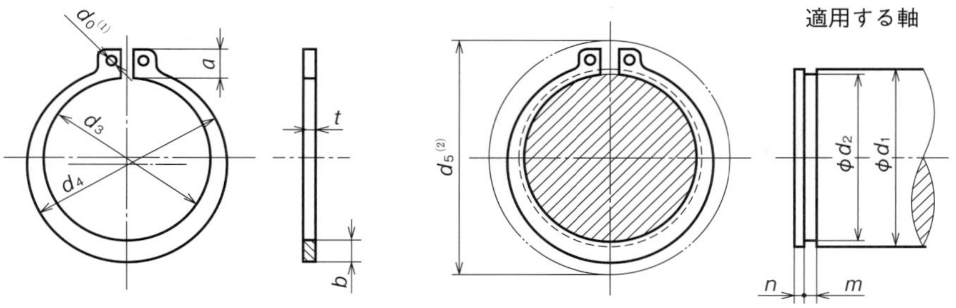

記　号	CE－EX	
用　途	溝付き軸用	
材　料	JIS G 3311	S60CM，S65CM，S70CM，SK85M
	JIS B 3506	SWRH62（A・B），SWRH67（A・B），SWRH72（A・B），SWRH77（A・B），SWRH82（A・B）
	JIS B 4401	SK85
	JIS B 4802	S60C－CSP，S65C－CSP，S70C－CSP，SK85－CSP
表面処理	電気亜鉛めっきは施さない	
硬　さ	44 ～ 53HRC 又は 434 ～ 560HV	

［単位：mm］

呼　び(3)		止め輪							適用する軸(参考)						
		d_3		t		b	a	d_0	d_5	d_1	d_2		m		n
1欄	2欄	基準寸法	許容差	基準寸法	許容差	約	約	最小			基準寸法	許容差	基準寸法	許容差	最小
10		9.3	±0.15	1	±0.05	1.6	3.0	1.2	17	10	9.6	0 −0.09	1.15	+0.14 0	1.5
	11	10.2				1.8	3.1		18	11	10.5	0 −0.11			
12		11.1	±0.18			1.8	3.2	1.5	19	12	11.5				
14		12.9				2.0	3.4	1.7	22	14	13.4				
15		13.8				2.1	3.5		23	15	14.3				
16		14.7				2.2	3.6		24	16	15.2				
17		15.7				2.2	3.7		25	17	16.2				
18		16.5		1.2	±0.06	2.6	3.8		26	18	17.0		1.35		
	19	17.5				2.7	3.8	2	27	19	18.0				
20		18.5	±0.20			2.7	3.9		28	20	19.0	0 −0.21			
22		20.5				2.7	4.1		31	22	21.0				
	24	22.2				3.1	4.2		33	24	22.9				
25		23.2				3.1	4.3		34	25	23.9				
	26	24.2				3.1	4.4		35	26	24.9				
28		25.9		1.5(4)		3.1	4.6		38	28	26.6		1.65(4)		

注(1)　直径d_0の穴の位置は，止め輪を適用する軸に入れたとき，溝に隠れないようにする。
(2)　d_5は，止め輪の外部に干渉物がある場合の干渉物の最小内径である。
(3)　呼びは，１欄のものを優先し，必要に応じて２欄を用いてもよい。
(4)　厚さの基準寸法 1.5 は，受渡当事者間の協定によって 1.6 としてもよい。ただし，この場合 m は，1.75 とする。

注１）b は止め輪円環部の最大幅である。
２）止め輪円環部の最小幅は，厚さ t より大きいことが望ましい。
また，d_4は，$d_4 = d_3 + (1.4 \sim 1.5)b$ とすることが望ましい。
３）適用する軸の寸法は，推奨する寸法を参考として示したものである。

表１－32　止め輪の形状②（JIS B 2804：2010）
── C形穴用偏心止め輪 ──

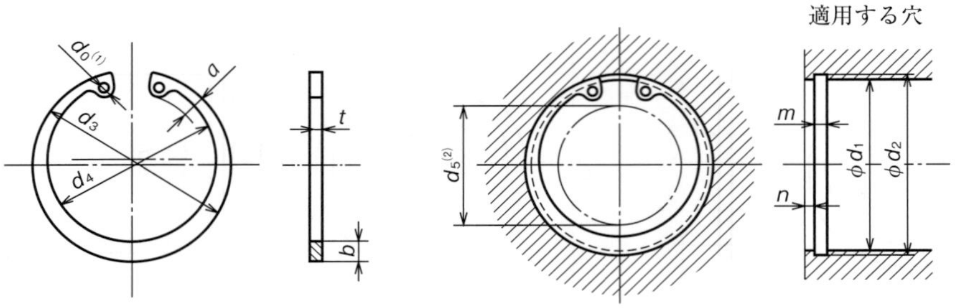

記　号	CE－IN
用　途	溝付き穴用
材　料	軸用と同じ
表面処理	
硬　さ	

［単位：mm］

呼　び(3)		止め輪							適用する穴（参考）						
		d_3		t		b	a	d_0	d_5	d_1	d_2		m		n
1欄	2欄	基準寸法	許容差	基準寸法	許容差	約	約	最小			基準寸法	許容差	基準寸法	許容差	最小
10		10.7	±0.18	1	±0.05	1.8	3.1	1.2	3	10	10.4	+0.11 0	1.15	+0.14 0	1.5
11		11.8				1.8	3.2		4	11	11.4				
12		13.0				1.8	3.3	1.5	5	12	12.5				
	13	14.1				1.8	3.5		6	13	13.6				
14		15.1				2.0	3.6	1.7	7	14	14.6				
	15	16.2				2.0	3.6		8	15	15.7				
16		17.3				2.0	3.7		8	16	16.8				
	17	18.3	±0.2			2.0	3.8		9	17	17.8				
18		19.5				2.5	4.0		10	18	19.0	+0.21 0			
19		20.5				2.5	4.0	2	11	19	20.0				
20		21.5				2.5	4.0		12	20	21.0				
22		23.5				2.5	4.1		13	22	23.0				
	24	25.9		1.2	±0.06	2.5	4.3		15	24	25.2		1.35		
25		26.9				3.0	4.4		16	25	26.2				
	26	27.9				3.0	4.6		16	26	27.2				
28		30.1	±0.25			3.0	4.6		18	28	29.4				

注(1)　直径d_0の穴の位置は，止め輪を適用する穴に入れたとき，溝に隠れないようにする。
　(2)　d_5は，止め輪の内部に干渉物がある場合の最大外径である。
　(3)　呼びは，１欄のものを優先し，必要に応じて２欄を用いてもよい。
注１）b は止め輪円環部の最大幅である。
　２）止め輪円環部の最小幅は，厚さ t より大きいことが望ましい。
　　また，d_4は，$d_4 = d_3 - (1.4〜1.5)b$ とすることが望ましい。
　３）適用する穴の寸法は，推奨する寸法を参考として示したものである。

表１－32　止め輪の形状③　── C形同心止め輪 ──

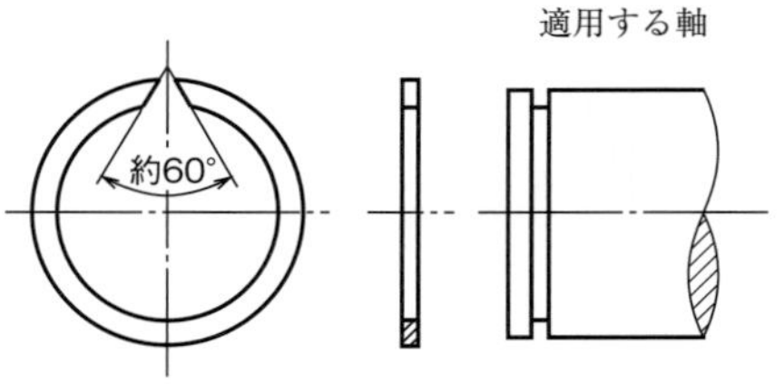

(a)　C形軸用同心止め輪

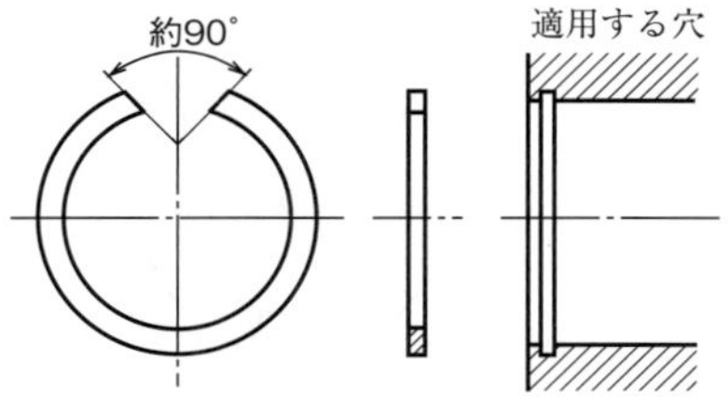

(b)　C形穴用同心止め輪

記　号	CC－EX		CC－IN
用　途	溝付き軸用		溝付き穴用
材　料	JIS G 3311	S60CM，S65CM，S70CM，SK85M	
	JIS B 3506	SWRH62（A・B），SWRH67（A・B），SWRH72（A・B），SWRH77（A・B），SWRH82（A・B）	
	JIS B 3521	SW－B，SW－C	
	JIS B 4802	S60C－CSP，S65C－CSP，S70C－CSP，SK85－CSP	
硬　さ	40 ～ 50HRC 又は 392 ～ 513HV		

表１－32　止め輪の形状④　── グリップ止め輪 ──

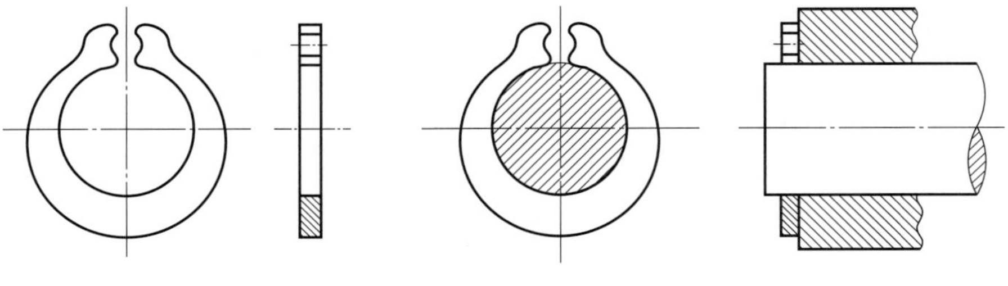

記　号	GR	
用　途	溝なし軸用	
材　料	JIS G 3311	S60CM，S65CM，S70CM，SK85M
	JIS B 4802	S60C－CSP，S65C－CSP，S70C－CSP，SK85－CSP
硬　さ	46 ～ 51HRC 又は 458 ～ 528HV	

表１－32　止め輪の形状⑤（JIS B 2804：2010）
── E形止め輪 ──

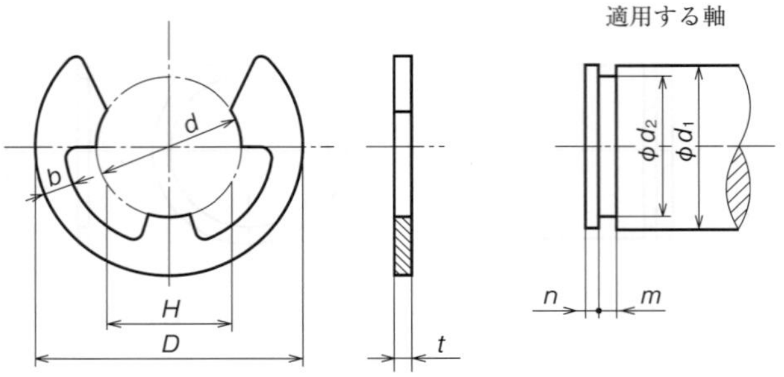

記　号	ER	
用　途	溝付き軸用	
材　料	JIS G 3311	S60CM，S65CM，S70CM，SK85M
	JIS B 4313	SUS301－CSP，SUS304－CSP
	JIS B 4802	S60C－CSP，S65C－CSP，S70C－CSP，SK85－CSP
硬　さ	44 ～ 53HRC 又は 434 ～ 560HV	

［単位：mm］

呼び	止め輪									適用する軸（参考）						
	d (1)		D		H		t		b	d_1の区分		d_2		m		n
	基準寸法	許容差	基準寸法	許容差	基準寸法	許容差	基準寸法	許容差	約	を超え	以下	基準寸法	許容差	基準寸法	許容差	最小
0.8	0.8	0 −0.08	2	±0.1	0.7	0 −0.25	0.2	±0.02	0.3	1.0	1.4	0.82	+0.05 0	0.30	+0.05 0	0.4
1.2	1.2	0 −0.09	3		1.0		0.3	±0.025	0.4	1.4	2.0	1.23	+0.06 0	0.40		0.6
1.5	1.5		4	±0.2	1.3		0.4	±0.03	0.6	2.0	2.5	1.53		0.50		0.8
2	2.0		5		1.7				0.7	2.5	3.2	2.05				1.0
2.5	2.5		6		2.1				0.8	3.2	4.0	2.55				
3	3.0		7		2.6		0.6	±0.04	0.9	4.0	5.0	3.05		0.70	+0.1.0 0	
4	4.0	0 −0.12	9		3.5	0 −0.30			1.1	5.0	7.0	4.05	+0.075 0			1.2
5	5.0		11		4.3				1.2	6.0	8.0	5.05				
6	6.0		12		5.2		0.8		1.4	7.0	9.0	6.05		0.90		
7	7.0	0 −0.15	14		6.1	0 −0.35			1.6	8.0	11.0	7.10	+0.09 0			1.5
8	8.0		16		6.9				1.8	9.0	12.0	8.10				1.8
9	9.0		18		7.8				2.0	10.0	14.0	9.10				2.0
10	10.0		20	±0.3	8.7		1.0	±0.05	2.2	11.0	15.0	10.15		1.15	+0.14 0	
12	12.0	0 −0.18	23		10.4	0 −0.45			2.4	13.0	18.0	12.15	+0.11 0			2.5
15	15.0		29		13.0		1.5 (1)	±0.06	2.8	16.0	24.0	15.15		1.65 (1)		3.0
19	19.0	0 −0.21	37		16.5				4.0	20.0	31.0	19.15	+0.13 0			3.5
24	24.0		44		20.8	0 −0.50	2.0	±0.07	5.0	25.0	38.0	24.15		2.20		4.0

注(1)　厚さの基準寸法1.5は，受渡当事者間の協定によって1.6としてもよい。ただし，この場合 m は1.75とする。
注）適用する軸の寸法は，推奨する寸法を参考として示したものである。

1.1.8　ローレット目

ローレット目はJIS B 0951：1962で規定され，図１－21に示すように，平目及びアヤ目の２種類がある。ローレット目の溝の形状は，加工物の直径が無限大になったと仮定した場合の溝の直角断面について，図１－22(a)のように規定されている。ローレット目の寸法は，**モジュール**（記号：m）で表され，同図(b)のように定められている。

ローレット目の呼び方は，種類とモジュールによって表され，例として「平目 m0.5」，「アヤ目 m0.3」と示される。

ローレット加工を施した部分は，主に滑り止めとして使用される。

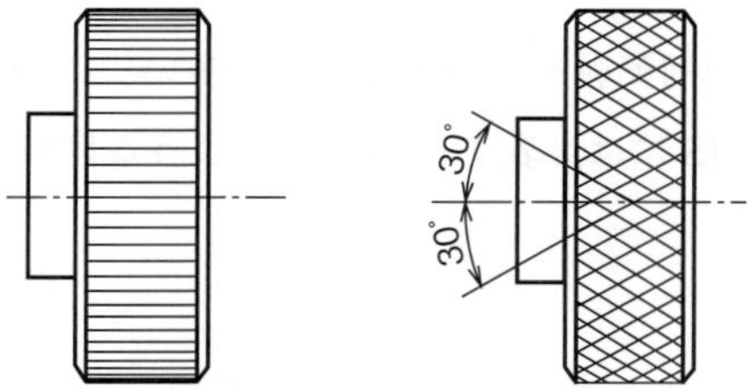

(a)　平　目　　　(b)　アヤ目

図１－21　ローレット目の種類

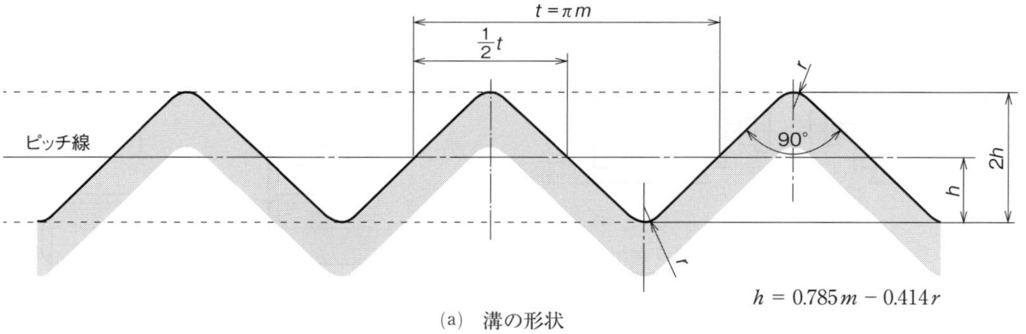

(a)　溝の形状

［単位：mm］

モジュール　m	0.2	0.3	0.5
ピッチ　t	0.628	0.942	1.571
r	0.06	0.09	0.16
h	0.132	0.198	0.326

(b)　寸法（JIS B 0951：1962参考）

図１－22　ローレット目の溝の形状・寸法

1.2　軸及び軸継手

1.2.1　軸

軸は，主に回転運動によって動力を伝えるもので，伝動軸（シャフト），車軸（アクスル），スピンドルなどがある。

軸には，**軸受**や歯車，**軸継手**などの部品がはめ合わされるので，軸及び関連部品の標準化が必要であり，各種JIS規格で定められている。

(1)　回転軸の高さ

軸継手によって，二つの機械の回転軸を結合することが多い。このような場合，両者の軸の高さが決められていると便利である。JISには，表1－33に示すような回転軸の高さの規格がある。

(2)　軸　　端

軸端には，円筒軸端（図1－23(a)）と円すい軸端（同図(b)）の形状及び寸法の規格（JIS B 0903：2001，JIS B 0904：2001）がある。

表1－33　軸高さ

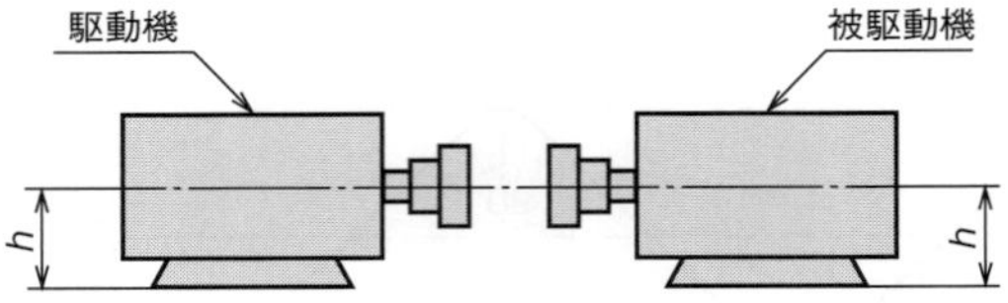

［単位：mm］

軸高さ　h[1]					
25	40	63	100	160	250
26	42	67	106	170	265
28	45	71	112	180	280
30	48	75	118	190	300
32	50	80	125	200	315
34	53	85	132	212	335
36	56	90	140	225[2]	355
38	60	95	150	236	375

（JIS B 0902：2001 参考）

注(1)　標準数（R5, R10, R20, R40）をよりどころにしている。
(2)　標準数224から外れている。

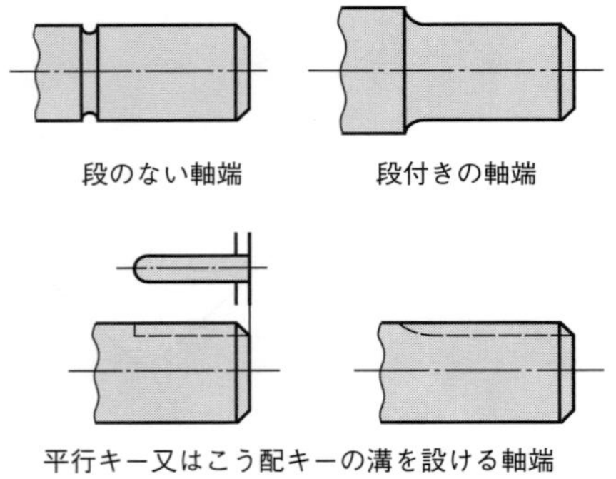

(a)　円筒軸端

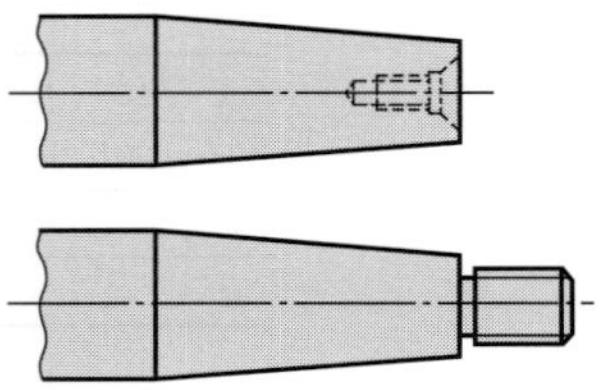

(b)　円すい軸端（JIS B 0904：2001）

図1－23　軸端の形状

(3)　軸の直径

一般に用いられる円筒軸のはめあい部分の直径について，JIS では，表１－34に示すように定められている。

表１－34　軸の直径（JIS B 0901：1977 参考）

［単位：mm］

軸の直径										
4 ＊	8 ＊◇	15 ＊	24 ◇	38 ◇	60 ＊◇	90 ＊◇	130 ＊◇	220 ＊◇	320 ＊◇	450 ◇
4.5	9 ＊◇	16 ◇	25 ＊◇	40 ＊◇	63 ◇	95 ＊◇	140 ＊◇	224	340 ＊◇	460 ＊◇
5 ＊	10 ＊◇	17 ＊	28 ＊◇	42 ◇	65 ＊◇	100 ＊◇	150 ＊◇	240 ＊◇	355	480 ＊◇
5.6	11 ◇	18 ◇	30 ＊◇	45 ＊◇	70 ＊◇	105 ＊	160 ＊◇	250 ◇	360 ＊◇	500 ＊◇
6 ＊◇	11.2	19 ◇	31.5	48 ◇	71 ◇	110 ＊◇	170 ＊◇	260 ＊◇	380 ＊◇	530 ＊◇
6.3	12 ＊◇	20 ＊◇	32 ＊◇	50 ＊◇	75 ＊◇	112	180 ＊◇	280 ＊◇	400 ＊◇	560 ＊◇
7 ＊◇	12.5	22 ＊◇	35 ＊◇	55 ＊◇	80 ＊◇	120 ＊◇	190 ＊◇	300 ＊◇	420 ＊◇	600 ＊◇
7.1	14 ◇	22.4	35.5	56 ◇	85 ＊◇	125 ◇	200 ＊◇	315	440 ＊◇	630 ＊◇

注１）＊印は，JIS B 1512（転がり軸受の主要寸法）の軸受内径による。
　２）◇印は，JIS B 0903（円筒軸端）の軸端のはめあい部の直径による。

(4)　センタ穴の図示

センタ穴は，軸などを加工するときに必要な場合にあけられる穴である。センタ穴は，60°，75°及び90°で，形式Ａ形，Ｂ形，Ｃ形及びＲ形のセンタ穴の規格（JIS B 1011：1987）がある（図１－24）。完成品には，センタ穴を必ず残す場合，残してもよい場合，残してはいけない場合の３種類があり，表１－35のように示す。

また，センタ穴の呼び方を表１－36に示す。

(a)　適用するセンタの角度

<table>
<tr><th colspan="3">角　度</th><th>形　式</th></tr>
<tr><td rowspan="4">60°</td><td rowspan="3">75°</td><td rowspan="3">90°</td><td>A</td></tr>
<tr><td>B</td></tr>
<tr><td>C</td></tr>
<tr><td colspan="2">－</td><td>R</td></tr>
</table>

注）75°センタ穴は，なるべく用いない。

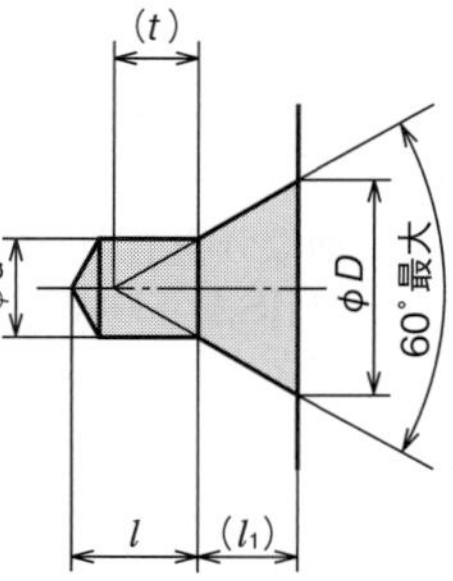

A形

(b)　60°センタ穴の形状①

図１－24　センタ穴の形状①（JIS B 1011：1987）

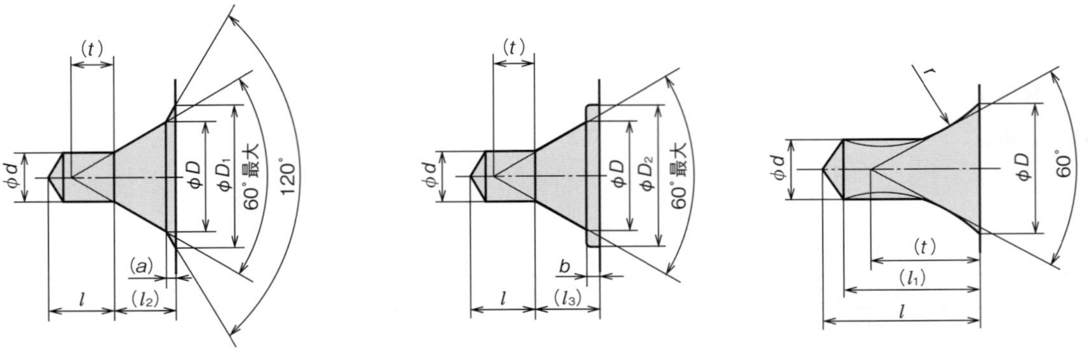

(b)　60°センタ穴の形状②

図１－24　センタ穴の形状②（JIS B 1011：1987）

表１－35　センタ穴の記号（JIS B 0041：1999）

要求事項	記　号
センタ穴を最終仕上がり部品に残す場合	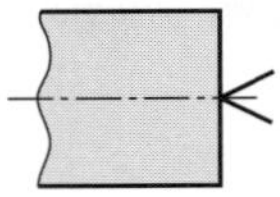
センタ穴を最終仕上がり部品に残してもよい場合	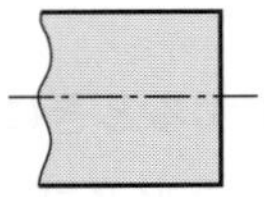 記号なし
センタ穴を最終仕上がり部品に残してはならない場合	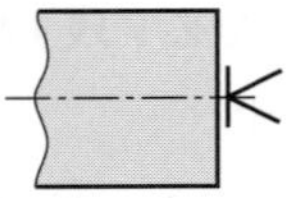

表１－36　呼び方の説明

［単位：mm］

センタ穴の種類		呼び方（例）
A形	面取りをもたないもの（JIS B 4304によるセンタ穴ドリル）	$d=1.6$　$D=3.35$の場合 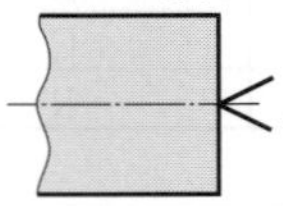 JIS B 0041－A1.6/3.35
B形	面取りをもつもの（JIS B 4304によるセンタ穴ドリル）	$d=2$　$D_1=6.3$の場合 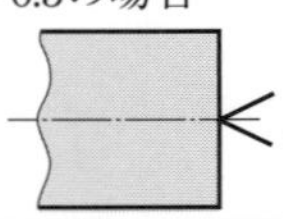 JIS B 0041－B2/6.3
R形	円弧形状をもつもの（JIS B 4304によるセンタ穴ドリル）	$d=2.5$　$D=5.3$の場合 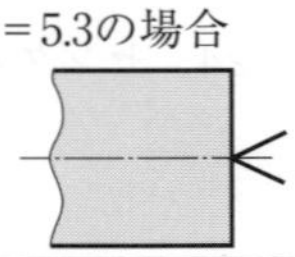 JIS B 0041－R2.5/5.3

1.2.2 軸　継　手

軸継手（カップリング）は，半永久的に軸を結合する永久軸継手と，運転中に連結を断続できるクラッチに大別できる。

永久軸継手には，２軸が一直線上にある場合に用いる固定軸継手，２軸の軸心が一致しにくい場合に用いるたわみ軸継手，２軸がある角度で交わる場合に用いる自在軸継手などがある。

なお，JIS では，**フランジ形固定軸継手**，**フランジ形たわみ軸継手**，歯車形軸継手，ローラチェーン軸継手，こま形自在軸継手などについての規格がある。表１－37 に軸継手の分類を示す。

表１－37　軸継手の分類

２軸の位置関係	名　称			適用 JIS
２軸が一直線上にあり，軸心が一致	固定軸継手		筒形軸継手	－
			フランジ形固定軸継手	JIS B 1451
２軸が一直線上にあるが，軸心にずれがある	たわみ軸継手	弾性式	ゴム軸継手	－
			フランジ形たわみ軸継手	JIS B 1452
		補正式	歯車形軸継手	JIS B 1453
			ローラチェーン軸継手	JIS B 1456
２軸が交差	自在軸継手	不等速形	こま形自在軸継手	JIS B 1454
		等速形	等速ボールジョイント	－

(1) 固定軸継手

a　筒形軸継手

図１－25 に示すように筒形軸継手は，最も簡単な軸継手であり，筒の両側から軸をはめ，こう配キーで固定するものである。キーの代わりにテーパピン又はボルト・ナットで固定するものもある。

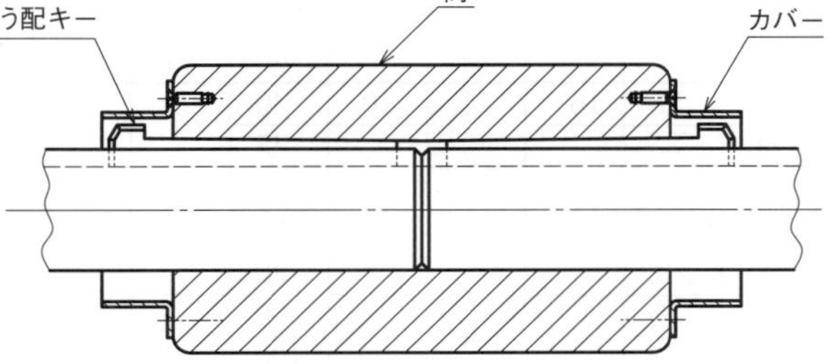

図１－25　筒形軸継手の例

b　フランジ形固定軸継手

継手本体を軸にキーで固定し，継手本体のフランジをリーマボルトで結合するもので，一般に広く使用されている（図１－26）。表１－38 に，JIS B 1451：1991 のフランジ形固定軸継手の形状・寸法を示す。

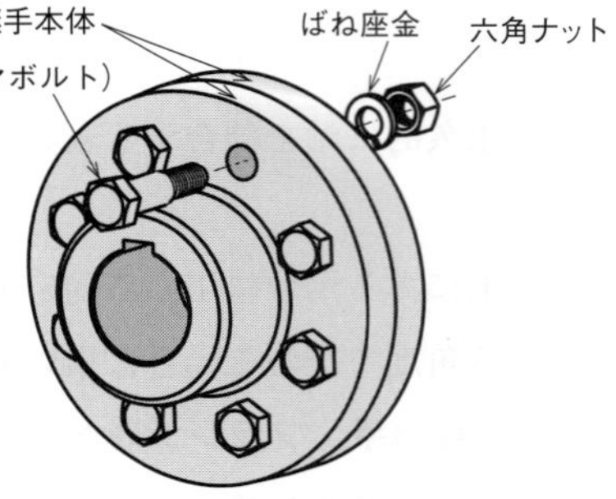

図1－26　フランジ形固定軸継手の例

表1－38　フランジ形固定軸継手の形状・寸法（JIS B 1451：1991）

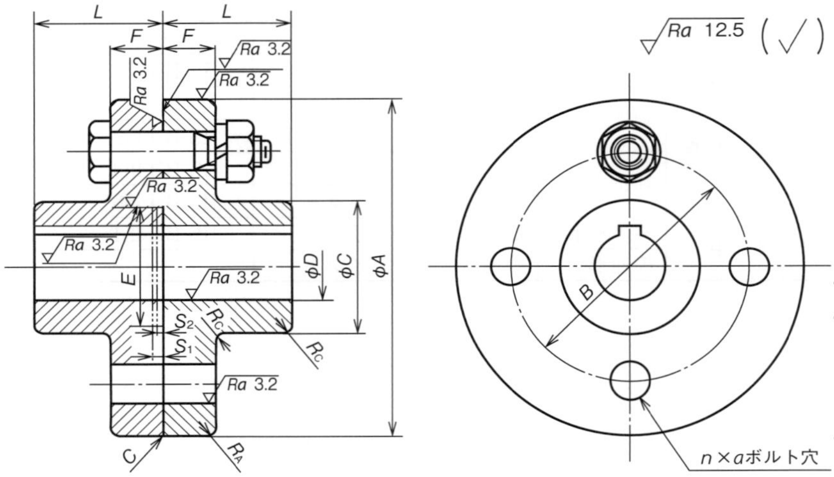

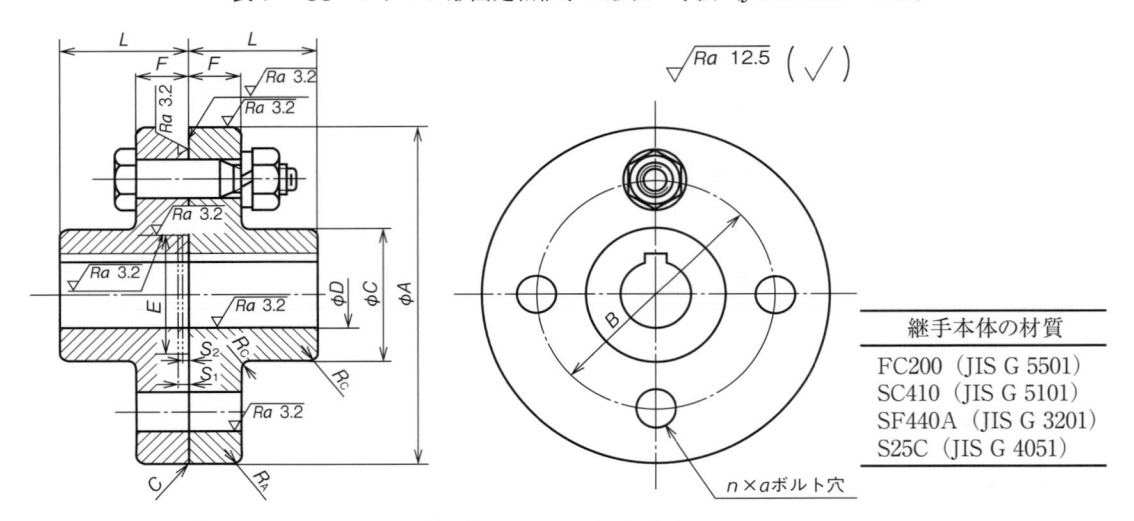

継手本体の材質
FC200（JIS G 5501）
SC410（JIS G 5101）
SF440A（JIS G 3201）
S25C（JIS G 4051）

注）ボルト穴の配置は，キー溝に対しておおむね振分けとする。

［単位：mm］

継手外径 A	D 最大軸穴直径	D （参考）最小軸穴直径	L	C	B	F	n（個）	a	参考 はめ込み部 E	はめ込み部 S_2	はめ込み部 S_1	R_C（約）	R_A（約）	c（約）	ボルト抜きしろ
112	28	16	40	50	75	16	4	10	40	2	3	2	1	1	70
125	32	18	45	56	85	18		14	45						81
140	38	20	50	71	100		6		56						
160	45	25	56	80	115		8		71			3			
180	50	28	63	90	132				80						
200	56	32	71	100	145	22.4		16	90	3	4		2		103
224	63	35	80	112	170				100						
250	71	40	90	125	180	28		20	112			4			126
280	80	50	100	140	200				125						
315	90	63	112	160	236		10		140						
355	100	71	125	180	260	35.5	8	25	160			5			157

注1）必要な場合は，継手本体にはめ込み部を設けてもよい。
　2）ボルト抜きしろは，軸端からの寸法を示す。
　3）継手を軸から抜きやすくするためのねじ穴は，適宜設けてもよい。

⑵　たわみ軸継手

a　ゴム軸継手

弾性式のたわみ軸継手として，ゴム軸継手がある。ゴム軸継手の形式は，様々であるが，ゴム又は合成樹脂製の部品の圧縮やせん断などの弾性変形を利用し，たわみを発生させる構造である。JIS B 1455では，軸心間のずれの許容値によって3種類，静的ねじりばね定数によって4種類に分類し，規格化されていたが，2023年に廃止となった。

図1－27に，ゴム軸継手の例として，タイヤ形継手の構造を示す。タイヤ形継手は，タイヤ形のゴム部品の一方の面にフランジを締め付け金具とボルトを使って固定し，もう一方の面に，別のフランジを固定したものである。タイヤ形軸継手は，ポンプなど一般産業機械に広く用いられている。図1－28に，タイヤ形継手の形状を示す。

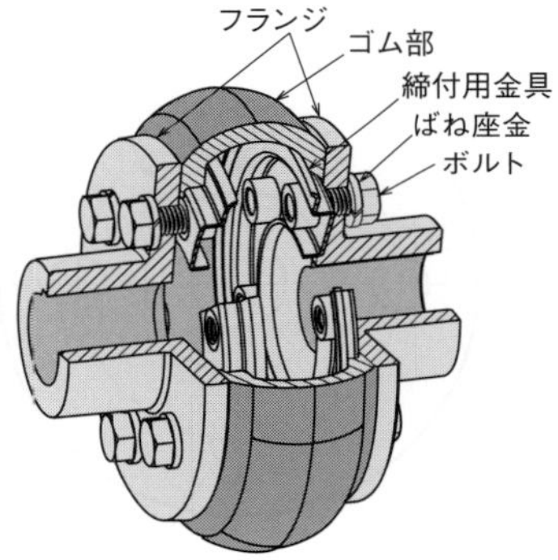

図1－27　ゴム軸継手の例（タイヤ形継手）

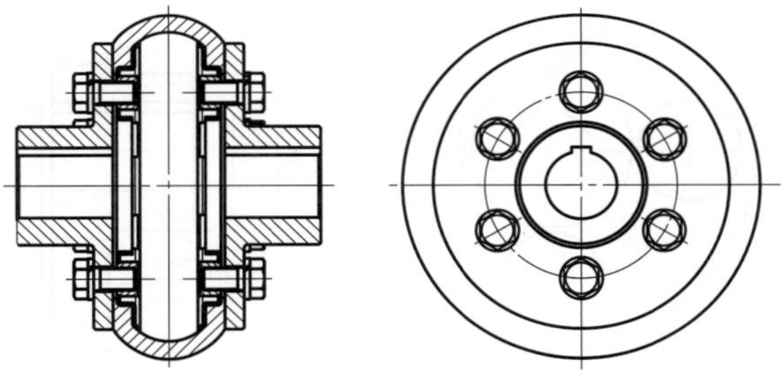

図1－28　タイヤ形継手の形状

b　フランジ形たわみ軸継手

フランジ形たわみ軸継手は，継手ボルトにゴムブシュをはめてあり，その変形を利用してわずかな軸心の狂いを吸収できる構造となっている（図1－29）。ゴムブシュを用いることで振動防止にも役立つ。

表1－39に，JISに規定されているフランジ形たわみ軸継手の形状・寸法を示す。

フランジ形固定軸継手及びフランジ形たわみ軸継手の基本的な呼び方は，次のように表す。

〔例〕

規格番号又は 規格名称	－	継手外径×軸穴直径	－	本体材料
JIS B 1451	－	160 × 45	－	(SC410)
JIS B 1452	－	140 × 35M × 25	－	(FC200)
フランジ形固定軸継手	－	250 × 71MF	－	(S25C)
フランジ形たわみ軸継手	－	280 × 80M × 63	－	(FC200)

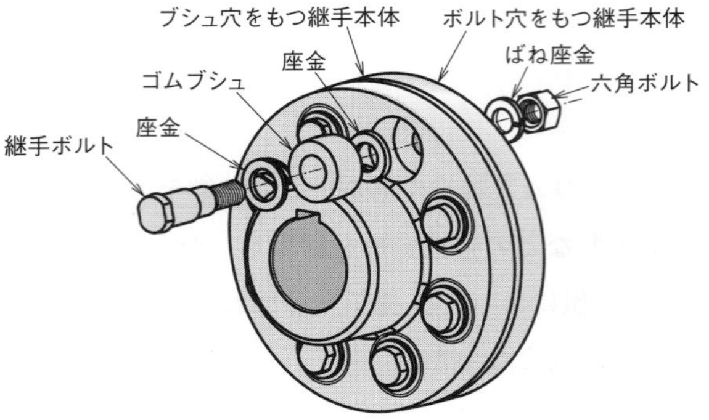

図１－29　フランジ形たわみ軸継手の例

表１－39　フランジ形たわみ軸継手の形状・寸法（JIS B 1452：1991）

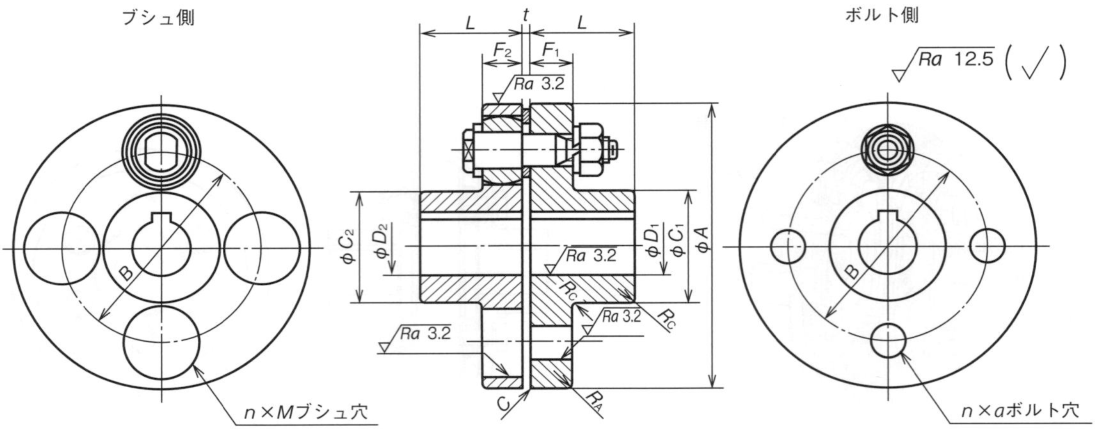

注）ボルト穴の配置は，キー溝に対しておおむね振分けとする。

［単位：mm］

継手外径 A	D 最大軸穴直径 D_1	D_2	(参考) 最小軸穴直径	L	C C_1	C_2	B	F F_1	F_2	n[1] (個)	a	M	t[2]	参考 R_C (約)	R_A (約)	c (約)	ボルト抜きしろ
90	20		–	28	35.5		60	14		4	8	19	3	2	1	1	50
100	25			35.5	42.5		67	16			10	23					56
112	28		16	40	50		75										
125	32	28	18	45	56	50	85	18			14	32					64
140	38	35	20	50	71	63	100			6							
160	45		25	56	80		115			8				3			
180	50		28	63	90		132										
200	56		32	71	100		145	22.4			20	41	4		2		85
224	63		35	80	112		170										
250	71		40	90	125		180	28			25	51		4			100
280	80		50	100	140		200	28	40		28	57					116
315	90		63	112	160		236			10							
355	100		71	125	180		260	35.5	56	8	35.5	72	5	5			150

注(1)　n は，ブシュ穴又はボルト穴の数をいう。
　(2)　t は，組み立てたときの継手本体のすきまであって，継手ボルトの座金の厚さに相当する。
注１）ボルト抜きしろは，軸端からの寸法を示す。
　２）継手を軸から抜きやすくするためのねじ穴は，適宜設けてもよい。

c　歯車形軸継手

歯車形軸継手は，外歯をもつ内筒と内歯をもつ外筒をかみ合わせる構造である（図１－30）。各内筒には軸がはまり，外筒はもう一方の外筒とリーマボルトで固定される。軸心間のずれは，外歯にほどこした歯面のクラウニングや歯先の球面形状，かみ合いのバックラッシなどによって吸収される。

表１－40 に，歯車形軸継手の形状寸法を示す。

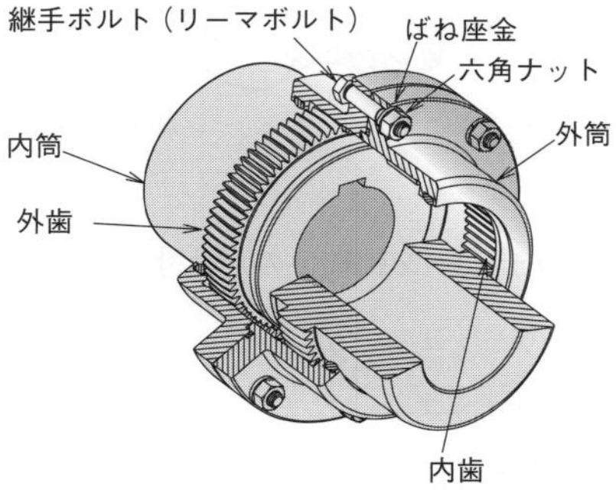

図１－30　歯車形軸継手の例

表１－40　歯車形軸継手の形状寸法（JIS B 1453：1988）

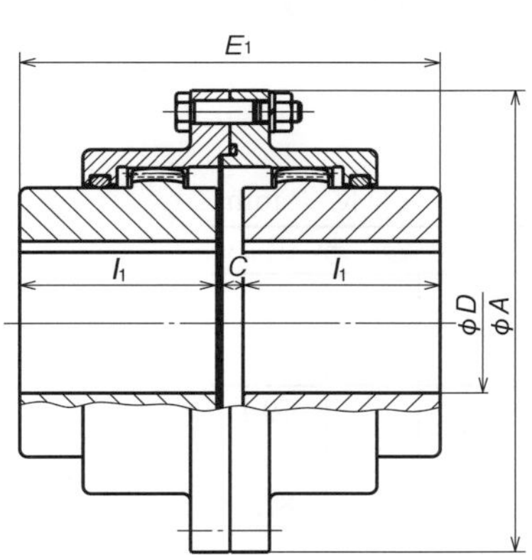

［単位：mm］

継手呼び外径 A	D 最大軸穴直径	D （参考）最小軸穴直径	l_1	C	E_1
100	25	16	40	8	88
112	32	20	45	8	98
125	40	25	50	8	108
140	50	32	63	8	134
160	63	40	80	10	170
180	71	45	90	10	190
200	80	50	100	10	210
224	90	56	112	12	236
250	100	63	125	12	262
280	125	80	140	14	294
315	140	90	160	14	334
355	160	110	180	16	376
400	180	125	200	16	416

d　ローラチェーン軸継手

ローラチェーン軸継手は，それぞれの軸がはまる一対のスプロケットに２列のローラチェーンを巻き付け，結合するものである（図１－31）。スプロケットとチェーンのかみ合いの遊びによって，軸心間のずれを吸収する。表１－41 に，ローラチェーン軸継手の形状寸法を示す。

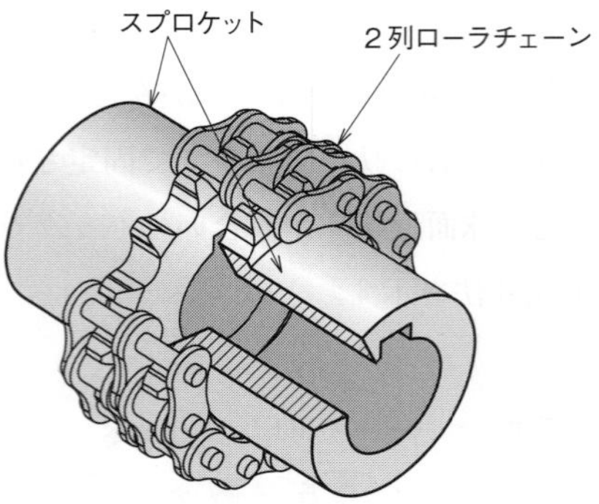

図１－31　ローラチェーン軸継手の例

表１－41　ローラチェーン軸継手の形状寸法（JIS B 1456：2022）

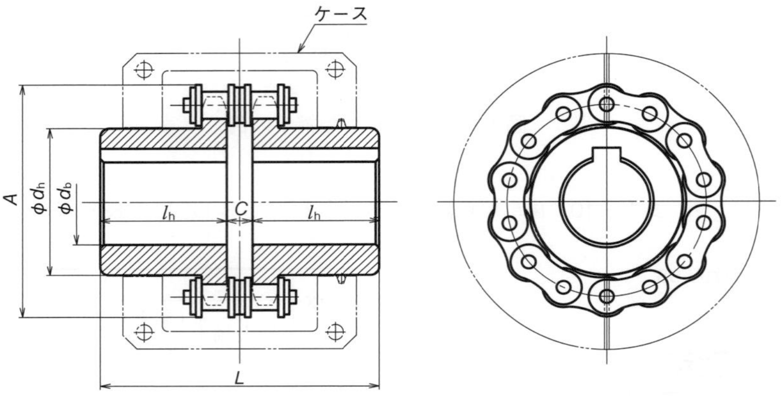

［単位 ： mm］

呼び	d_b 最大軸穴直径	d_b 最小軸穴直径	d_h（最小）	l_h	参考 A	参考 C	参考 L
4012	22	9	34	36	61.2		79.4
4014	28	9	42	36	69.2	7.4	79.4
4016	32	12	48	40	77.2		87.4
5014	35	15	53		86.5		
5016	40	15	56	45	96.5	9.7	99.7
5018	45	18	63		106.6		
6018	56	21	80	56	127.9	11.5	123.5
6022	75	25	100		152.0		
8018	80	30	112	63	170.5	15.2	141.2
8022	100	35	140	71	202.7		157.2
10020	110	40	160	80	233.2	18.8	178.8
12018	125	50	170	90	255.7	22.7	202.7
12022	140	50	200	100	304.0		222.7
16018	160	63	224	112	340.9	30.1	254.1
16022	200	80	280	140	405.3		310.1

(3)　自在軸継手

a　こま形自在軸継手

こま形自在軸継手は，十字方向に配置したピンのそれぞれの方向を使い，こまと本体を結合したものである（図１－32）。傾斜した軸間で回転を伝えることができるが，一方の軸の角速度ともう一方の軸の角速度に差が生じる。表１－42 に，こま形自在軸継手Ｃ形の形状寸法を示す。

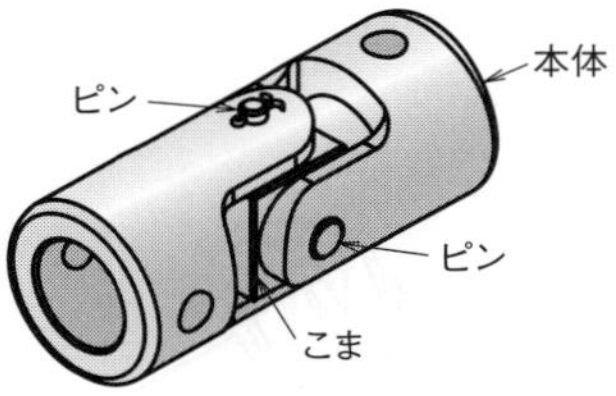

図１－32　こま形自在軸継手の例

表１－42　こま形自在軸継手Ｃ形の形状寸法（JIS B 1454：1988）

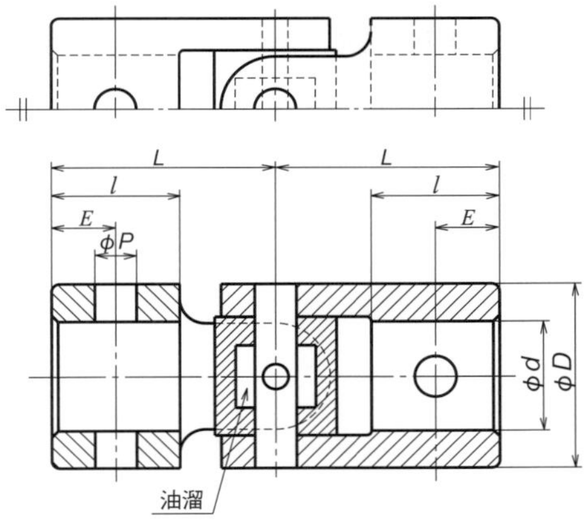

呼び径 d	D (最大)	l (最小)	L	P
6	12	9	15.5	3
8	15	10	18	3.5
10	19	12	21	4.5
12	23	15	26	5
14	26	17	29.5	5.8
16	30	22	37	6.5
20	36	25	43.5	8
25	44	30	52.5	10
30	51	35	61	11.5
35	59	40	70	13
40	67	45	78.5	14.5
50	83	55	95.7	17.5

注）E は $1/2l$ とする。

b　等速ボールジョイント

等速ボールジョイントは，結合する２軸の間で角速度に差が生じない自在軸継手である（図１－33）。図１－34 に，バーフィールド形等速自在軸継手の構造を示す。これは，内輪と外輪の間でボールを介して回転を伝える構造である。ボールがはまる溝は，２軸間の角度が変化してもボールと各軸の間が常に等しくなるような形状となっていて，等速性が得られる。

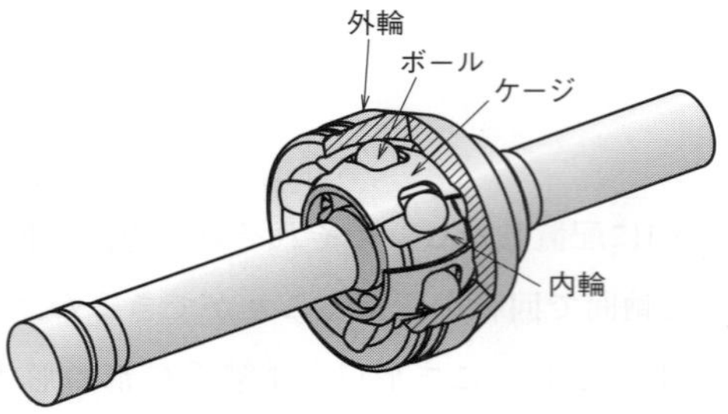

図1－33　等速ボールジョイントの例

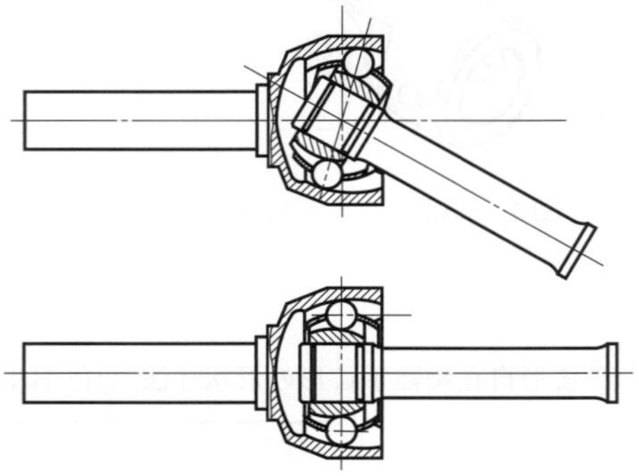

図1－34　バーフィールド形等速自在軸継手の構造

1.3　軸　　受

軸受は，回転する軸を支えるもので，転がり接触する**転がり軸受**と，軸と軸受が滑り接触する**滑り軸受**に大別できる。

また，軸の中心線に対して直角に作用する荷重を主として支えるラジアル軸受と，軸方向に作用する荷重を主として支えるスラスト軸受がある。

1.3.1　転がり軸受の形式と種類

転がり軸受は，一般に軌道輪（内輪及び外輪），転動体及び保持器からなり（図１－35），転動体の形によって，玉軸受（ボールベアリング）と，ころ軸受（ローラベアリング）に大別される。さらに，ころ軸受は，ころの形状によって，円筒ころ軸受，円すいころ軸受，自動調心ころ軸受及び針状ころ軸受に分けられる。

ラジアル軸受は，形式によってはある程度のアキシアル荷重（スラスト荷重）を支持することができるが，スラスト軸受は通常，ラジアル荷重を支持することができない。

このほか，転動体の列の数によって単列，複列などがあり，内輪，外輪のいずれか一方が分離できるが否かによって，分離形と非分離形がある。

また，スラスト軸受には，一方向のアキシアル荷重を受ける単式，双方向のアキシアル荷重を受ける複式がある。

転がり軸受の主なものを，荷重の方向（ラジアル，スラスト）及び転動体の形状（玉，ころ）によって分類すると，表１－43の軸受系列記号のとおりである。

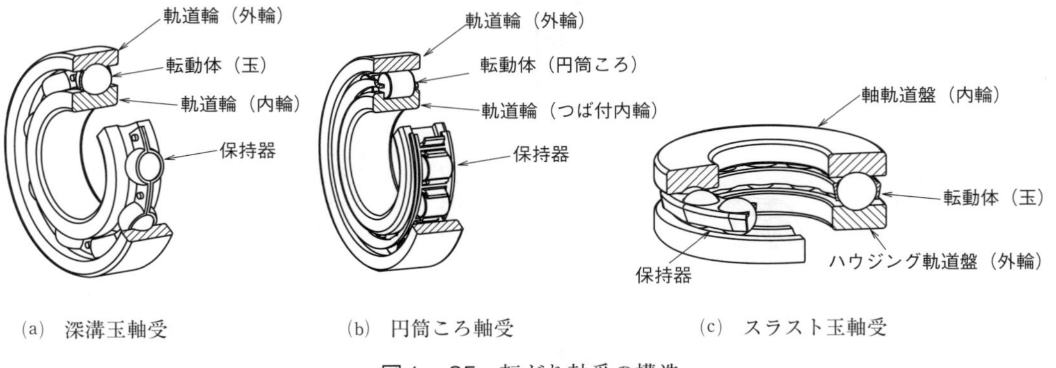

図１－35　転がり軸受の構造

表１－43　軸受系列記号①（JIS B 1513：1995）

軸受の形式		寸法系列記号	軸受系列記号	特徴及び用途
(a) **単列深溝玉軸受** ・入れ溝なし ・非分離形 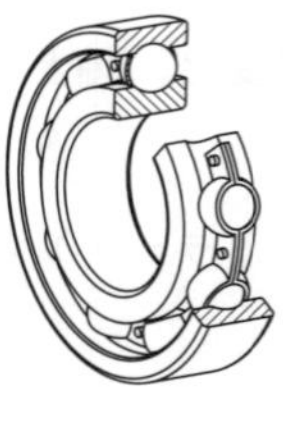	形式記号 6 断面図 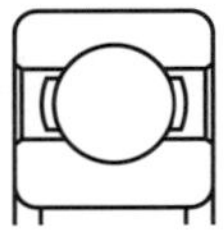	17 18 19 10 02 03 04	67 68 69 60 62 63 64	転がり軸受の中で最も代表的な軸受である。 ラジアル荷重のほか，両方向のアキシアル荷重を負荷する。 摩擦トルクが小さく，高速回転する箇所や低騒音，低振動が求められる用途に適する。
(b) **単列アンギュラ玉軸受** ・非分離形 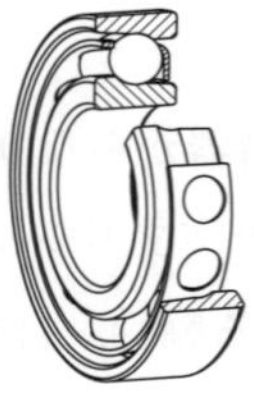	形式記号 7 断面図 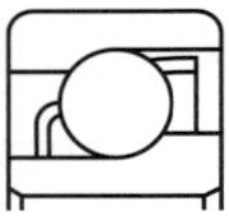	19 10 02 03 04	79 70 72 73 74	ラジアル荷重及び一方向のアキシアル荷重を負荷する。 玉と内輪・外輪とは15°，25°，30°又は40°の接触角をもち，接触角が大きいほどアキシアル負荷能力が大きく，接触角が小さいほど高速回転に有利である。
(c) **複列自動調心玉軸受** ・非分離形 ・外輪軌道球面 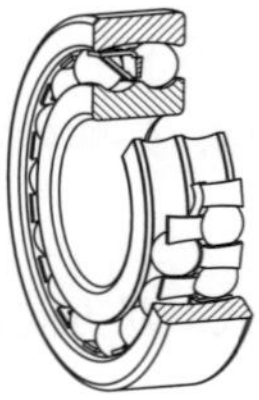	形式記号 1 断面図 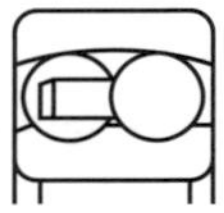	02 03 22 23	12 13 22 23	外輪の軌道面が球面になっており，その曲率の中心が軸受の中心と一致している。 軸やハウジングの加工誤差，及び取り付け不良などによる軸心の狂いを自動的に調整する。
(d) **単列円筒ころ軸受** ・外輪両つば付き ・内輪つばなし 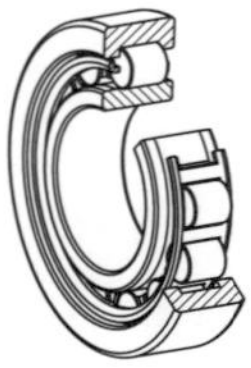	形式記号 NU 断面図 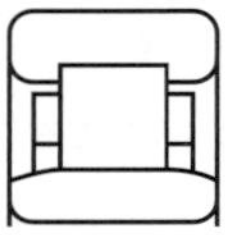	10 02 22 03 23 04	NU10 NU2 NU22 NU3 NU23 NU4	円筒状のころと軌道が線接触しているため大きな負荷能力をもち，主にラジアル荷重を負荷する。 複列円筒ころ軸受は，ラジアル荷重に対する剛性が高く，主に工作機械の主軸に使用される。
・外輪両つば付き ・内輪片つば付き 	形式記号 NJ 断面図 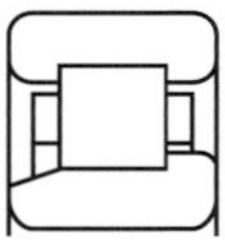	02 22 03 23 04	NJ2 NJ22 NJ3 NJ23 NJ4	

表1－43 軸受系列記号②（JIS B 1513：1995）

軸受の形式		寸法系列記号	軸受系列記号	特徴及び用途
(d) **単列円筒ころ軸受**（続き） ・外輪つばなし ・内輪両つば付き 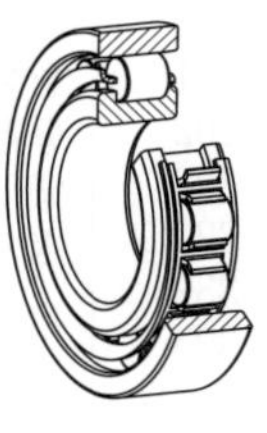	形式記号 N 断面図 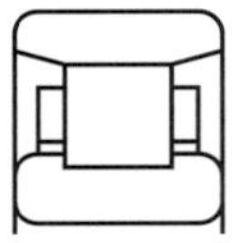	10 02 22 03 23 04	N10 N2 N22 N3 N23 N4	（前記のとおり）
・外輪片つば付き ・内輪両つば付き 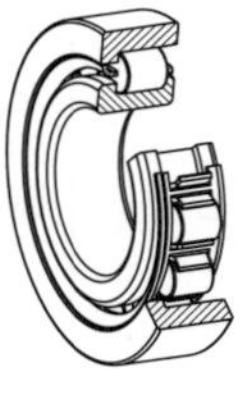	形式記号 NF 断面図 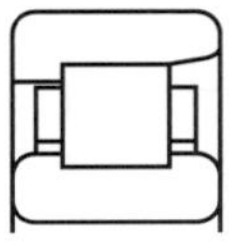	10 02 22 03 23 04	NF10 NF2 NF22 NF3 NF23 NF4	
(e) **複列円筒ころ軸受** ・外輪つばなし ・内輪両つば付き 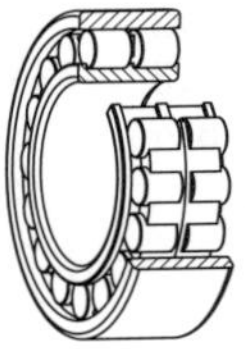	形式記号 NN 断面図 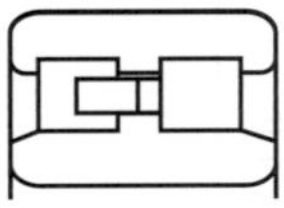	30	NN30	※ (d)「特徴及び用途」欄のとおり
(f) **ソリッド形針状ころ軸受** ・内輪付き ・外輪両つば付き 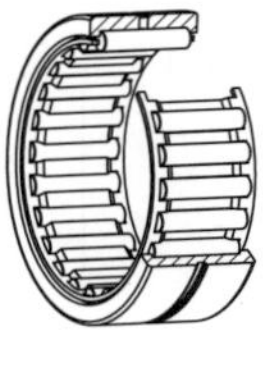	形式記号 NA 断面図 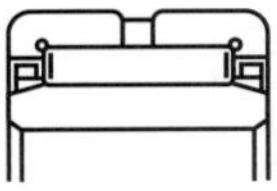	48 49 59 69	NA48 NA49 NA59 NA69	内輪付きの針状ころ軸受は，円筒ころ軸受と比べてスペースを小さくでき，内輪なしの軸受は，適正な硬度，精度に仕上げた軸を軌道面として使用する。 比較的大きなラジアル負荷能力をもつ。
・内輪なし ・外輪両つば付き 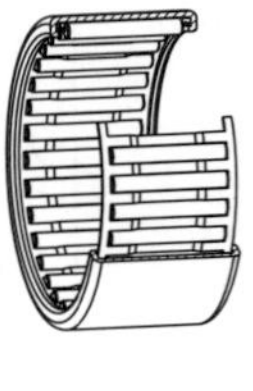	形式記号 RNA 断面図 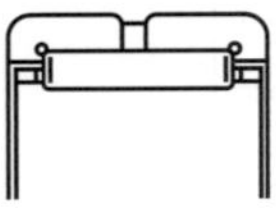		RNA48(1) RNA49(1) RNA59(1) RNA69(1)	

注(1) 軸受系列 NA48，NA49，NA59 及び NA69 の軸受から内輪を除いたサブユニットの系列記号である。

表1－43　軸受系列記号③（JIS B 1513：1995）

軸受の形式		寸法系列記号	軸受系列記号	特徴及び用途
(g)　**単列円すいころ軸受** ・分離形 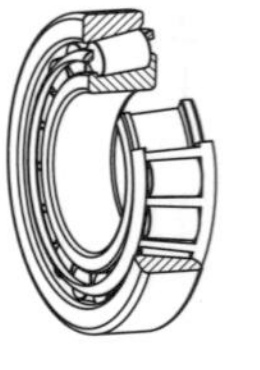	形式記号 3 断面図 	29 20 30 31 02 22 22C 32 03 03D 13 23 23C	329 320 330 331 302 322 322C 332 303 303D 313 323 323C	円すい台形ころを組み込んだ軸受で，ラジアル荷重及び一方向のアキシアル荷重を負荷する。 分離形のため内輪と外輪を個別に取り付けることができる。
(h)　**複列自動調心ころ軸受** ・非分離形 ・外輪軌道球面 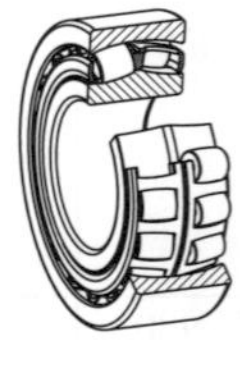	形式記号 2 断面図 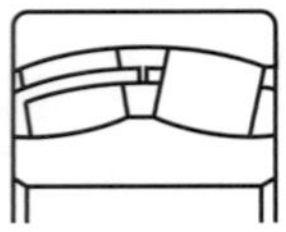	39 30 40 41 31 22 32 03 23	239 230 240 241 231 222 232 213 223	たる形球面ころを球面軌道をもった外輪と複列内輪との間に組み込んだ軸受で，調心性をもつ。 ラジアル荷重及びアキシアル荷重を負荷する。ラジアル負荷能力が大きく，重荷重や衝撃荷重の掛かる用途に適する。
(i)　**単式スラスト玉軸受** ・平面座形 ・分離形 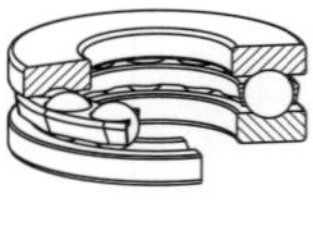	形式記号 5 断面図 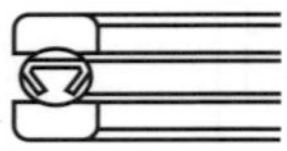	11 12 13 14	511 512 513 514	玉が転動する溝をもった座面状の軌道盤と，玉を組み込んだ保持器から構成される。軸に取り付ける軌道盤を軸軌道盤といい，ハウジングに取り付ける軌道盤をハウジング軌道盤という。 一方向のアキシアル荷重を負荷する。ラジアル荷重は負荷できない。
(j)　**複式スラスト玉軸受** ・平面座形 ・分離形 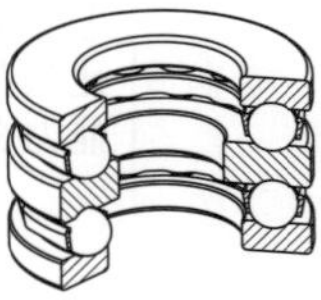	形式記号 5 断面図 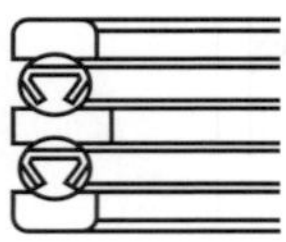	22 23 24	522 523 524	双方向のアキシアル荷重を負荷する。ラジアル荷重は負荷できない。
(k)　**単式スラスト自動調心ころ軸受** ・平面座形 ・分離形 ・ハウジング軌道 ・盤軌道球面 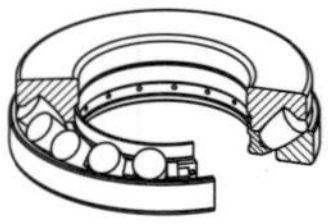	形式記号 2 断面図 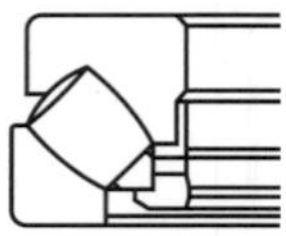	92 93 94	292 293 294	たる形のころを斜めに配列したスラスト軸受である。調心性をもつ。 スラスト負荷能力が非常に大きい。 アキシアル荷重が掛かる場合，多少のラジアル荷重を負荷できる。

1.3.2 転がり軸受の呼び番号

転がり軸受の呼び番号は，JIS B 1513：1995 によって基本番号（軸受系列記号，内径番号，接触角記号形式記号，寸法系列記号）と補助記号（保持器，封入グリース，材料，熱処理などの仕様を示す）からなる。基本番号の構成を図１－36 に示す。補助記号は，受け渡し当事者間の協定によって基本番号の前後に付けることができる（表１－45 参照)。呼び番号の例を，図１－37 に示す。

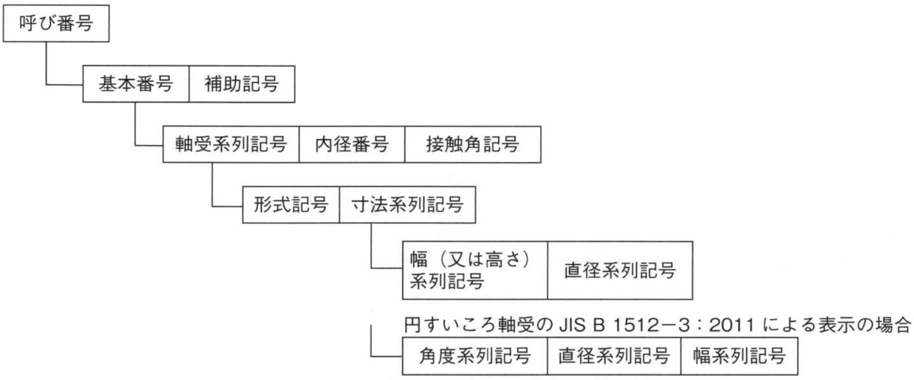

図１－36　転がり軸受の呼び番号の構成

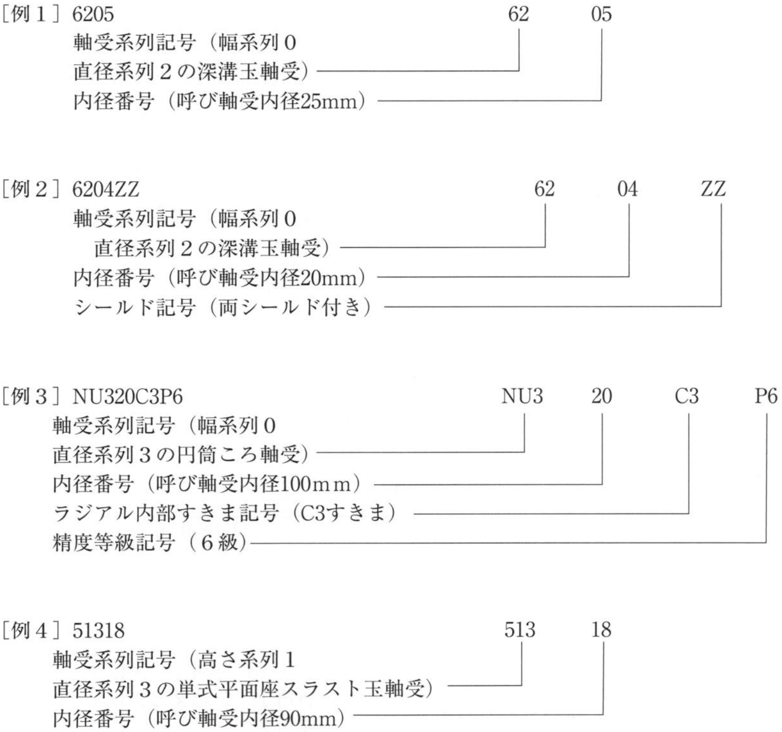

図１－37　転がり軸受の呼び番号の例

⑴　軸受系列記号

軸受系列記号は，軸受の形式を示す形式記号と，主要寸法を示す寸法系列記号を組み合わせて表す（表１－43 参照）。

寸法系列を構成する直径系列は，７，８，９，０，１，２，３，４である。幅系列には，８，０，１，２，３，４，５，６があり，寸法系列は幅系列を表す数字，直径系列を表す数字の順を組み合わせて２桁の数字で表す（円すいころ軸受，インサート軸受，一部の針状ころ軸受を除く）。

ラジアル軸受の寸法系列による断面の比較を，図１－38 に示す。

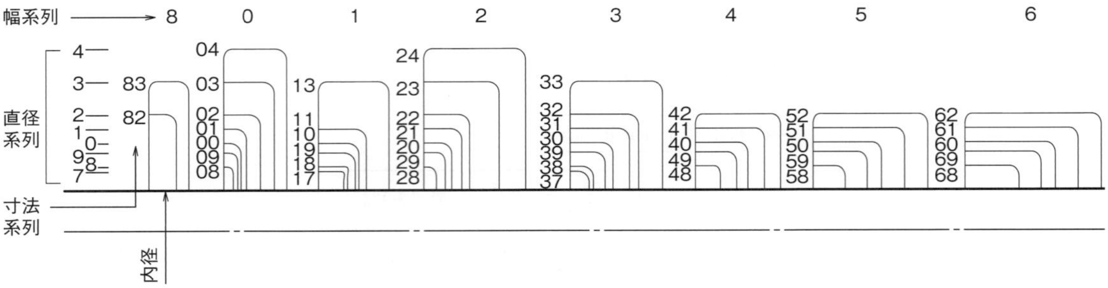

図１－38　ラジアル軸受の寸法系列による断面の比較

⑵　内 径 番 号

内径番号は，軸受の内径を表すものである。04 以上の内径番号は，その番号を５倍にすれば軸受内径寸法となる。

また，１から９までの内径番号及び，／22，／28，／32，／500 のように数字の前に斜線を付けた内径番号は，その数値がそのまま内径寸法となる。00，01，02，03 の内径番号は，それぞれ 10，12，15，17 mm の内径寸法となる。

⑶　接触角記号

アンギュラ軸受では，接触角記号を使ってその接触角を表す。表１－44 に接触角記号を示す。円

表１－44　接触角記号

軸受の形式	記　号	接触角度
アンギュラ玉軸受接	（A） B C	標準接触角　30° 標準接触角　40° 標準接触角　15°
円すいころ軸受 （旧寸法系列のもの）	（B） C D	接触角 10° を超え 17° 以下 接触角 17° を超え 24° 以下 接触角 24° を超え 32° 以下

注）（　）内の記号は呼び番号に表示しない。

すいころ軸受の接触角記号は，旧寸法系列で表す場合に使用する。

(4) 補助記号

補助記号には内部寸法，シール・シールド，軌道輪形状，軸受の組み合わせ，ラジアル内部すきま，精度等級についての記号が定められている（表1－45）。保持器，封入グリース，材料，熱処理などの仕様を示す補助記号は，受け渡し当事者間の協定による。

軸受すきまは，はめあいによる軸受すきまの減少や内外輪の温度差による軸受すきまの減少を避ける目的で，軸受の使用条件に合わせて設定する場合がある。記号は，CN（省略することができる）を普通すきまとして，これより少ない方向にC2，多い方向にC3，C4，C5がある。

精度の等級は，普通の精度であるJIS 0級から精度が高くなる方向に6X級，６級，５級，４級，２級がある。これらの精度に対応する補助記号は，０級の表示なしから順に，P6X，P6，P5，P4，P2となる。

表1－45　補助記号（JIS B 1513：1995参考）

仕　様	内容又は区分	補助記号
内部寸法	主要寸法及びサブユニットの寸法がISO 355に一致するもの	J3 (1)
シール・シールド	両側シール付き	UU (1)
	片側シール付き	U (1)
	両側シールド付き	ZZ (1)
	片側シールド付き	Z (1)
軌道輪形状	内輪円筒穴	表示なし
	フランジ付き	F (1)
	内径が基準テーパ比1/12の内輪テーパ穴	K
	内径が基準テーパ比1/30の内輪テーパ穴	K30
	輪溝付き	N
	止め輪付き	NR
軸受の組み合わせ	背面	DB
	正面	DF
	並列	DT

仕　様	内容又は区分	補助記号
ラジアル内部すきま（JIS B 1520参照）	C2すきま（普通すきまより小）	C2
	CNすきま（普通すきま）	CN（省略可）
	C3すきま（普通すきまより大）	C3
	C4すきま（C3すきまより大）	C4
	C5すきま（C4すきまより大）	C5
精度等級（JIS B 1514参照）	0級	表示なし
	6X級	P6X
	6級	P6
	5級	P5
	4級	P4
	2級	P2

注(1)　ほかの記号を用いてもよい。

1.3.3 転がり軸受の図示方法

転がり軸受は，JISの転がり軸受製図（JIS B 0005－１～２：1999）によって，基本簡略図示方法と個別簡略図示方法の二つの図示方法が規定されている。簡略の程度は，図示する対象，製図の尺度，書類の作成目的などによって，どちらか一方の図示方法で行い，同一図面内での混用はしない。

また，簡略図示方法におけるすべての図形の尺度及び線の種類は，その図面と同じ尺度を用い，図面の外形線に用いられている線と同一の線の太さで描く。

ここでは，基本簡略図示方法と個別簡略図示方法について具体的に説明する。

⑴　基本簡略図示方法

一般的な目的（軸受の荷重特性又は形状を正確に示す必要がない場合）には，転がり軸受は，四角形及び四角形の中央に直立した十字で示す（図１－39⒜）。ただし，この十字は，外形に接してはならない。

この図示方法は，軸受中心軸に対して，軸受の片側又は両側を示す場合に用いる。転がり軸受の正確な外形を示す必要があるときは，中央位置に直立した十字をもつ断面を，実際に近い形状で図示する（同図⒝）。ただし，その十字は外形に接してはならない。

転がり軸受の組立図で，特別に注意が必要な場合は，その要求事項を文書，仕様書などで示す。

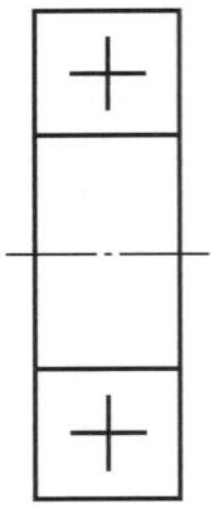
⒜

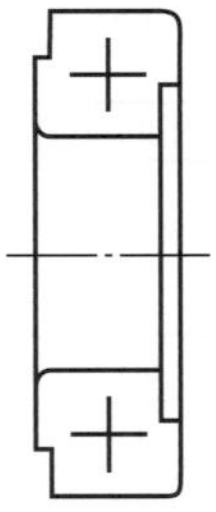
⒝

注）ハッチングについては，簡略図示方法の場合は，施さないほうがよい。

図１－39　転がり軸受の構造

⑵　個別簡略図示方法

個別簡略図示方法は，基本簡略図示方法に比べ，列数又は調心などまで図示して転がり軸受をより詳細に示す方法で，図面上において転がり軸受が入る場合は，（内輪又は外輪のいずれかがない場合でも）正方形又は長方形で示す。

転がり軸受形体に関する個別簡略図示方法の要素について，表１－46に示す。

また，軸受中心軸に対して直角に図示するときには，転動体は，実際の形状（玉，ころ，針状ころなど）及び寸法にかかわらず，円で表示してもよい。

転がり軸受の個別簡略図示の例を図１－40に，転がり軸受の種類別の個別簡略図示方法の例を表１－47に示す。

表1－46 転がり軸受形体に関する個別簡略図示方法の要素（JIS B 0005 － 2：1999）

番号	要　素	説　明	用い方
1.1	 (1)	長い実線(3)の直線。	この線は，調心できない転動体の軸線を示す。
1.2	 (1)	長い実線(3)の円弧。	この線は，調心できる転動体の軸線，又は調心輪・調心座金を示す。
1.3		短い実線(3)の直線で，番号1.1又は1.2の長い実線に直交し，各転動体のラジアル中心線に一致する。	転動体の列数及び転動体の位置を示す。
	他の表示例  (2)	円	玉
	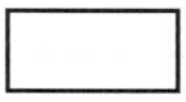 (2)	長方形	ころ
	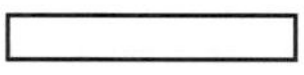 (2)	細い長方形	針状ころ，ピン

注(1) この要素は，軸受の形式によって傾いて示してもよい。
(2) 短い実線の代わりに，これらの形状を転動体として用いてもよい。
(3) 線の太さは，外形線と同じとする。

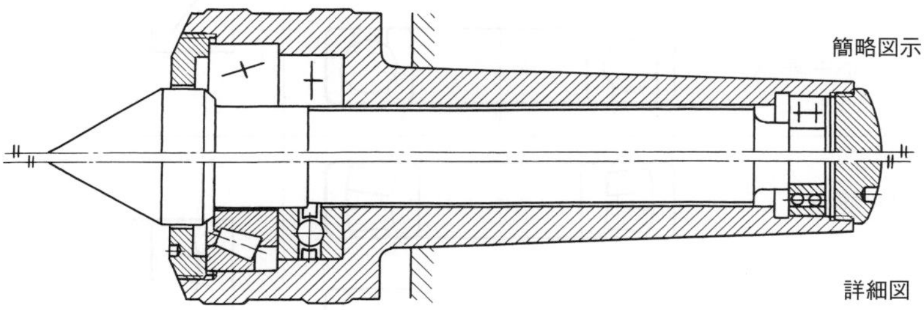

図1－40 転がり軸受の個別簡略図示方法の例（JIS B 0005 － 2：1999）

表１－47　玉軸受及びころ軸受

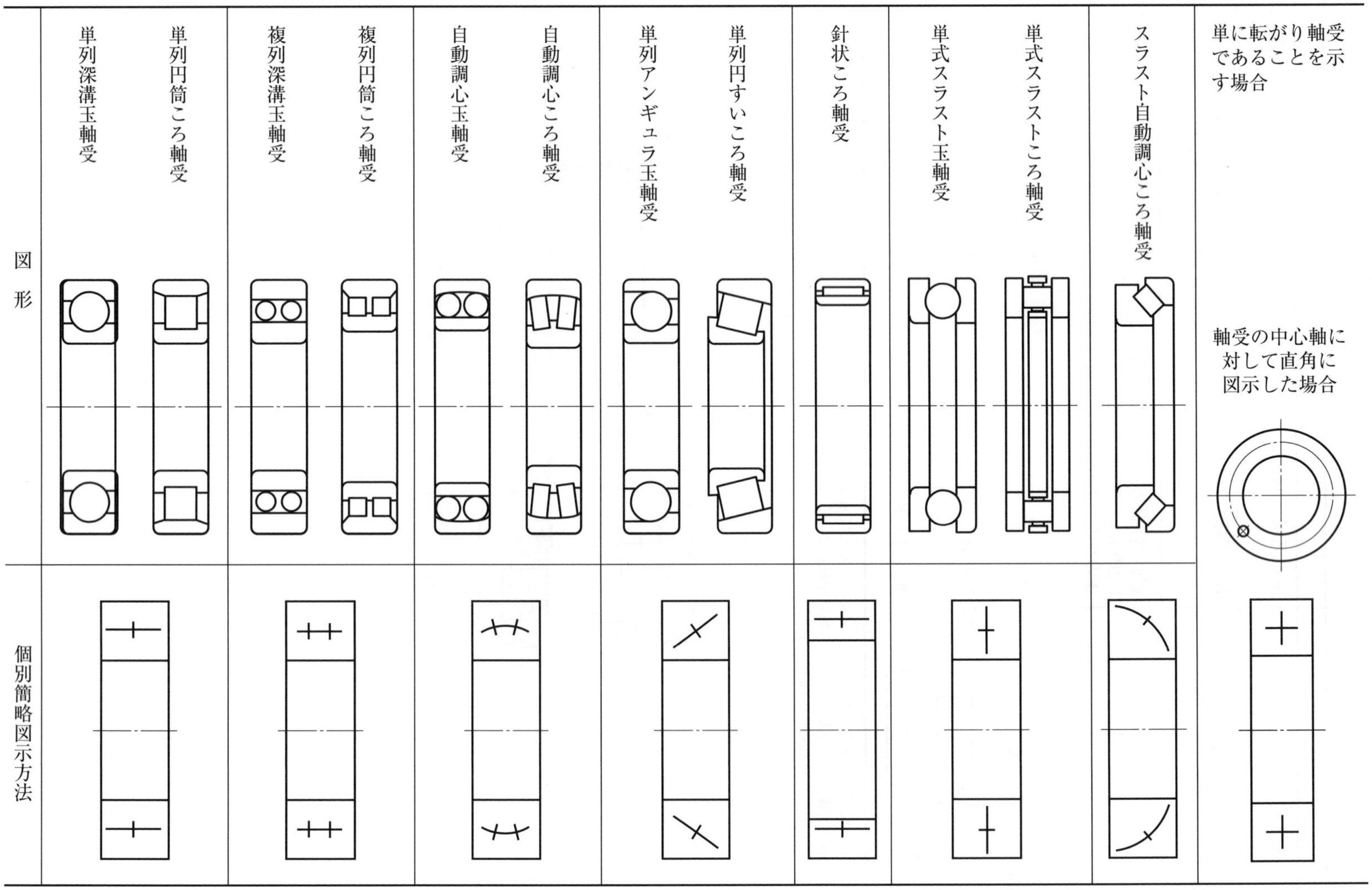
図形
個別簡略図示方法
単列深溝玉軸受
単列円筒ころ軸受
複列深溝玉軸受
複列円筒ころ軸受
自動調心玉軸受
自動調心ころ軸受
単列アンギュラ玉軸受
単列円すいころ軸受
針状ころ軸受
単式スラスト玉軸受
単式スラストころ軸受
スラスト自動調心ころ軸受
単に転がり軸受であることを示す場合
軸受の中心軸に対して直角に図示した場合

1.3.4 滑り軸受

滑り軸受には，単体軸受や割り軸受などの形式がある。いずれの場合も軸との接触部に軸受メタル（ブシュ）が用いられることが多い（図１－41）。軸受メタルには，青銅，黄銅，ホワイトメタル，焼結含油合金などが用いられる。軸と軸受メタルのはめあいは，適度のすきまばめとなっており，潤滑油を絶えず供給する必要がある。そのため，軸受には給油穴や給油器（装置）が設けられる。

また，軸受メタルには，潤滑をよくするために油溝が設けられている。

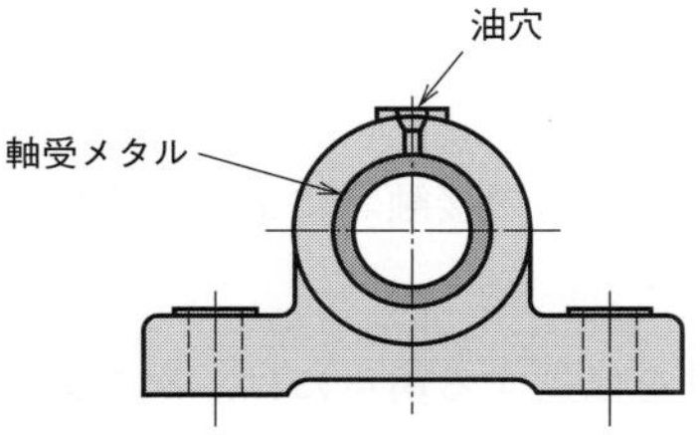

(a) 単体軸受

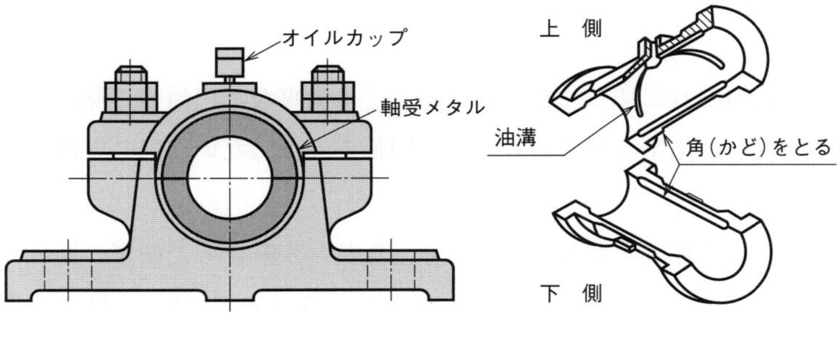

(b) 割り軸受

図１－41 滑り軸受

1.4 歯　　車

歯車（ギヤ）は，２軸間に回転とトルクを伝えるもので，確実な回転運動と大きなトルクの伝達が小さな構造で効率よくできる。このため，極めて広範囲にわたって使用されている。

ここでは，主な歯車の図示方法について述べる。

1.4.1　歯車について

(1)　歯車の種類

歯車は，２軸の相対位置，歯車の形，歯の接触等により，主に次のように分類される（図１－42)。

a　平行軸歯車対

互いに平行である２軸の間に運動を伝達する歯車には，次のようなものがある。

①　平歯車（スパーギア）

平歯車は，歯すじが軸に平行な歯車で，製作が容易で，動力伝達用に多く使用されている。２軸間は，互いに反対方向に回転する（同図(a))。

②　内歯車

内歯車は，歯が円筒の内側に切られた歯車であり，平歯車など円筒の外側に歯が切られた外歯車とかみ合わせて使用する。内歯車と相手の外歯車の回転方向は，互いに同じ方向となる（同図(b))。

③　ラックとピニオン

歯車のピッチ円筒半径を無限大としたものと考えられ，かみ合った歯車の回転に対し，ラックは直線運動を行う。ラックとかみ合う小歯車をピニオンという（同図(c))。一般に大歯車をギア，小歯車をピニオンと呼ばれている。

④　はすば歯車（ヘリカルギア）

はすば歯車は，歯すじが円筒上のつる巻線に沿って歯を設けた歯車で，歯のかみ合いが連続的でなめらかとなるため，高負荷，高速伝動に適している（同図(d))。動力を伝達する際，かみ合いによって，軸方向にスラスト荷重が発生する。

⑤　やまば歯車

やまば歯車は，ねじれの向きが逆の二つのはすば歯車を組み合わせた形状の歯車であり，かみ合いがなめらかであるうえ，かみ合いによる軸方向スラスト荷重の発生がない（同図(e))。

b　軸が交差する歯車対

一点で互いに交わる２軸の間に運動を伝達する歯車には，かさ歯車がある。かさ歯車は，軸の交点を頂点とし，互いに接する円すい面をピッチ面とし，歯を設けたものである。

また，ピッチ面を平面としたものを冠歯車という。

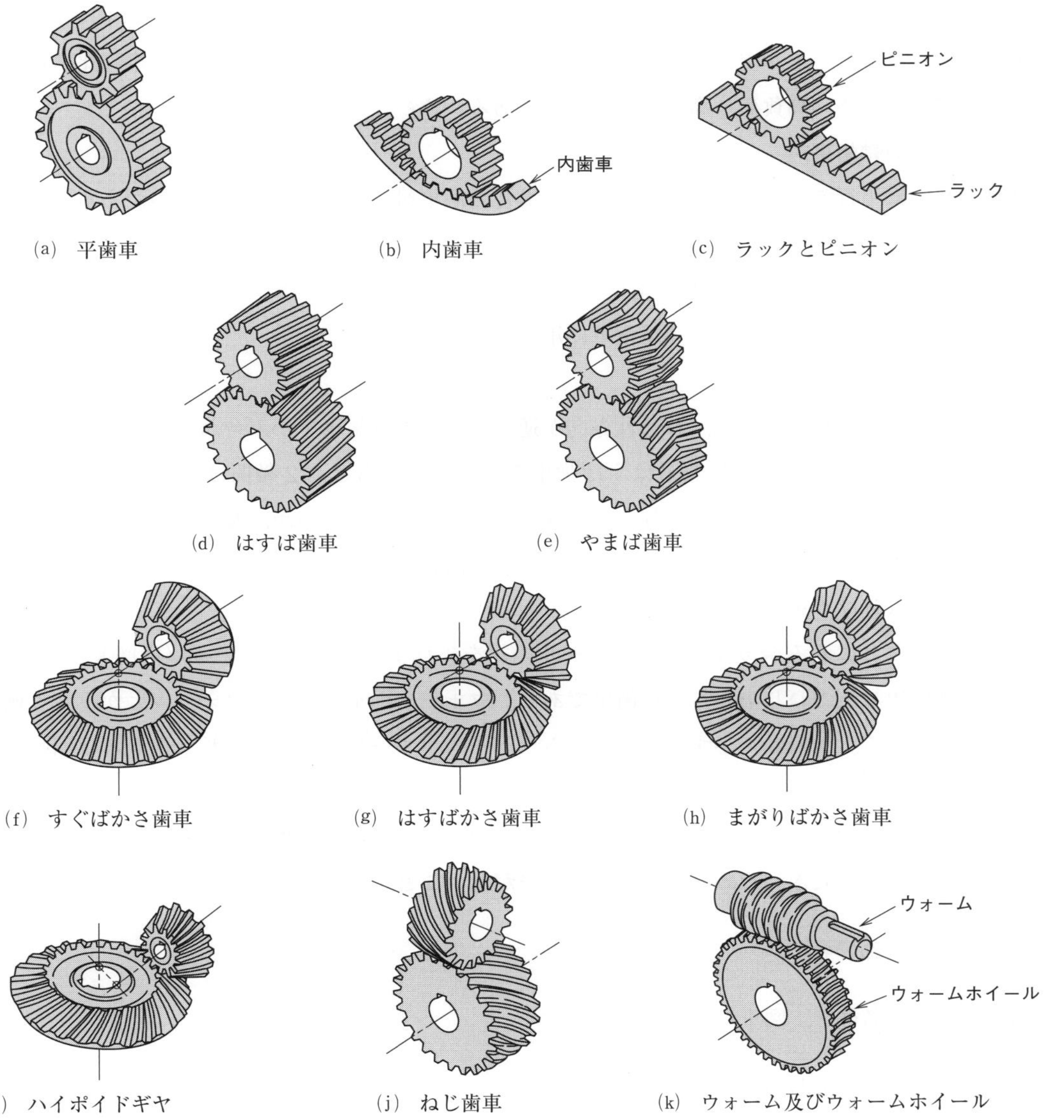

図１－42　歯車の種類

①　すぐばかさ歯車

すぐばかさ歯車は，歯すじが直線で，内端側への延長線が歯車軸上の１点に集まる歯車である（図１－42(f))。

②　はすば歯車とまがりばかさ歯車

はすばかさ歯車は，歯すじが傾斜しているかさ歯車である。(同図(g))。すぐばかさ歯車と，後述のまがりばかさ歯車の中間的性質をもつ。

まがりばかさ歯車は，歯すじがねじれた曲線状のかさ歯車である（図１－42(h)）。曲線の種類は，円弧，外トロコイド，インボリュート曲線などがある。かみ合いは，すぐばかさ歯車に比べ連続的でなめらかであるため，高負荷，高速伝動が可能である。

c　食い違い軸歯車対

２軸が互いに平行でもなく，交わりもしない場合の歯車対には，次のようなものがある。

①　ハイポイドギヤ

ハイポイドギヤは，まがりばかさ歯車の軸をオフセットしてかみ合わせた歯車である（同図(i)）。主に，自動車のディファレンシャル用歯車に用いられる。

②　ねじ歯車

お互いに，ねじれ角が等しく，ねじれ方向が逆であるはすば歯車をかみ合わせると，２軸間は互いに平行となるが，ねじれ角が異なるはすば歯車をかみ合わせると，２軸間は互いに食い違い軸となる。このように，はすば歯車の対の軸を食い違えてかみ合わせたものが，**ねじ歯車**である（同図(j)）。ねじ歯車は，歯のかみ合いは点接触で行われるので，高負荷には適さない。

③　ウォーム及びウォームホイール

ウォームとこれにかみ合う**ウォームホイール**の対を，ウォームギヤ対という（同図(k)）。ウォームは，１条又は複数条のねじ山をもった歯車であり，ウォームホイールは，ウォームとかみ合う歯数の多い大歯車である。回転は，必ずウォームからウォームホイールへと伝えられ，逆からは回転を伝えることはできない（セルフロック）。

ウォームギヤ対は，ウォームからウォームホイールに大きな減速比で回転を伝えることができるが，歯面間の滑りが大きいため発熱が多く，効率が悪いことが欠点である。

(2)　歯車の各部の名称

歯車の各部の名称を，図１－43に示す。

(3)　歯の大きさの表し方

歯の大きさを表すには，モジュールとピッチがある。

a　モジュール：*m*

$$m = \frac{\text{基準円直径 [mm]}}{\text{歯数}} = \frac{d}{Z} \text{ [mm]}$$

b　ピッチ：*P*

$$P = \frac{\text{ピッチ円直径 [mm]}}{\text{歯数}} = \frac{\pi \times d}{Z} \text{ [mm]}$$

表１－48は，JISに定められているモジュールの標準値である。

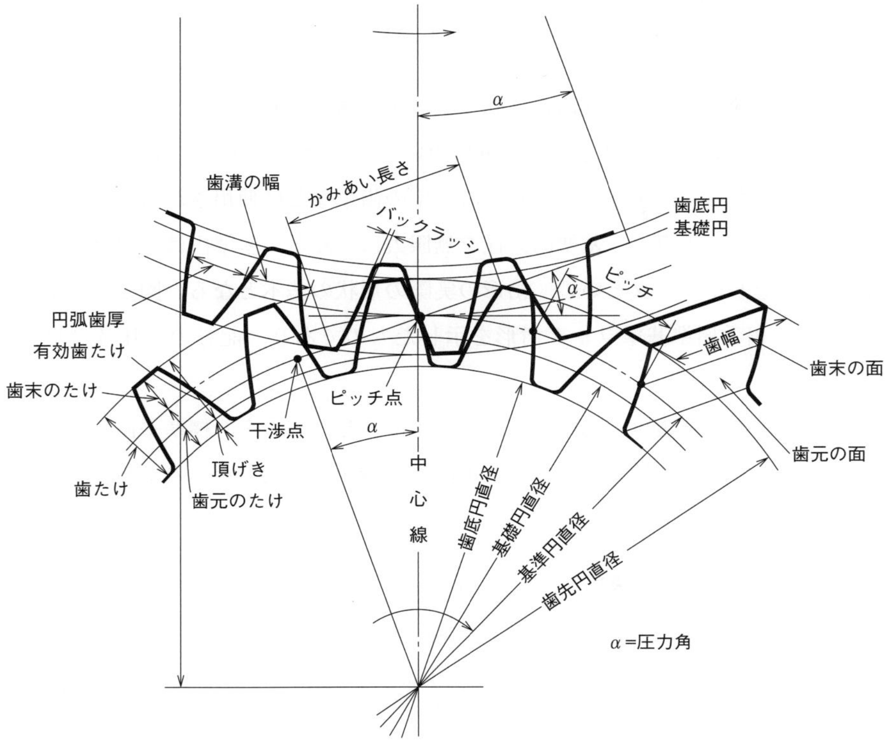

図1－43 歯車の各部の名称

表1－48 直角歯モジュールの標準値（1 mm 以上の場合）（JIS B 1701 － 2：2017）

［単位：mm］

I	II
1	
	1.125
1.25	
	1.375
1.5	
	1.75
2	
	2.25
2.5	
	2.75
3	
	3.5
4	
	4.5
5	
	5.5
6	
	(6.5)
	7
8	
	9
10	
	11
12	
	14
16	
	18
20	
	22
25	
	28
32	
	36
40	
	45
50	

注）標準基準ラック歯形については，JIS B 1701－1参照。

⑷　歯形の基準

代表的な歯形には，インボリュート歯形とサイクロイド歯形がある。インボリュート歯形は，正確な歯形を製作しやすいため，主に動力伝達歯車に用いられ，サイクロイド歯形は，製作は難しいが，歯面の摩耗が全面にわたって一定となるため，時計用の歯車などに使用される。

インボリュート歯形の平歯車で，基準円直径を無限大にすると，基準円は直線となり，直線歯形のラックになる。これを基準ラックといい，歯形の実際の形状の基本となる。図1－44は，JIS の標準基準ラック歯形及び相手標準基準ラック歯形を示したものであり，記号の意味及び単位を表1－49に示す。

ラック工具のデータム線を歯車の基準円に接して歯切りしたものを，標準平歯車という。表1－50はモジュールを基準として，歯数 z_1，z_2 の標準平歯車の各寸法を表したものである。

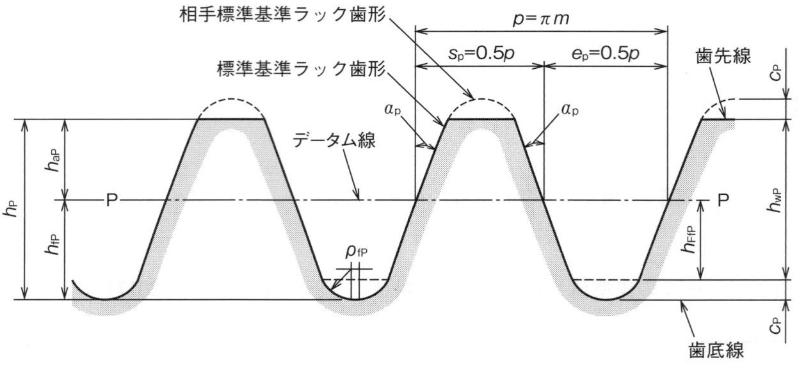

標準基準ラックの寸法

項　目	寸　法
α_P	20°
h_{aP}	1.00 m
c_P	0.25 m
h_{fP}	1.25 m
ρ_{fP}	0.38 m

図1－44　標準基準ラック歯形及び相手標準基準ラック歯形（JIS B 1701 － 1：2012）

表1－49　記号の意味及び単位（JIS B 1701 － 1：2012）

記　号	意　味	単　位
c_P	頂げき：標準基準ラックの歯底と相手標準基準ラック歯先とのすきま	mm
e_P	歯溝の幅：データム線上での歯溝の幅	mm
h_{aP}	歯末のたけ：データム線から歯先線までの距離	mm
h_{fP}	歯元のたけ：データム線から歯底線までの距離	mm
h_{FfP}	歯元のかみ合い歯たけ：相手標準基準ラック歯形の歯末のたけに等しい	mm
h_P	歯たけ：歯末のたけと歯元のたけとを加えたもの	mm
h_{wP}	かみ合い歯たけ：標準基準ラックと相手標準基準ラックのかみ合う歯のたけ	mm
m	モジュール	mm
p	ピッチ	mm
s_P	歯厚：データム線上での歯の厚さ	mm
α_P	圧力角	度（°）
ρ_{fP}	基準ラックの歯底すみ肉半径	mm

表１－50　標準平歯車の寸法

	小歯車	大歯車
歯数	z_1	z_2
モジュール	m	
工具圧力角	α_0	
歯末のたけ	$h_a = m$	
歯元のたけ	$h_f = 1.25m$	
全歯たけ	$h = 2.25m$	
有効歯たけ	$h_w = 2m$	
頂げき	$c = 0.25m$	
基準円直径	$d_1 = mz_1$	$d_2 = mz_2$
歯先円直径	$d_{a1} = d_1 + 2h_a = m(z_1 + 2)$	$d_{a2} = d_2 + 2h_a = m(z_2 + 2)$
基礎円直径	$d_{b1} = mz_1 \cos\alpha$	$d_{b2} = mz_2 \cos\alpha$
歯底円直径	$d_{f1} = d_1 - 2h_f = d_1 - 2.5m$	$d_{f2} = d_2 - 2h_f = d_2 - 2.5m$
中心距離	$a = \dfrac{d_1 + d_1}{2} = \dfrac{m(z_1 + z_2)}{2}$	
ピッチ	$p = \pi m$	
法線ピッチ	$p_b = \pi m \cos\alpha$	
円弧歯厚	$s = \dfrac{\pi m}{2}$	

(5)　転位歯車

標準平歯車の歯切りにおいて，歯数が17枚以下になると歯の切り下げ（図１－45）が起こり，歯元が削られて歯が弱くなる。それを防ぐために，ラック工具のデータム線と平歯車の基準円を少しずらして歯切りをすると，歯の切り下げを避けることができる。このような歯車を転位歯車という。転位は，切り下げを防ぐだけでなく，中心距離を調整するために行う場合もある。転位量は，モジュール m の x 倍で表し，x を転位係数という。転位歯車の歯切りを，図１－46に示す。

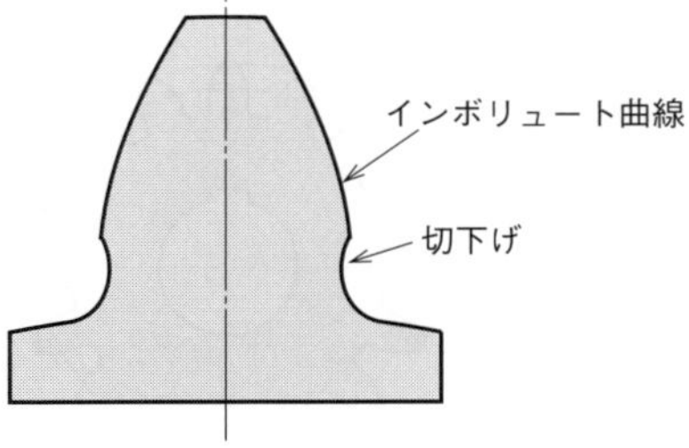

図１－45　切下げ

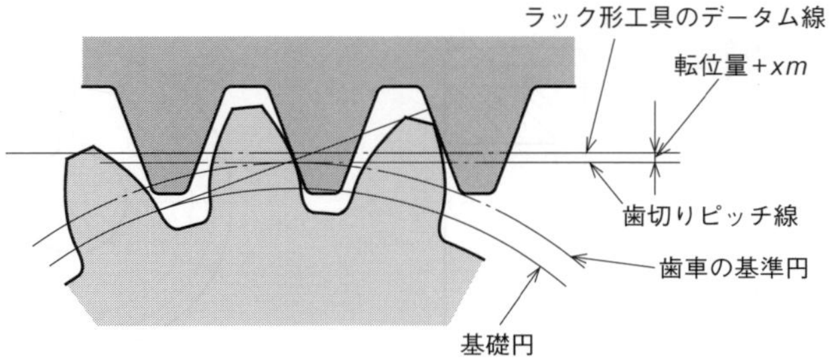

図１－46　転位歯切り（正の転位）

1.4.2　歯車の図示

歯車の歯部を図示するには，ねじの図示と同様に，歯を正確に描くのではなく，略図で表す。JISの歯車製図（JIS B 0003：2012）では，主としてインボリュート歯車として取り扱われている平歯車，はすば歯車，やまば歯車，ねじ歯車，すぐばかさ歯車，まがりばかさ歯車，ハイポイドギヤ，ウォーム及びウォームホイールの８種類について規定されている。これ以外の歯車の製図についても，この規格を準用する。

(1)　歯車の図示方法

歯車は，軸の直角方向から見た図を主投影図，軸方向から見た図を側面図として，次のように図示される。

① 主投影図の歯先の線，側面図の歯先円は，太い実線で表す（図１－47）。

② 主投影図の基準円の線，側面図の基準円は，細い一点鎖線で表す（同図）。

③ 主投影図を断面で図示するときは，歯底の線は太い実線で表し，側面図の歯底円は，細い実線で表す（同図）。歯底円は，記入を省略してもよく，特に，かさ歯車及びウォームホイールでは，原則として省略する（図１－51 参照）。断面にしない場合は，細い実線で表す。

④ はすば歯車などの歯すじ方向を示すには，通常３本の細い実線を用いる。ただし，主投影図を断面で図示する場合には，紙面より手前の歯すじ方向を３本の細い二点鎖線で表す（図１－48）。

⑤ かみあう一組の歯車で，主投影図を断面で図示する場合は，かみあい部の一方の歯先を示す線は破線で表す。側面図の歯先円は，いずれも太い実線で表す（図１－49）。

⑥ 一連の歯車の主投影図を正しく投影して表すと分かりにくくなる場合は，展開して表す。この場合は，主投影図の歯車中心線の位置は，側面図と一致しないことになる（図１－50）。

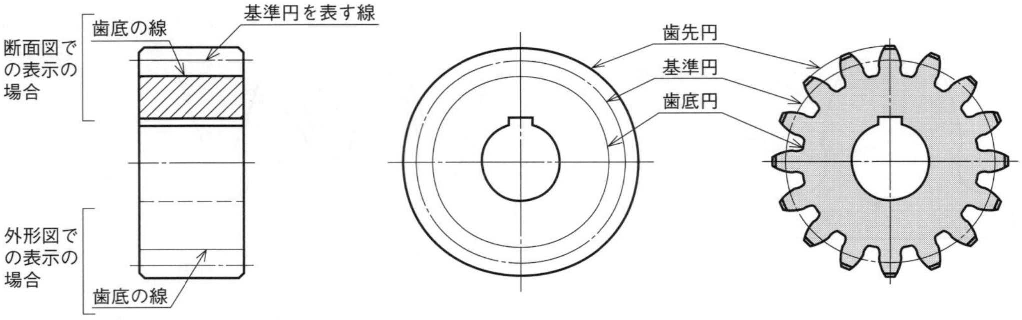

(a)　主 投 影 図　　(b)　側面図（簡略図）　　(c)　側面図（実体図）

図１－47　平歯車の図示

⑦　かみあう歯車の省略図は，図１－51の例による。

⑧　ラックなどの歯の位置を明示する必要があるときは，図１－52の例による。

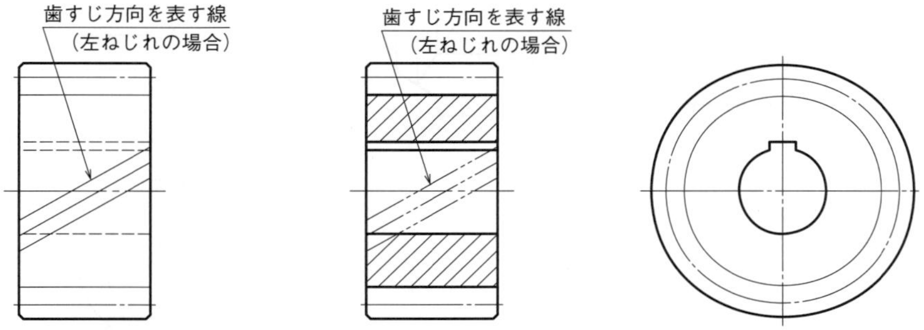

(a)　主投影図（外形図の場合）　(b)　主投影図（断面図の場合）　(c)　側面図

図１－48　外はすば歯車の図示

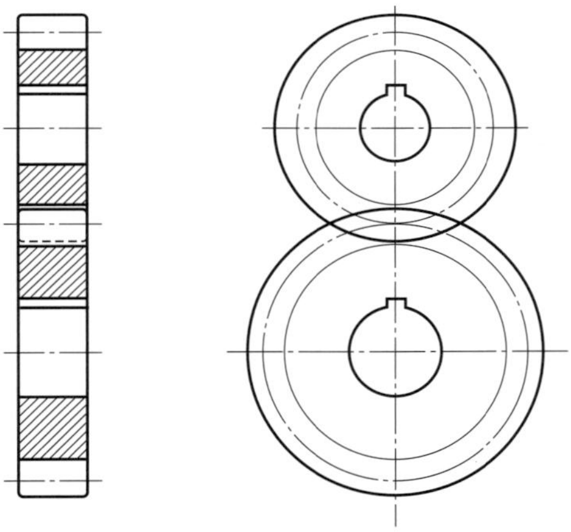

図１－49　かみあう一組の平歯車
（JIS B 0003：2012）

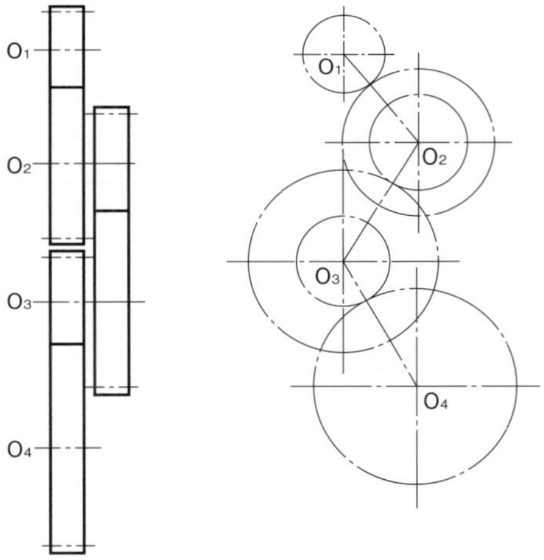

図１－50　一連の歯車の図示
（JIS B 0003：2012）

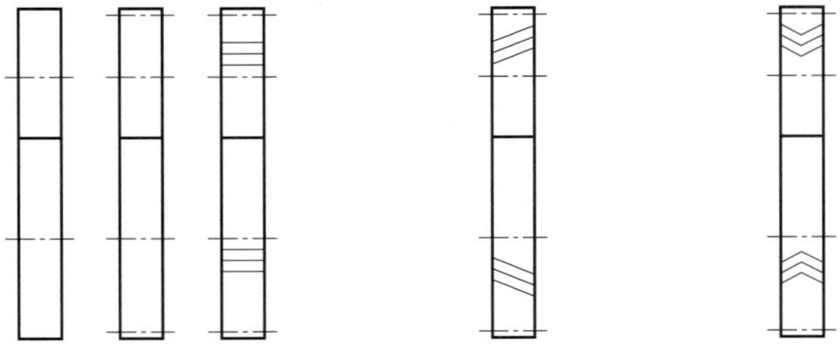

(a)　平歯車　(b)　はすば歯車　(c)　やまば歯車

図１－51　かみあう各種の歯車の省略図①（JIS B 0003：2012）

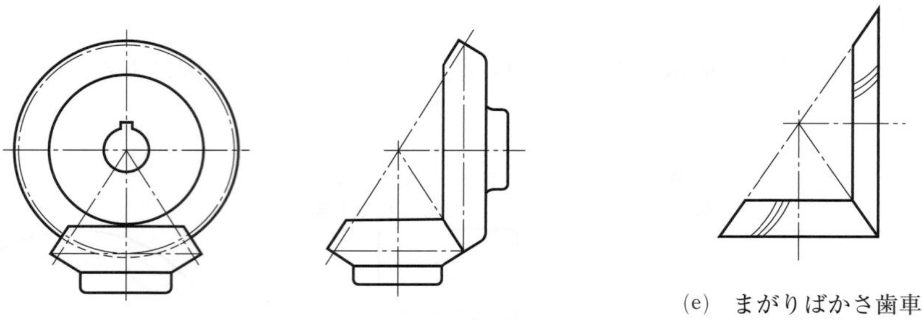

(e)　まがりばかさ歯車

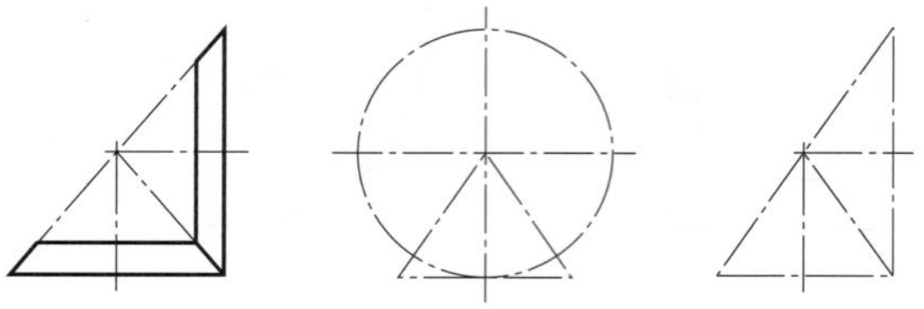

(d)　すぐばかさ歯車

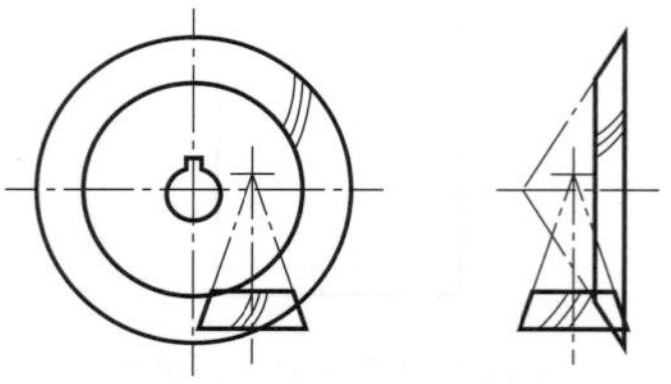

(f)　ハイポイドギヤ

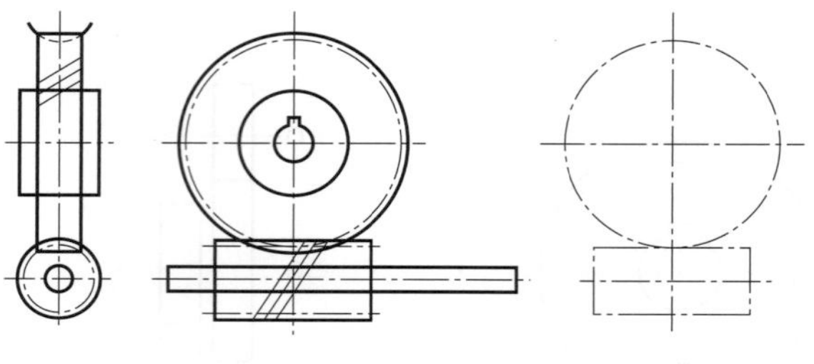

(g)　ウォーム歯車

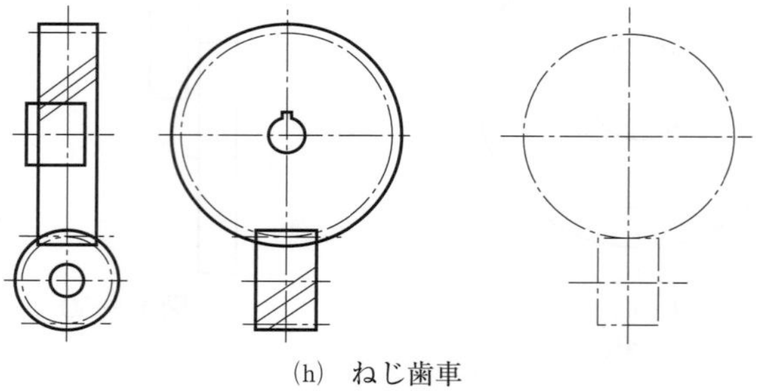

(h)　ねじ歯車

図１－51　かみあう各種の歯車の省略図②（JIS B 0003：2012）

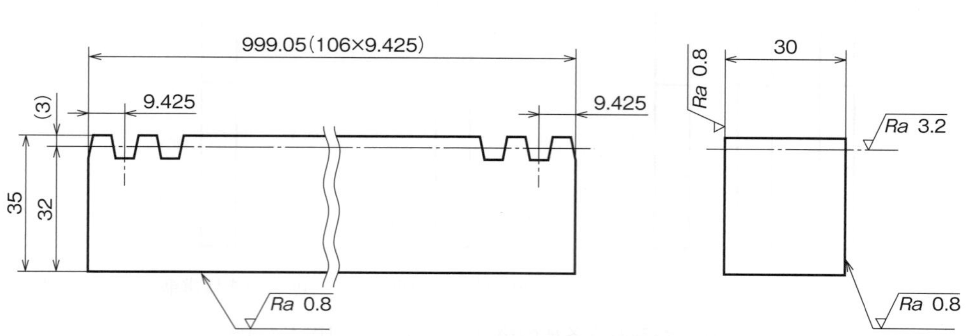

図１－52　ラックの製作図例

(2) 要 目 表

歯車の部品図は，歯車の図及び要目表を併用する。要目表には，歯切りや組み立て，検査などに必要な事項を，図１－53の平歯車の図例のように記入する。

なお，記入事項のうち，「＊」印を付けた事項については，必要に応じて記入する。

［単位：mm］

平歯車					
歯車歯形		標準	仕上げ方法		ホブ切り
基準ラック	歯形	並歯	精度		JIS B 1702－1　7級 JIS B 1702－2　8級
	モジュール	4	参考データ	相手歯車歯数	45
	圧力角	20°		相手歯車転位量	0
歯数		30		中心距離	150
基準円直径		120		バックラッシ	0.18～0.38
転位量		0		＊材料	S45C
全歯たけ		9		＊熱処理	高周波焼入れ
歯厚	またぎ歯厚	$43.011^{-0.08}_{-0.32}$ （またぎ歯数=4）		＊歯面硬度	HRC40～45

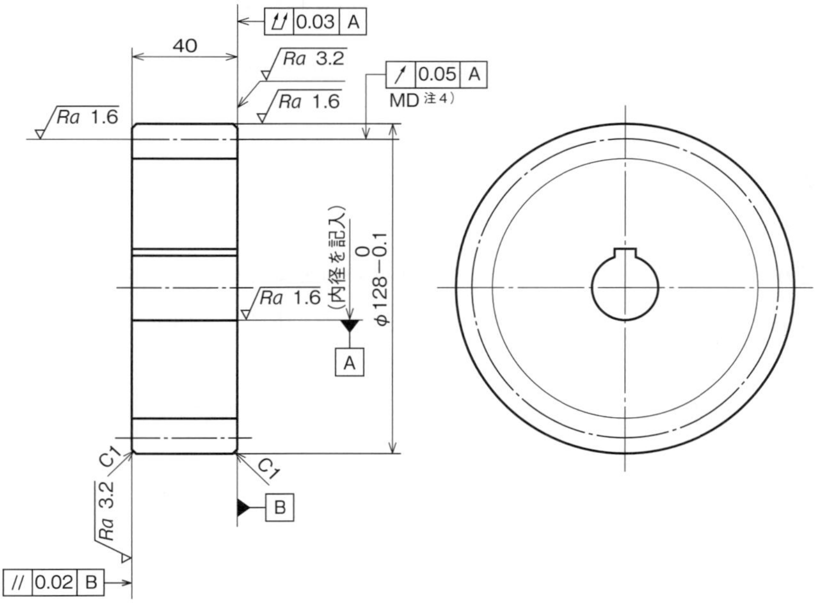

図１－53　平歯車の図例

注４）MD（Major Diameter）は外径を表す。
なお，LD は谷底径，PD は基準円直径を表す。

a　歯車歯形欄

標準，転位などの区別を記入する。

また，歯形修整を工具歯形修整によらない場合には，備考欄に「修整」と記入し，さらに歯形を図示する。

b　基準ラック歯形欄

並歯が最も一般的だが，これよりも歯たけが低い低歯や，歯たけが高い高歯もある。工具歯形修整の場合には，備考欄に「修整」と記入し，さらに歯形を図示する。

並歯は歯末のたけがモジュールに等しい歯形，低歯は歯たけが並歯より低く，歯末のたけがモジュールの0.8ぐらいのものが多い。

c　基準ラックのモジュール欄

モジュールを記入する。ただし，モジュール以外の表示をする場合には，この欄を「ピッチ」などと変更する。

d　基準ラックの圧力角欄

工具の圧力角を記入する。圧力角は，20°が一般的だが，14.5°，17.5°などの特殊な圧力角もある。転位歯車では，工具圧力角とかみあい圧力角が異なる場合があるが，この欄には工具圧力角を記入し，かみあい圧力角は備考欄に記入する。

e　基準円直径欄

歯数×モジュールの数値を記入する。ただし，歯直角方式のはすば歯車においては，

歯数×モジュール÷ cos θ（ねじれ角）……………………………………………式（1－1）

の数値を記入する。

f　歯　厚　欄

歯厚測定の基準寸法とその寸法許容差を記入する。

歯厚の測定方法には，歯厚マイクロメータで n 枚の歯をまたいで測定する，またぎ歯厚測定や歯幅の狭いはすば歯車，内歯車などまたぎ歯厚が測定できない場合，歯車の向かい合う歯溝にピンを挟み，その間の距離を測るオーバーピン歯厚測定が使われる。

そのほかには，測定器を歯先円から歯末のたけ内側の弦歯厚を測定する，歯形キャリパ測定がある。

歯厚の測定方法を，図１－54に示す。

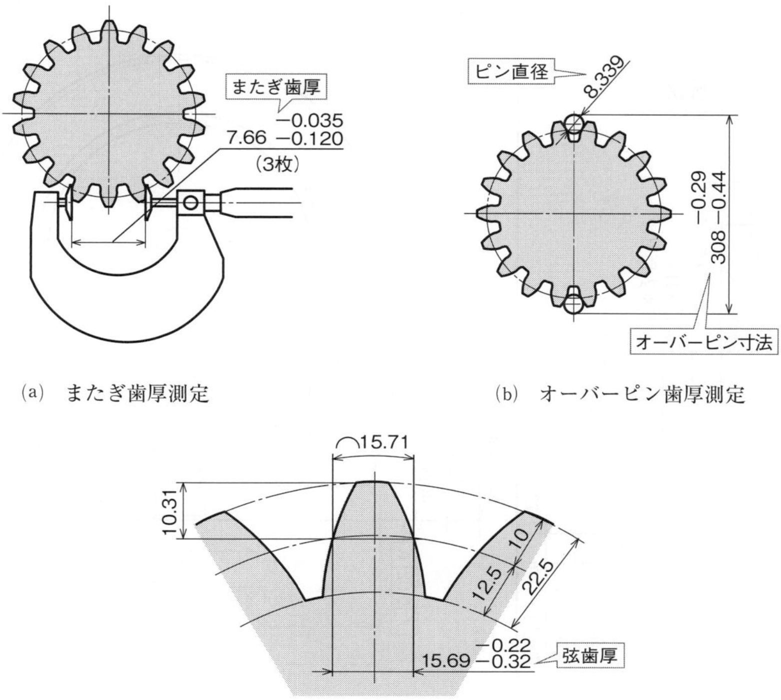

(a) またぎ歯厚測定

(b) オーバーピン歯厚測定

(c) 歯形キャリパ歯厚測定

図1－54　歯厚測定方法

g　仕上げ方法欄

歯の工作方法や使用機械などの指示を必要とするときに記入する。一般に，金属製の歯車は，創成歯切りによる歯切り盤によって切削加工で製作される。

h　精　度　欄

JIS B 1702 － 1，1702 － 2（円筒歯車－精度等級）や B 1704（かさ歯車の精度）が適用される歯車に対しては，規定する精度等級を記入する。

i　備　考　欄

転位量，相手歯車の転位量と歯数，相手歯車との中心距離，かみあい圧力角，かみあいピッチ円直径，標準切込み深さ，バックラッシ，歯形修整などを記入する。

はすば歯車，すぐばかさ歯車，ウォーム，ウォームホイールの図例を，図1－55 に示す。

［単位：mm］

はすば歯車				
歯車歯形		標準	仕上げ方法	研削仕上げ
歯形基準平面		軸直角	精度	JIS B 1702－1　6級 JIS B 1702－2　7級
基準ラック	歯形	並歯		
	モジュール	3	参考データ	相手歯車歯数　60 相手歯車転位量　0 中心距離　120 バックラッシ　0.1～0.2 ＊材料　SCM 440 ＊熱処理　高周波焼入れ ＊歯面硬度　HRC 50～60
	圧力角	20°		
歯数		20		
ねじれ角		21° 30′		
ねじれ方向		右		
基準円直径		60		
転位量		0		
全歯たけ		6.75		
歯厚	またぎ歯厚	$21.552^{-0.06}_{-0.22}$ （またぎ歯数＝3）		

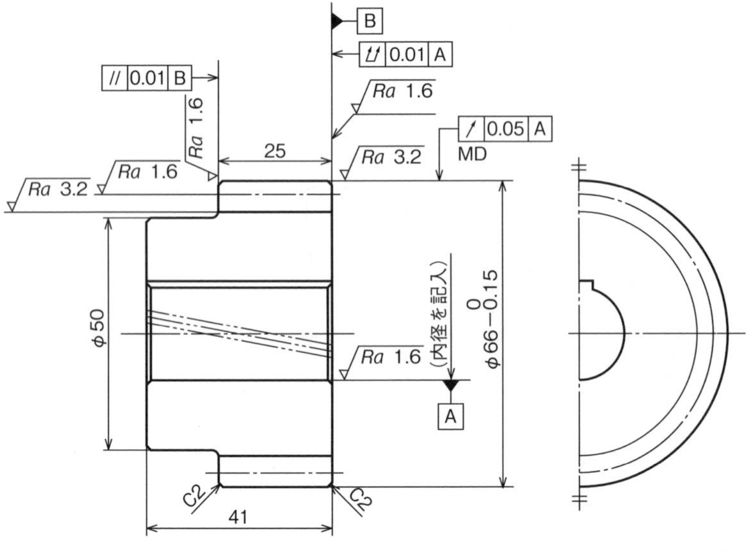

(a)　はすば歯車の図例

［単位：mm］

すぐばかさ歯車						
区別	大歯車	（小歯車）	区別		大歯車	（小歯車）
モジュール	5		歯厚	測定位置	外端歯先円部	
圧力角	20°			弦歯厚	6.13	
歯数	45	（15）		弦歯たけ	2.97	
軸角	90°		仕上げ方法		切削	
基準円直径	225	（75）	精度		JIS B 1704　3級	
歯たけ	10.94		参考データ		バックラッシ　0.14～0.34 ＊材料　S45C ＊表面処理　黒染	
歯末のたけ	2.96					
歯元のたけ	7.98					
外端円すい距離	118.59					
基準円すい角	71°34′	（18°26′）				
歯底円すい角	67°43′					
歯先円すい角	73°27′					

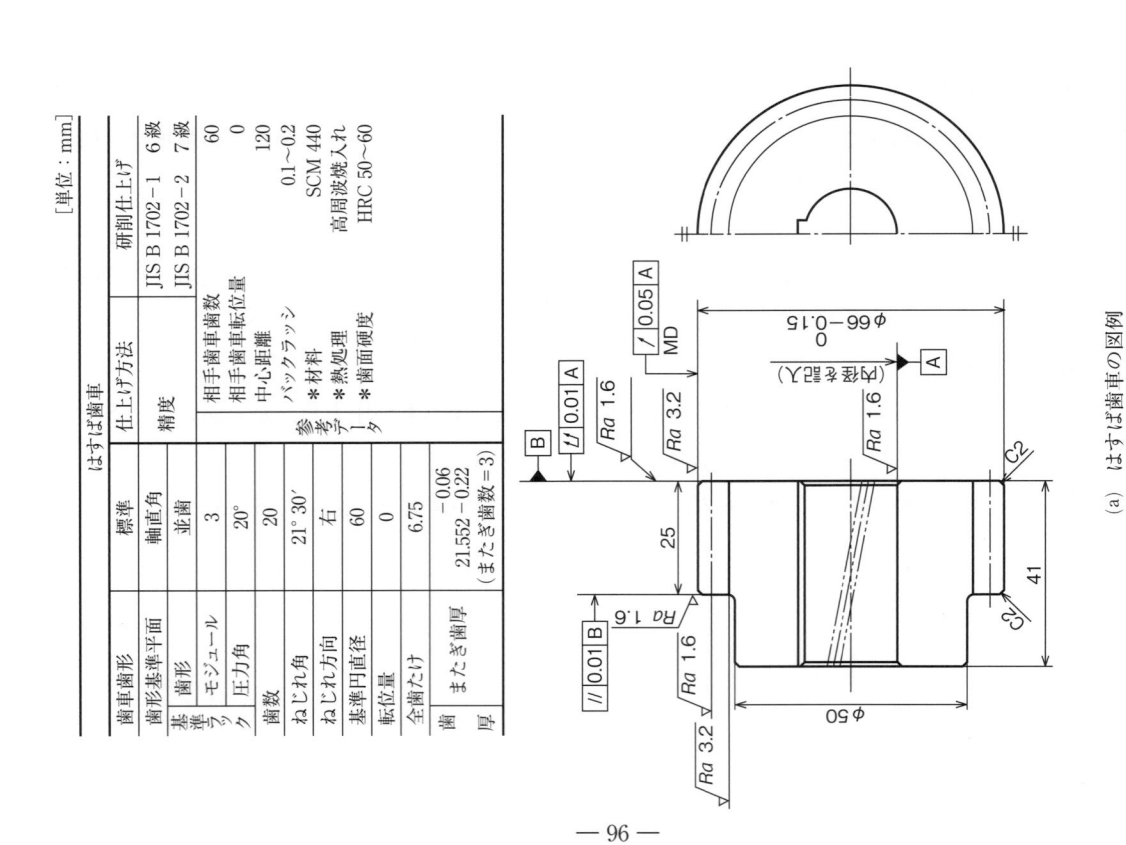

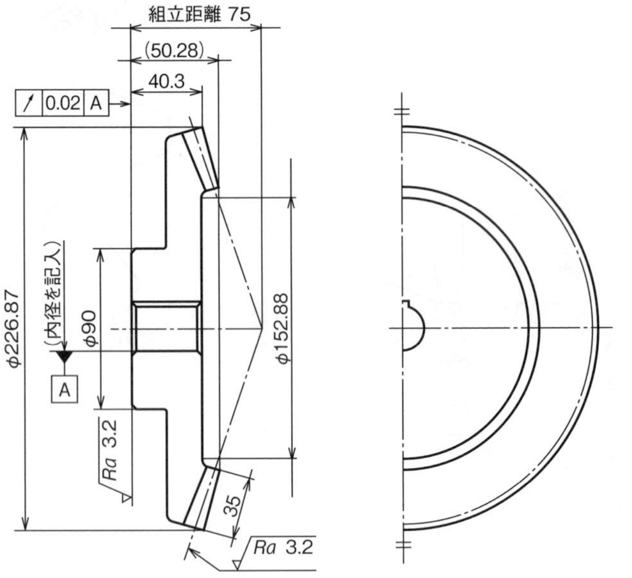

(b)　すぐばかさ歯車の図例

図1－55　各種歯車の図例①

[単位：mm]

ウォーム			
歯車歯形	並歯	仕上げ方法	研削仕上げ
軸方向モジュール	3	精度	
条数	1	参考データ	中心距離 82 ＊材料 SCM440 ＊熱処理 高周波焼入れ ＊歯面硬度 HRC50～60
ねじれ方向	右		
基準円直径	44		
転位係数	0		
進み角	3°54′		
全歯たけ	6.75		
歯厚 弦歯厚	4.7		
歯厚 弦歯たけ	3		

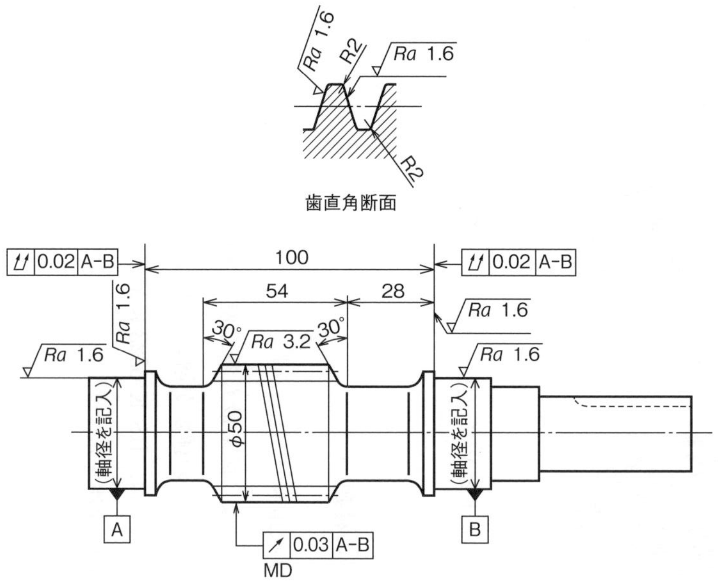

(c) ウォームの図例

[単位：mm]

ウォームホイール			
相手ウォーム歯形	並歯	歯厚 弦歯厚	4.7
軸方向モジュール	3	歯厚 弦歯たけ	3.05
歯数	40	仕上げ方法	ホブ切り
基準円直径	120	精度	
相手ウォーム 条数	1	参考データ	バックラッシ 0±0.045 ＊材料 CAC702
相手ウォーム ねじれ方向	右		
相手ウォーム 進み角	3°54′		
全歯たけ	6.75		

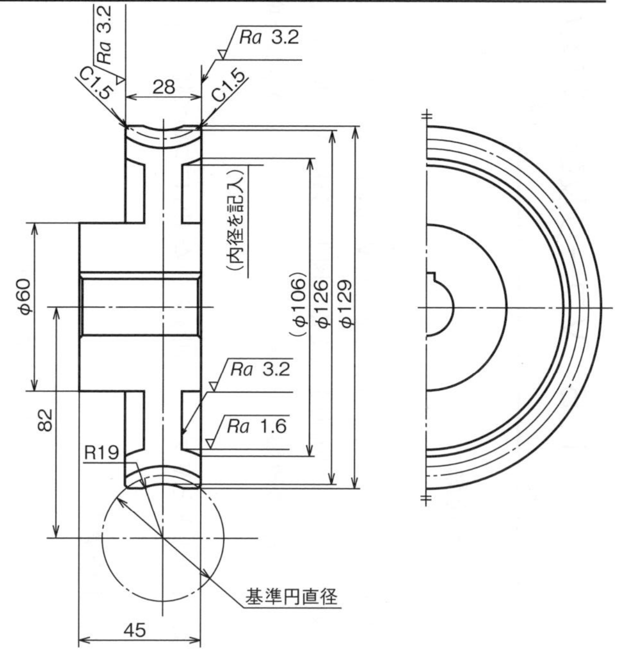

(d) ウォームホイールの図例

図1－55 各種歯車の図例②

1.5　Vプーリ及びスプロケット

1.5.1　Vベルト伝動

Vベルト伝動は，断面が台形の形状をした**Vベルト**が，V溝をもつ**Vプーリ**にはまり，VベルトとVプーリ間の摩擦によって動力を伝える（図1－56）。Vベルトがくさびのように Vプーリに食い込むことによって，大きな摩擦力を得ることができ，ベルトの本数を増やすことで，大きな動力が伝達できる。

ここでは，VベルトとVプーリに関する主なJISについて述べる。

(1)　Vベルトの構造

Vベルトは，ゴムと心線とを含む台形断面の周囲にゴムを塗布した布で覆った構造（ラップドVベルト），又はゴムと心線とを含む台形断面の上下面にゴムを塗布した布を重ね合わせた構造（ローエッジVベルト）がある（図1－57）。

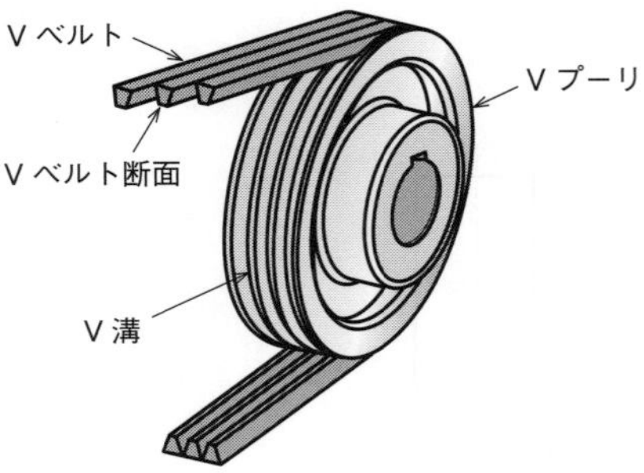

図1－56　VベルトとVプーリ

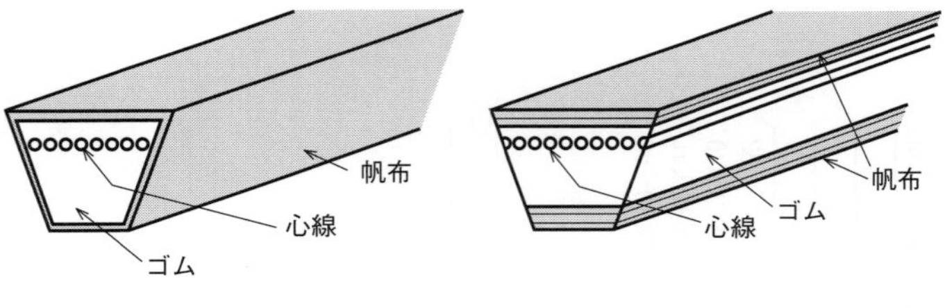

(a)　ラップドVベルト　　(b)　ローエッジVベルト

図1－57　Vベルトの構造の例（JIS K 6323：2008）

(2)　Vベルトの種類

a　一般用Vベルト

一般用Vベルトは，従来最も多く使用されていたものであり，安価で容易に入手できる利点がある。現在ではVベルトの種類が増え，使用目的に合わせ，様々なVベルトが使われるようになっている。一般用Vベルトは，JIS K 6323にM形，A形，B形，C形，D形の5種類がある。表1－51にVベルトの断面の寸法を示す。

表1－51　一般用Vベルトの断面の寸法（JIS K 6323：2008）

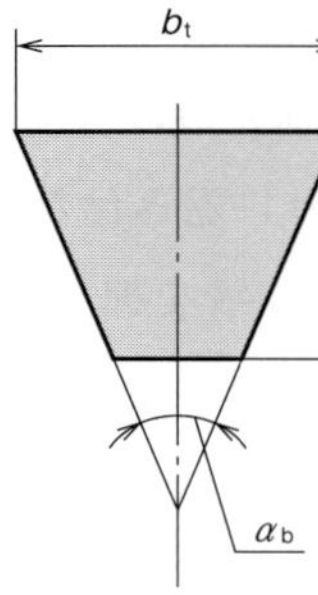

［単位：mm］

種　類	上幅 b_t	ベルト厚さ h	V角度 α_b(°)
M	10.0	5.5	40
A	12.5	9.0	
B	16.5	11.0	
C	22.0	14.0	
D	31.5	19.0	

b　細幅Vベルト

細幅Vベルトは，一般用Vベルトより厚みが大きく，幅が細いベルトである。幅が細いため装置を小型にでき，性能も向上して寿命も長く，急速に普及が拡大している。細幅ベルトはJIS K 6368に3V，5V，8Vの3種類が規定されている。表1－52に，断面の寸法を示す。

表1－52　細幅Vベルトの断面の寸法（JIS K 6368：1999）

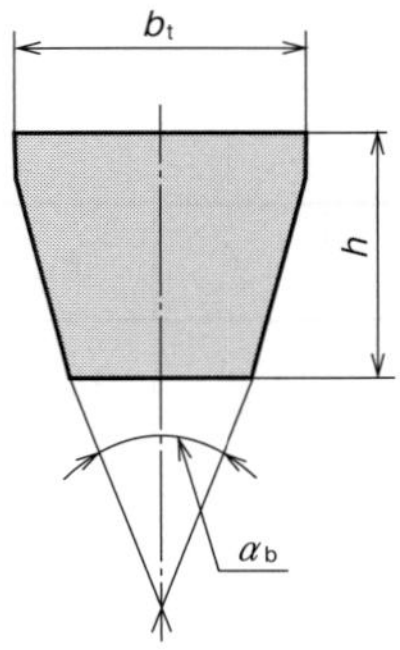

［単位：mm］

種　類	上幅 b_t	ベルト厚さ h	V角度 α_b(°)
3V	9.5	8.0	40
5V	16.0	13.5	
8V	25.5	23.0	

(3)　Vベルトの呼び方

Vベルトの呼び方は，名称，種類，及び呼び番号又はVベルトの長さの順で表す。

〔例〕

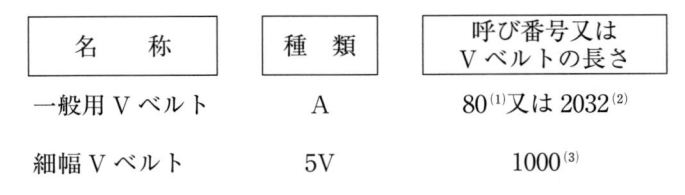

名　　称	種　類	呼び番号又は Vベルトの長さ
一般用Vベルト	A	80(1)又は2032(2)
細幅Vベルト	5V	1000(3)

注(1)　呼び番号。Vベルトの長さをインチ単位で表したもの。
(2)　Vベルトの長さ［mm］。
(3)　細幅Vベルトの呼び番号は，長さをインチ単位で表した数の10倍の数値で表す。

⑷　一般用Ｖプーリ

Ｖプーリは，一般的に鋳鉄製が用いられ，Ｖベルトが収まるように溝が設けられている。Ｖベルトの角度とＶプーリの溝角度が異なるが，ゴム製のＶベルトをＶプーリに巻き付かせて張らせることで，Ｖベルトの角度がＶプーリの溝角度に沿って変化し，ベルト側面が溝を押し付ける力（摩擦力）を発生させて動力を伝達させる。Ｖプーリの呼び径によって，溝の角度は規定されている。

表１－53に，一般用Ｖプーリの溝部の形状及び寸法を示す。

表１－53　Ｖプーリの溝部の形状及び寸法（JIS B 1854：1987）

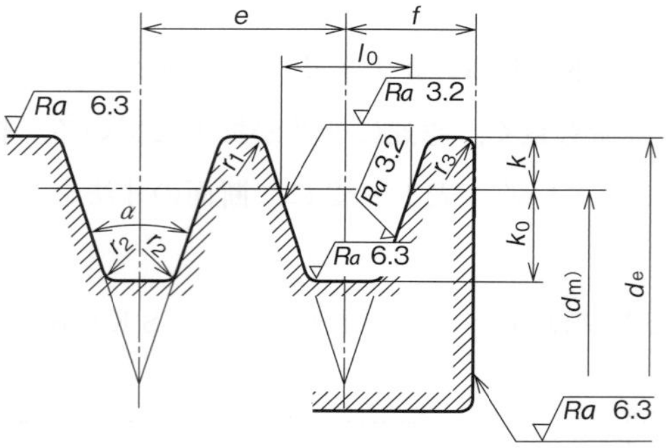

［単位：mm］

Ｖベルトの種類	呼び径[2]	α(°)	l_0	k	k_0	e	f	r_1	r_2	r_3
M	50以上　71以下 71を超え　90以下 90を超えるもの	34 36 38	8.0	2.7	6.3	–[1]	9.5	0.2～0.5	0.5～1.0	1～2
A	71以上　100以下 100を超え　125以下 125を超えるもの	34 36 38	9.2	4.5	8.0	15.0	10.0	0.2～0.5	0.5～1.0	1～2
B	125以上　160以下 160を超え　200以下 200を超えるもの	34 36 38	12.5	5.5	9.5	19.0	12.5	0.2～0.5	0.5～1.0	1～2
C	200以上　250以下 250を超え　315以下 315を超えるもの	34 36 38	16.9	7.0	12.0	25.5	17.0	0.2～0.5	1.0～1.6	2～3
D	355以上　450以下 450を超えるもの	36 38	24.6	9.5	15.5	37.0	24.0	0.2～0.5	1.6～2.0	3～4
E	500以上　630以下 630を超えるもの	36 38	28.7	12.7	19.3	44.5	29.0	0.2～0.5	1.6～2.0	4～5

注⑴　M形は，原則として１本掛けとする。
　⑵　上図の直径（dm）をいい，ベルト長さの測定，回転比の目安などの計算にもこれを用い，溝の基準幅が l_0 をもつところの直径である。

(5) 細幅Ｖプーリ

表１－54 に，細幅Ｖプーリの種類，溝部の形状及び寸法を示す。

表１－54　細幅 V プーリの種類，溝部の形状及び寸法（JIS B 1855：1991）

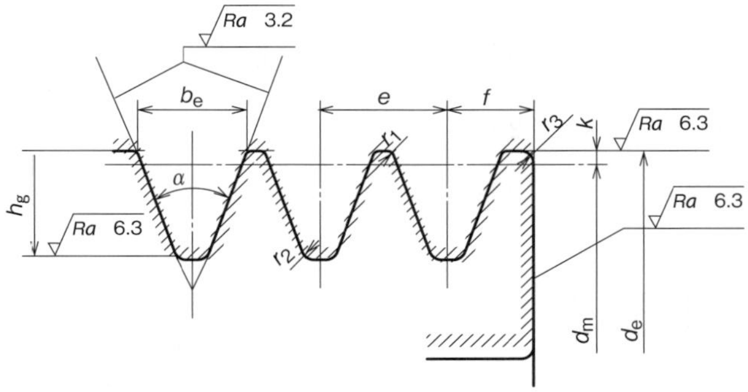

(a)

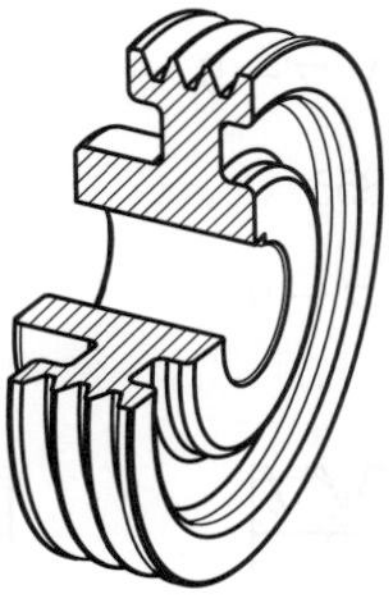

(b)

(c)　V プーリの種類

V ベルトの種類	溝の数							
	1	2	3	4	5	6	8	10
3V	3V1	3V2	3V3	3V4	3V5	3V6	－	－
5V	－	5V2	5V3	5V4	5V5	5V6	5V8	5V10
8V	－	－	－	8V4	－	8V6	8V8	8V10

(d)　溝部の形状及び寸法

［単位 ： mm］

V ベルトの種類	呼び外径[1]	α	b_e	h_g	k	e	f（最小寸法）	r_1	r_2	r_3
3V	67 以上　90 以下	36°	8.9	9	0.6	10.3	8.7	0.2 ～ 0.5	0.5 ～ 1	1 ～ 2
	90 を越え 150 以下	38°								
	150 を越え 300 以下	40°								
	300 を越えるもの	42°								
5V	180 以上　250 以下	38°	15.2	15	1.3	17.5	12.7	0.2 ～ 0.5	0.5 ～ 1	2 ～ 3
	250 を越え 400 以下	40°								
	400 を越えるもの	42°								
8V	315 以上　400 以下	38°	25.4	25	2.5	28.6	19	0.2 ～ 0.5	1 ～ 0.5	3 ～ 5
	400 を越え 560 以下	40°								
	560 を越えるもの	42°								

注(1)　溝の幅b_eが表中の値となるところの直径d_eで，一般に外径と同じである。
なお，ベルト長さの測定，回転比の目安などの計算には，直径d_mを用いる。

(6) Ｖプーリの呼び方

Ｖプーリの呼び方は，規格番号又は規格名称，呼び径，種類及びボスの位置の区別で表す。
なお，軸穴加工を指定する場合は，穴の基準寸法，種類及び等級で示す。

また，Ｖプーリの形状は，平板形とアーム形があり，ボスの位置によって１形から５形までである（図１－58）。

〔例〕

規格番号又は規格名称	呼び外径	種　類	－	ボス位置の区別	－	穴の基準寸法，種類及び等級
JIS B 1854	250	A1	－	2形		
一般用Ｖプーリ	250	B3	－	2形	－	40H8
JIS B 1855	250	3V1	－	2形		
細幅Ｖプーリ	250	5V3	－	2形		

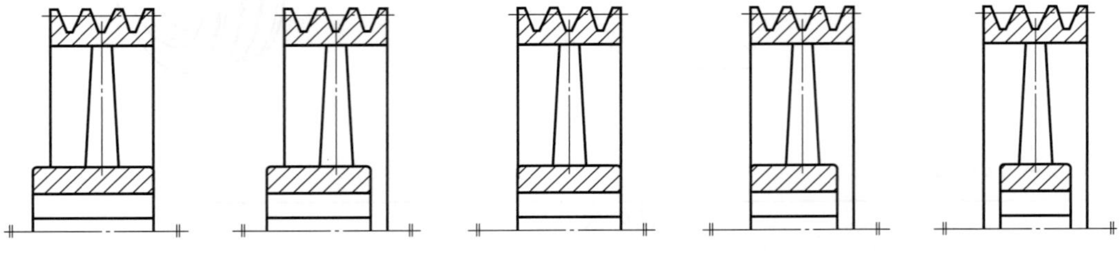

図１－58　ボスの位置による区別

1.5.2　チェーン伝動

チェーン伝動は，原動軸と従動軸に**スプロケット**（鎖車）を取り付け，これに**チェーン**を掛けて，スプロケットの歯とのかみ合いによって動力を伝達する方法で，滑りがないため正確に回転を伝えられる（図１－59）。動力用チェーンには，ローラチェーン，サイレントチェーンなどがある。

ここでは，ローラチェーンとローラチェーン用スプロケットについて述べる。

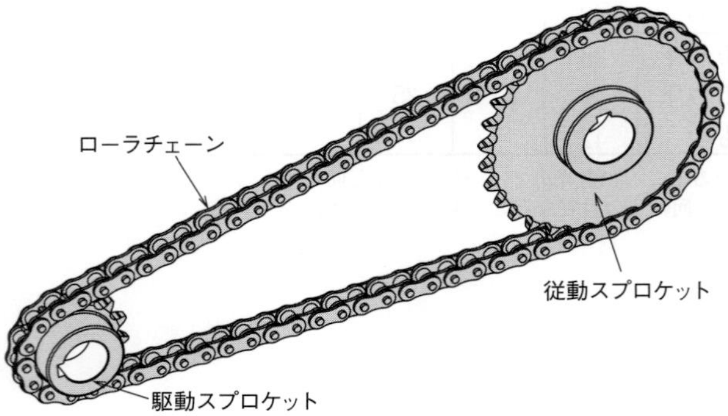

図１－59　チェーン伝動

(1)　ローラチェーン

ローラチェーンは，図１－60に示すように，外リンク及び内リンクを交互に組み合わせたものである。環状にするには，継手リンク（図１－61(c)）を用いチェーンの両端を結合する。奇数のリンクで環状にする場合には，外リンクと内リンクを接続するためにオフセットリンク（同図(d)）を使用する。

ローラチェーンの形状・寸法について，表１－55に示す。

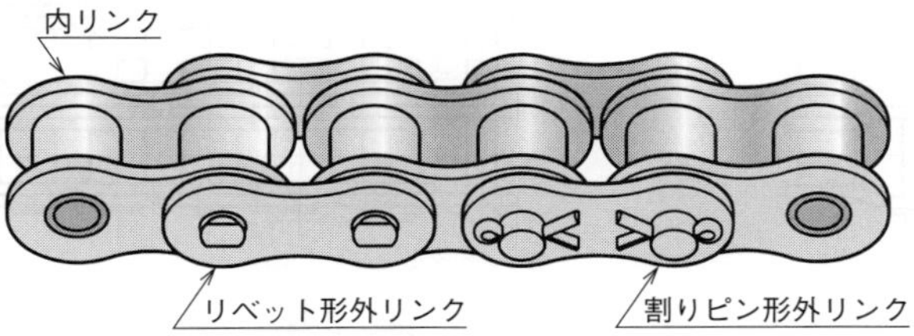

図１－60　ローラチェーン（JIS B 1801：2020）

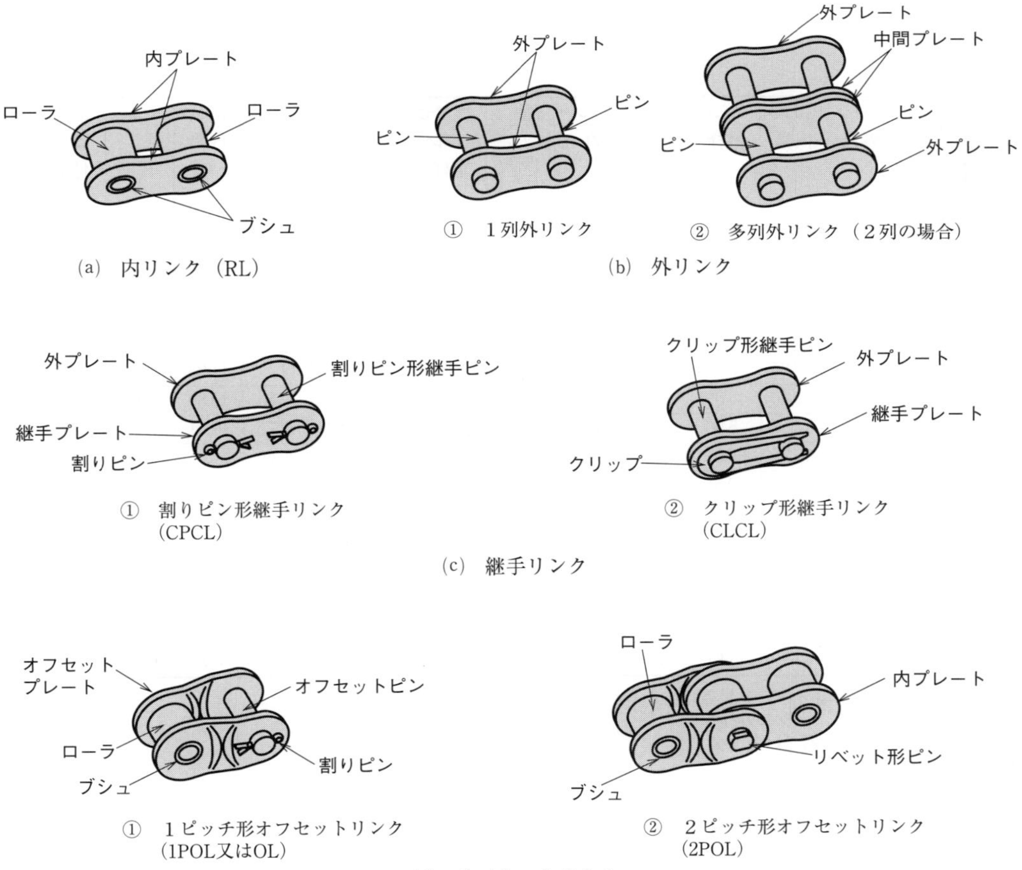

(a)　内リンク（RL）

①　１列外リンク
②　多列外リンク（２列の場合）

(b)　外リンク

①　割りピン形継手リンク
(CPCL)

②　クリップ形継手リンク
(CLCL)

(c)　継手リンク

①　１ピッチ形オフセットリンク
(1POL又はOL)

②　２ピッチ形オフセットリンク
(2POL)

(d)　オフセットリンク

図１－61　各部の構造例及び名称

表１－55　ローラチェーンの形状・寸法（JIS B 1801：2020）

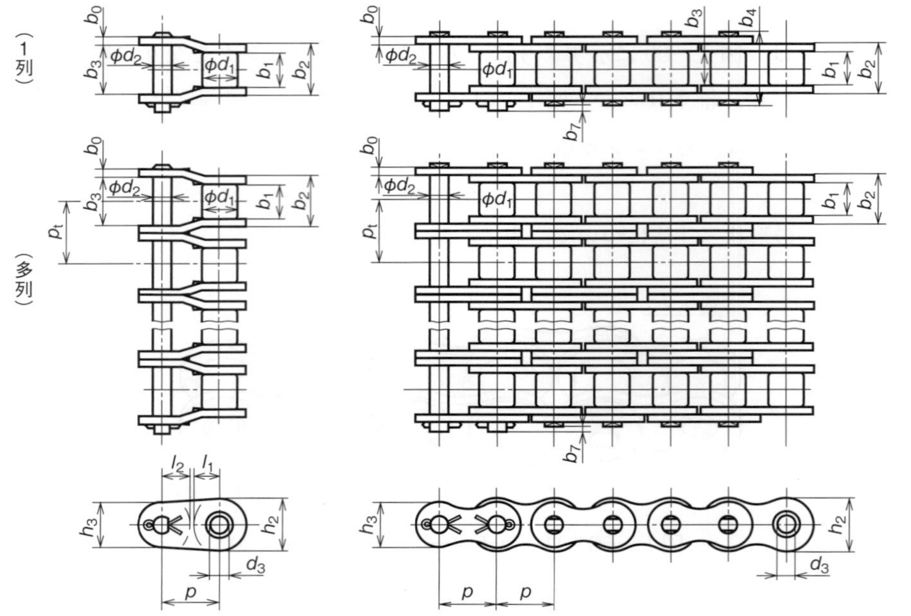

［単位：mm］

呼び番号	ピッチ（基準寸法）	ローラ外径（最大）	内リンク内幅（最小）	ピン外径（最大）	ブシュ内径（最小）	プレート高さ 内プレート（最大）	プレート高さ 外プレート，中間プレート，継手プレート（最大）	オフセットプレート曲げ位置（最小）		横ピッチ（多列基準寸法）	内リンク外幅（最大）	外リンク内幅（最小）	ピン長さ(1)（最大）	継手ピン付加長さ（最大）	プレート厚さ（参考）
	p	d_1	b_1	d_2	d_3	h_2	h_3	l_1	l_2	p_t	b_2	b_3	b_4	b_7	b_0
25	6.35	3.30(2)	3.10	2.31	2.33	6.02	5.21	2.65	3.08	6.4	4.80	4.85	9.1	2.5	0.75
35	9.525	5.08(2)	4.68	3.60	3.61	9.05	7.81	3.97	4.60	10.1	7.46	7.52	13.2	3.3	1.25
41(3)	12.70	7.77	6.25	3.60	3.62	9.91	8.51	4.35	5.03	－	9.06	9.12	14.0	2.0	1.25
40	12.70	7.92	7.85	3.98	4.00	12.07	10.42	5.20	6.1	14.4	11.17	11.23	17.8	3.9	1.5
50	15.875	10.16	9.40	5.09	5.12	15.09	13.02	6.61	7.62	18.1	13.84	13.89	21.8	4.1	2.0
60	19.05	11.91	12.57	5.96	5.98	18.10	15.62	7.90	9.15	22.8	17.75	17.81	26.9	4.6	2.4
80	25.40	15.88	15.75	7.94	7.96	24.13	20.83	10.55	12.20	29.3	22.60	22.66	33.5	5.4	3.2
100	31.75	19.05	18.90	9.54	9.56	30.17	26.04	13.16	15.24	35.8	27.45	27.51	41.1	6.1	4.0
120	38.10	22.23	25.22	11.11	11.14	36.20	31.24	15.80	18.27	45.4	35.45	35.51	50.8	6.6	4.8
140	44.45	25.40	25.22	12.71	12.74	42.23	36.45	18.42	21.32	48.9	37.18	37.24	54.9	7.4	5.6
160	50.80	28.58	31.55	14.29	14.31	48.26	41.66	21.04	24.33	58.5	45.21	45.26	65.5	7.9	6.4
180	57.15	35.71	35.48	17.46	17.49	54.30	46.86	23.65	27.36	65.8	50.85	50.90	73.9	9.1	7.1
200	63.50	39.68	37.85	19.85	19.87	60.33	52.07	26.24	30.36	71.6	54.88	54.94	80.3	10.2	8.0
240	76.20	47.63	47.35	23.81	23.84	72.40	62.49	31.45	36.40	87.8	67.81	67.87	95.5	10.5	9.5

注(1)　多列チェーンの場合のピン長さは，$b_4+p_t\times$（チェーン列数－1）で算出する。
(2)　この場合のd_1は，ブシュ外径を示す。
(3)　呼び番号41は，1列だけとする。

(2)　ローラチェーンの呼び方

ローラーチェーンの呼び方は，呼び番号，列数，外リンクの形式（割りピン形），リンクの総数で表す。ただし，列数が1列の場合は列数を省略してよい。

なお，リンクの総数が奇数の場合には，端部を表す形状をリンクの総数の後に括弧を付けて明記する。

〔例〕

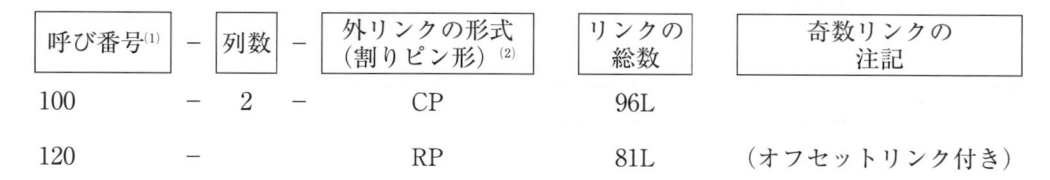

呼び番号(1)		列数		外リンクの形式（割りピン形）(2)	リンクの総数	奇数リンクの注記
100	－	2	－	CP	96L	
120	－			RP	81L	（オフセットリンク付き）

注(1)　ローラチェーンの呼び番号は，ピッチを基準に付けられており，ピッチ（mm）を1/8インチ（3.175 mm）で除した値に，0（ローラがあるもの），5（ローラがないもの），1（軽量形）を付ける。呼び番号100は，ピッチ31.75 mm（31.75 ÷ 3.175（1/8インチ）＝10）で，ローラがあるもの（0）を表す。
(2)　外リンクの形式には，ピンの両端をかしめたリベット形（RP）と，ピンの一端を割りピン（CP）で止めたものがある。

(3)　スプロケット

ローラーチェーンは，ローラチェーン用のスプロケットに巻き付けて使用する（図1－62)。スプロケットの歯形は，JISによってS歯形，U歯形，及びISO歯形があるが，一般的にはS歯形が多く使用されている。

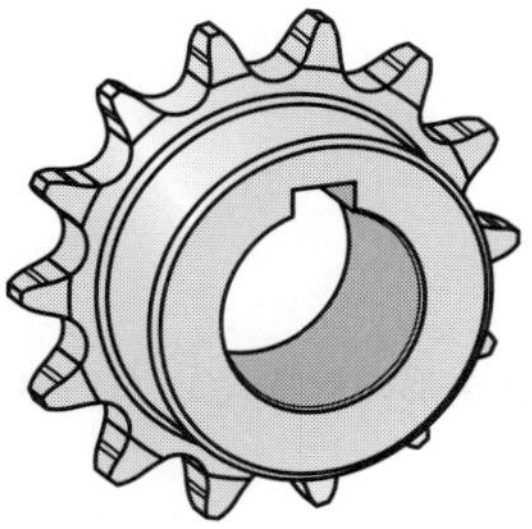

図1－62　スプロケットの外観

a　スプロケットの寸法

JIS B 1801：2020では，径方向寸法は表1－56の計算式によって求め，横歯形の計算式は，表1－57に示す寸法とする。

表１－56　径方向寸法の計算式（JIS B 1801：2020）

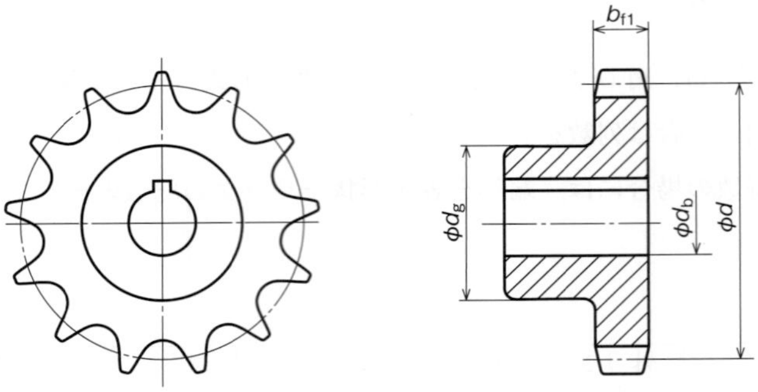

［単位：mm］

項　目	S歯形及びU歯形径方向寸法の計算式	ISO歯形径方向寸法の計算式
ピッチ円直径　d	$d=\dfrac{p}{\sin\dfrac{180^\circ}{z}}$	
歯先円直径　d_a	$d_a=p\,(0.6+\cot\dfrac{180^\circ}{z})$	最大　$d_a=d+1.25p-d_1$ 最小　$d_a=d+p\,(1-\dfrac{1.6}{z})-d_1$
歯底円直径　d_f	$d_f=d-d_1$	
歯底距離　d_c	偶数歯　$d_c=d_f$ 奇数歯　$d_c=d\cos\dfrac{90^\circ}{z}-d_1=p\dfrac{1}{2\sin\dfrac{180^\circ}{2z}}-d_1$	
最大ハブ直径及び最大溝直径　d_g	$d_g=p\,(\cot\dfrac{180^\circ}{z}-1)-0.76$	呼び番号25及び35 $d_g=p\cot\dfrac{180^\circ}{z}-1.05h_2-1.00-2r_a$ その他のチェーン $d_g=p\cot\dfrac{180^\circ}{z}-1.04h_2-0.76$

b_{f1}：歯幅
d_b：軸穴直径
p　：ローラチェーンピッチ
z　：スプロケット歯数
d_1：ローラ外径の最大値
h_2：内プレート高さの最大値
r_a：丸み

表１－57　横歯形の計算式①（JIS B 1801：2020）

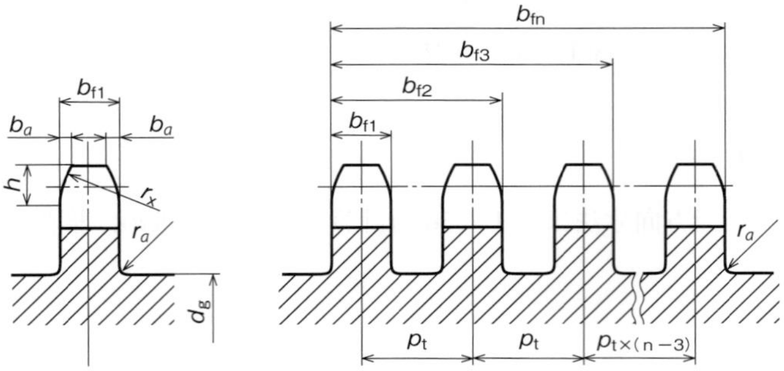

表1－57　横歯形の計算式②（JIS B 1801：2020）

［単位：mm］

項　目		計算式		
歯幅	b_{f1}（最大）	ピッチ12.70mm以下の場合	1列	$b_{f1}=0.93b_1$
			2，3列	$b_{f1}=0.91b_1$
			4列以上	$b_{f1}=0.89b_1$（参考）
		ピッチ12.70mmを超える場合	1列	$b_{f1}=0.95b_1$
			2，3列	$b_{f1}=0.93b_1$
			4列以上	$b_{f1}=0.91b_1$（参考）
全歯幅	b_{fn}	$b_{fn}=p_t(n-1)+b_{f1}$		
面取り幅	b_a（約）	チェーン呼び番号081, 083, 084及び41の場合		$b_a=0.06p$
		その他のチェーンの場合		$b_a=0.13p$
面取り深さ	h（参考）	$h=0.5p$		
面取り半径	r_x（参考）	$r_x=p$		
丸み	r_a⑴（最大）	$r_a=0.04p$		

p：チェーンピッチ
n：ローラチェーンの列数
p_t：横ピッチ
b_1：内リンク内幅の最小値
注⑴　丸み（最大）は，ハブ直径及び溝直径の最大値を用いたときの値である。

b　スプロケットの図示

スプロケットは，歯車と同じように歯切りされるので，図示も平歯車製図に準じて，外径は太い実線，ピッチ円は細い一点鎖線，歯底円は細い実線で表す。軸に直角の方向から見た図を断面図示するときは，歯は断面にせず，歯底の線を太い実線で表す。

また，要目表に歯の特性を記入しておく。

図1－63に，スプロケットの図示例を示す。

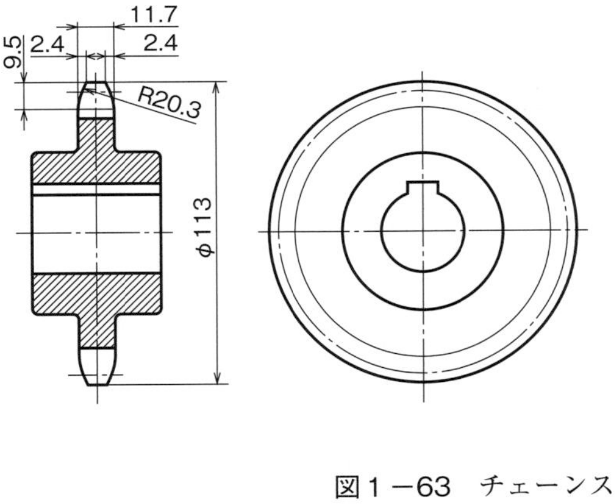

［単位：mm］

	呼び番号	60
ローラチェーン	ピッチ	19.05
	ローラ外径	11.91
スプロケット	歯数	17
	歯形	S
	ピッチ円直径	103.67
	外形	113
	歯底円直径	91.76
	歯底距離	91.32

注）機械歯切り

図1－63　チェーンスプロケットの図示例

1.6 ば　ね

ばねは，弾性変形することでエネルギーを吸収したり，蓄積させたりする目的で使用する。ばねには，金属できたものだけでなく，ゴムや空気を使用したものなど多くの種類がある。ここでは，金属ばねについて述べる。

コイルばねは，線材をらせん（螺旋）状に巻いたものであり，**圧縮コイルばね**（図１－64），**引張コイルばね**（図１－65），**ねじりコイルばね**（図１－70）がある。板ばねは，ばね座金のように単一板で使用されるものと，複数のばね板を重ね合わせた**重ね板ばね**がある（図１－69）。重ね板ばねは，鉄道や自動車の緩衝用として使われる。

竹の子ばね（図１－71）は，帯鋼を円錐状に巻いた竹の子のようなばねで，主に緩衝用として用いられる。**渦巻ばね**（図１－72）は，渦巻き状に巻かれたばねで時計のぜんまいなどに使用される。**皿ばね**（図１－73）は，締結用ねじの座金などにも使用される。トーションバー（図１－74）は，細長い棒がねじれるときの反発力を利用したばねである。

［単位：mm］

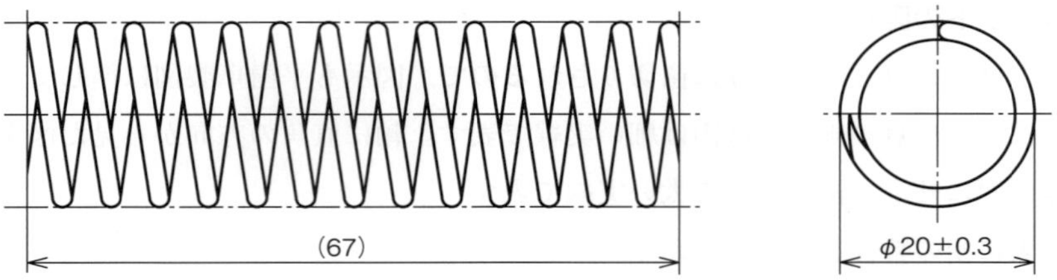

要目表

材料		SWP－B
材料の直径	mm	2
コイル平均径	mm	18
コイル外径	mm	20±0.3
総巻数		13
座巻数		各1
巻方向		右巻
自由高さ	mm	(67)
ばね定数	N/mm	2.44
許容荷重	N	80.2
許容荷重時高さ	mm	34.2
密着高さ	mm	26
コイル端末形状		クローズドエンド（研削）
表面処理　成形後の表面加工		－
表面処理　防せい処理		防せい油塗布

図１－64　冷間成形圧縮コイルばねの図示例

［単位：mm］

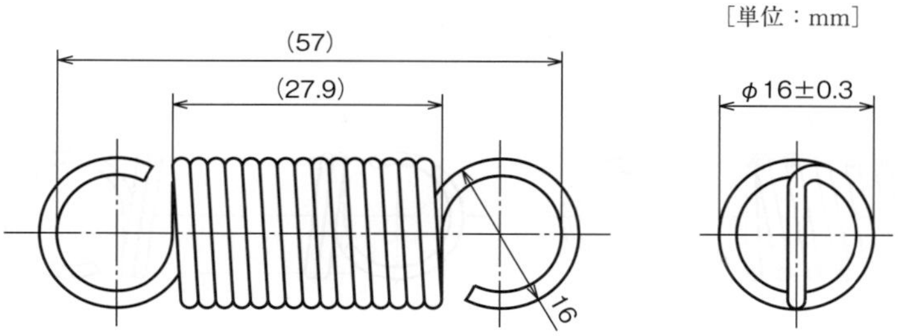

要目表

材料		SUS304－WPB
材料の直径	mm	1.8
コイル平均径	mm	14.2
コイル外径	mm	16±0.3
総巻数		15.5
巻方向		右巻
自由長さ	mm	(57)
ばね定数	N/mm	1.96
許容荷重	N	65.7
許容荷重時高さ	mm	81.1
初張力	N	18.43
フック形状		丸フック
表面処理　成形後の表面加工		－
表面処理　防せい処理		防せい油塗布

図１－65　引張コイルばねの図示例

1.6.1　コイルばねの図示

⑴　図示の一般事項

ばねは，一般的に力の作用がない状態を図示し，自由寸法が参考値の場合，括弧を付けて示す。

図中に示していない寸法，荷重，許容差などの記入しにくい事項については，要目表に一括して表示する（前記図１－64，図１－65）。

なお，要目表に記入する事項と図中に記入する事項は，重複してもよい。

⑵　ばねのすべての部分を図示する場合

コイルばねの正面図は，らせん状となり，複雑な曲線のつながりとなるが，これを簡略して直線で描く。有効部と座の部分との移り部は，ピッチ及び角度が連続して変化しているが，これも簡略して直線で描く（前記図１－64，図１－65）。

⑶　一部分を省略して図示する場合

部品図，組立図などで，両端を除いた同一形状部分を一部省略する場合は，省略する部分のばね材料の断面中心位置を，細い一点鎖線で表す（図１－66)。

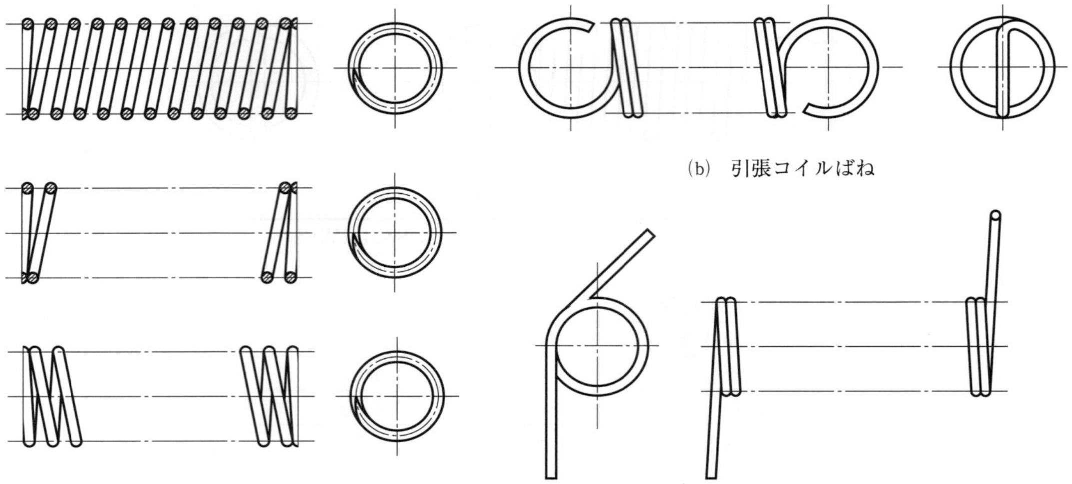

(b)　引張コイルばね

(a)　圧縮コイルばね　　(c)　ねじりコイルばね

図１－66　ばねの一部省略図示例

(4)　種類，形状だけを図示する場合

説明図などに描かれる最も簡単な図示で，ばねの材料の中心線を太い実線で表す（図１－67)。

(5)　断面だけを図示する場合

組立図，説明図などでは，断面だけを表してもよい（図１－68)。

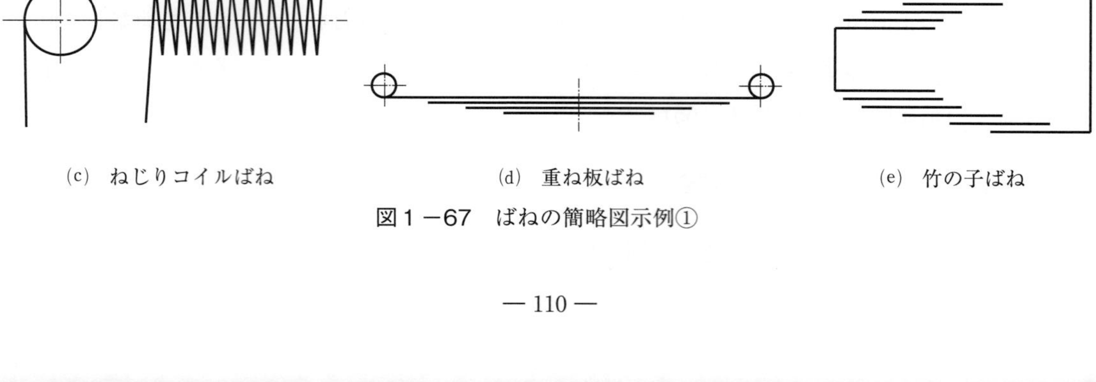

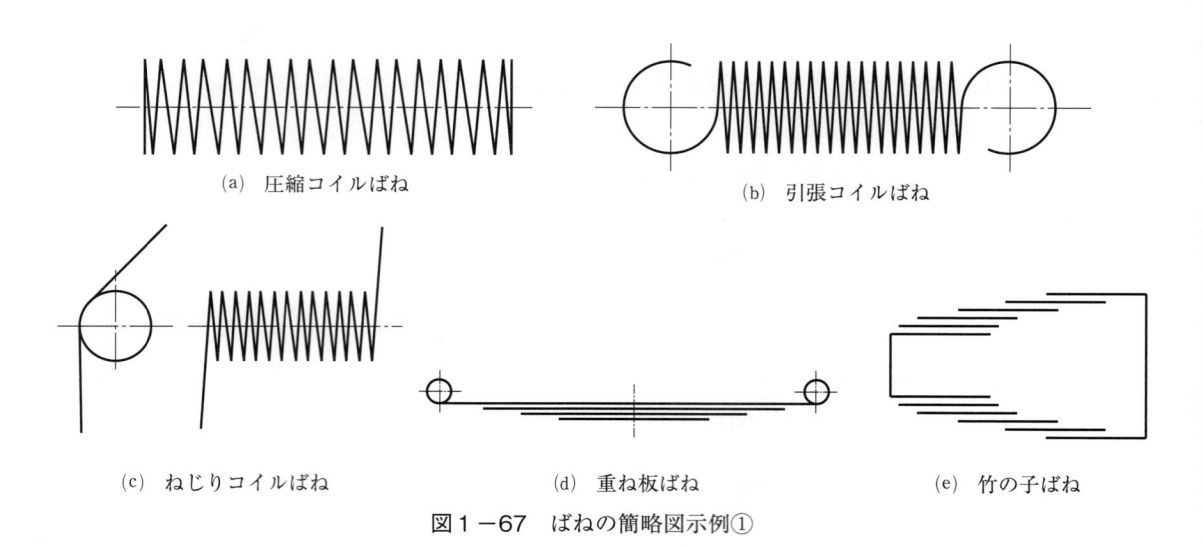

(a)　圧縮コイルばね　　(b)　引張コイルばね

(c)　ねじりコイルばね　　(d)　重ね板ばね　　(e)　竹の子ばね

図１－67　ばねの簡略図示例①

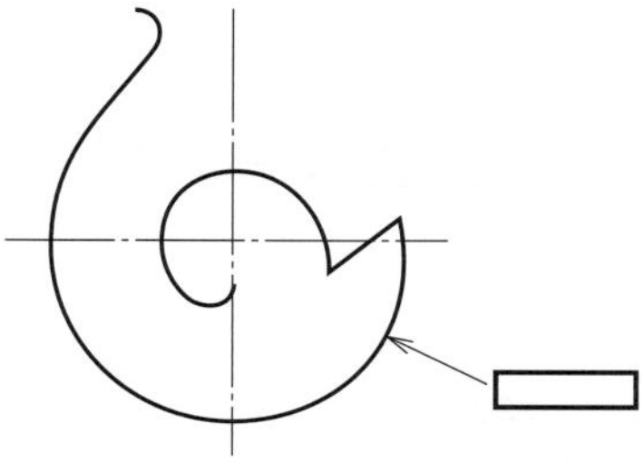

(f)　渦巻きばね

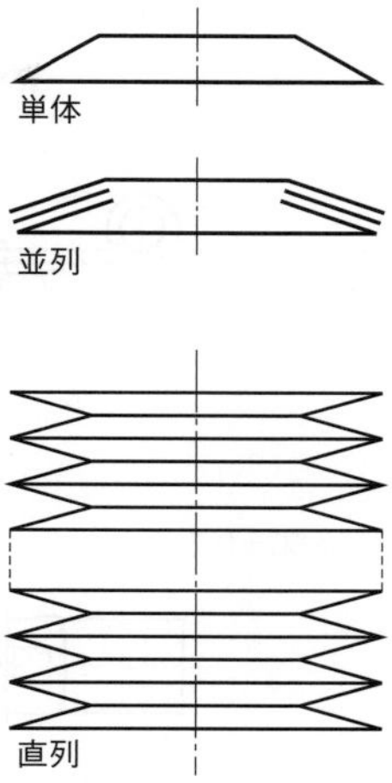

(g)　皿ばね

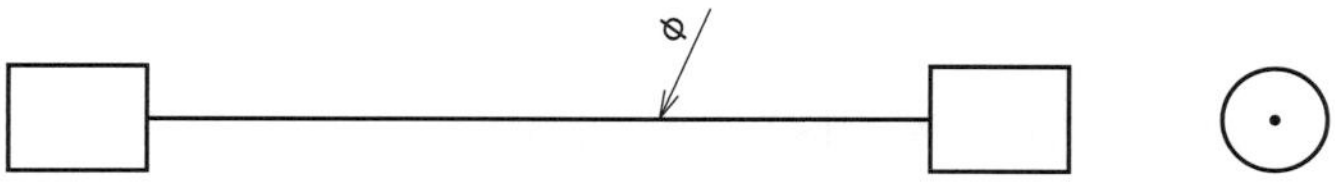

(h)　トーションバー

図１－67　ばねの簡略図示例②

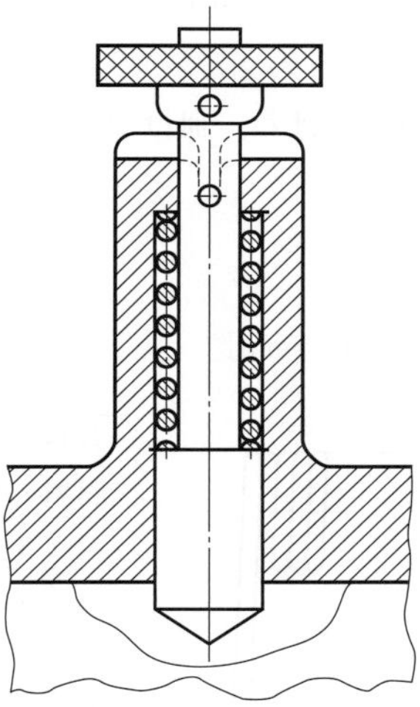

図１－68　ばねの断面だけを図示した例

1.6.2　重ね板ばねの図示

重ね板ばねは，図１－69に示すように，一般にばね板が直線状に変形した状態を図示し，図にその旨を明記する。

また，力の作用がない状態を二点鎖線で示す。

［単位：mm］

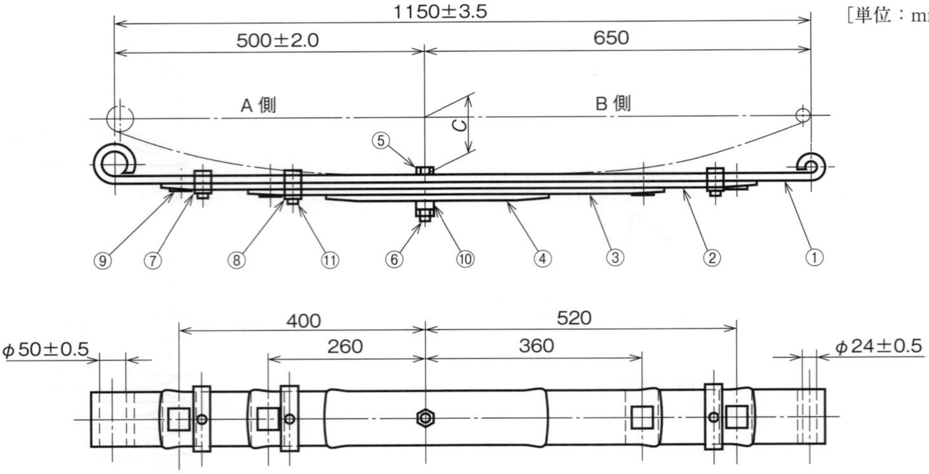

注）当図は，ばね水平時の場合を示す。

図1－69　重ね板ばねの図示例（JIS B 0004：2007）

1.6.3　ねじりコイルばね，竹の子ばね，渦巻きばね，皿ばね，トーションバーの図示

ねじりコイルばね，竹の子ばね，渦巻きばね，皿ばね，トーションバーの図示例を，図1－70～図1－74に示す。

［単位：mm］

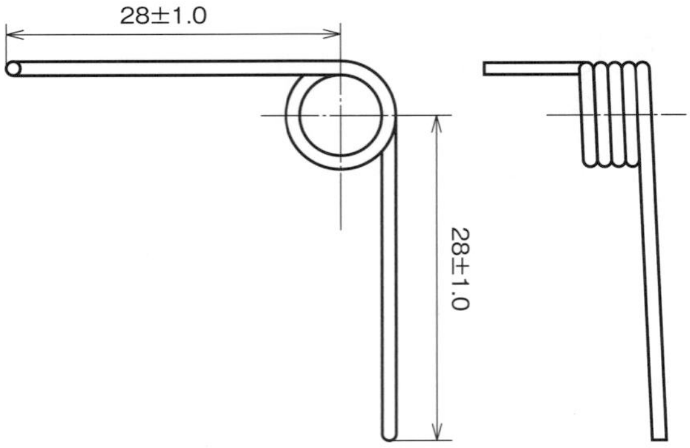

要目表

材料		SUS304－WPB
材料の直径	mm	1.2
コイル平均径	mm	8.2
コイル内径	mm	7±0.2
総巻数		5
巻方向		右巻
自由角度	度	90±10
ばね定数	N·mm/deg	2.34
許容変位量	度	72
表面処理		－

図1－70　ねじりコイルばねの図示例

［単位：mm］

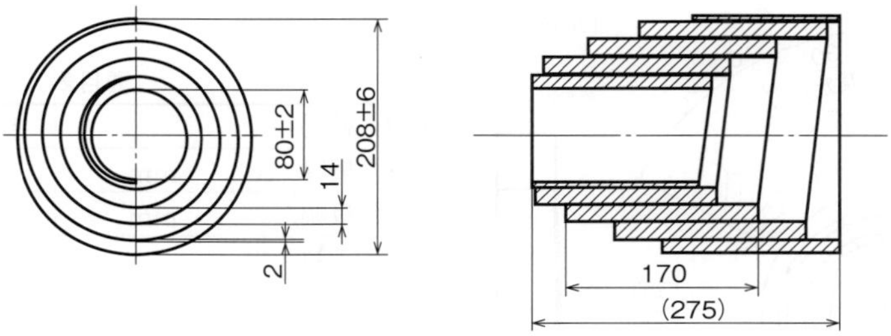

要目表

材料			SUP9又はSUP9A
板厚		mm	14
板幅		mm	170
内径		mm	80 ± 2
外径		mm	208 ± 6
総巻数			4.5
座巻数			各0.75
有効巻数			3
巻方向			右
自由高さ		mm	(275)
ばね定数（初接着まで）		N/mm	1290
指定	荷重	N	−
	荷重時の高さ	mm	−
	高さ	mm	245
	高さ時の荷重	N	39230 ± 15　%
	応力	N/mm²	390
最大圧縮	荷重	N	−
	荷重時の高さ	mm	−
	高さ	mm	194
	高さ時の荷重	N	111800
	応力	N/mm²	980
初接着荷重		N	85710
硬さ		HBW	388〜461
表面処理	成形後の表面加工		ショットピーニング
	防せい処理		黒色エナメル塗装

注1）その他の要目：セッチングを行う
　2）用途又は使用条件：常温，繰返し荷重
　3）1 N/mm² = 1 MPa

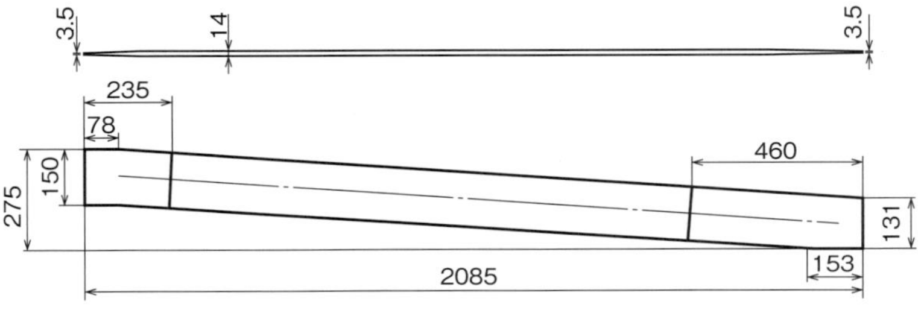

材料展開形状図

図１－71　竹の子ばねの図示例（JIS B 0004：2007）

［単位：mm］

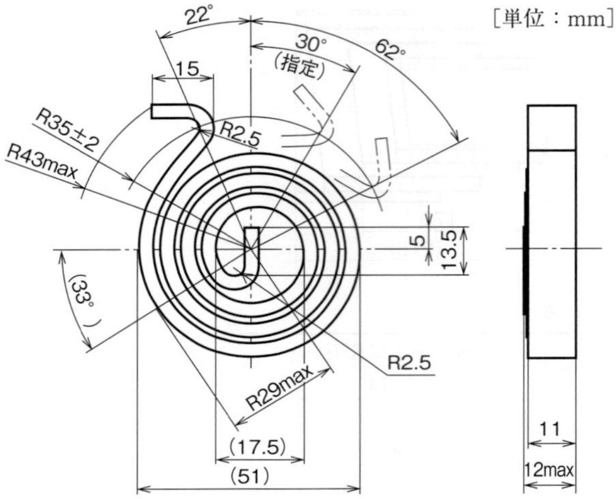

要目表

材料			SWRH62A
板厚		mm	3.4
板幅		mm	11
巻数			約3.3
全長		mm	410
軸径		mm	φ14
使用範囲		度	30～62
指定	トルク	N・mm	7.9±1.2
	応力	N/mm^2	764
硬さ		HRC	35～43
表面処理			りん酸塩処理

注）1 N/mm^2= 1 MPa

図１－72　渦巻きばねの図示例（JIS B 0004：2007）

［単位：mm］

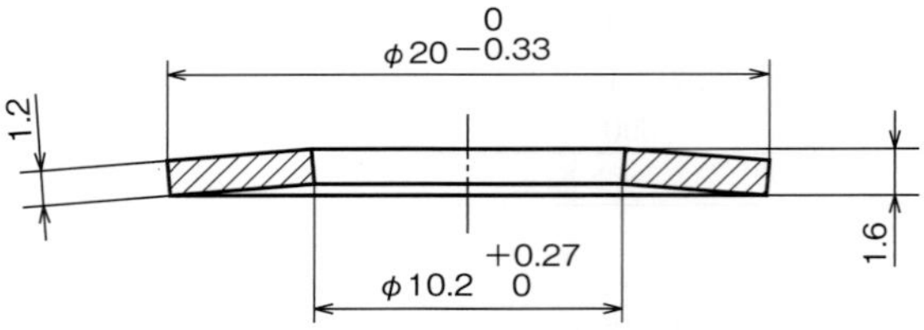

要目表

材料			SAE1060
内径		mm	$10.2^{+0.27}_{0}$
外径		mm	$20^{0}_{-0.33}$
板厚		mm	1.2
高さ			1.6
75％たわみ時	荷重	N	1520
	たわみ量	mm	0.34
	応力	N/mm^2	1295
硬さ		HRC	42～50
表面処理			黒染め

図１－73　皿ばねの図示例

［単位：mm］

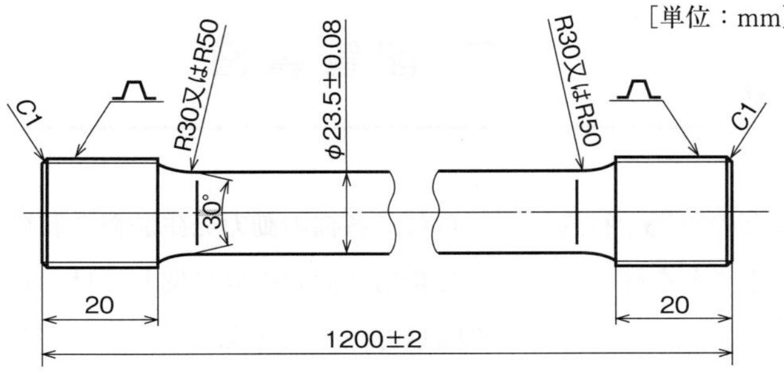

要目表

材料			SUP12
バーの直径		mm	23.5±0.08（熱処理前）
バーの長さ		mm	1200±2
つかみ部の長さ		mm	20
つかみ部の形状寸法	形状		インボリュートセレーション
	モジュール		0.75
	圧力角	度	45
	歯数		40
	大径	mm	30.75
ばね定数		N･m/度	35.8
標準	トルク	N・m	1270
	応力	N/mm^2	500
最大	トルク	N・m	2190
	応力	N/mm^2	855
硬さ		HBW	415～495
表面処理	材料の表面加工		研削
	成形後の表面加工		ショットピーニング
	防せい処理		りん酸塩処理後粉体塗装

注1）その他の要目：セッチングを行う（セッチング方向を指定する場合は，方向を明記する）。
　2）粉体塗装は，セレーション部を除く。
　3）$1\ N/mm^2 = 1\ MPa$

図1－74　トーションバーの図示例（JIS B 0004：2007）

1.7　配管製図

管(くだ)は，液体，気体などの輸送や移動に用いられ，各種の動力発生装置や制御装置などに不可欠なものである。管を配置することを配管といい，配管用図面の作成に関しては，正投影法と等角投影法の二通りがあり，JISでは「製図－配管の簡略図示方法－第1部～第3部」（JIS B 0011 － 1～3）で規定されている。同規格の第1部では，通則及び正投影法，第2部では等角投影法，第3部では換気系及び排水系の末端装置を規定している。

1.7.1　正投影法による配管図

(1)　管などの図示方法

管などを表す流れ線は，管の径には無関係に，管の中心線に一致する位置に1本の太い実線で表す。曲がり部は，簡略化して流れ線を頂点までまっすぐに伸ばしてもよい（図1－75(a)）。ただし，より明確にするために，同図(b)に示す形で示してもよい。

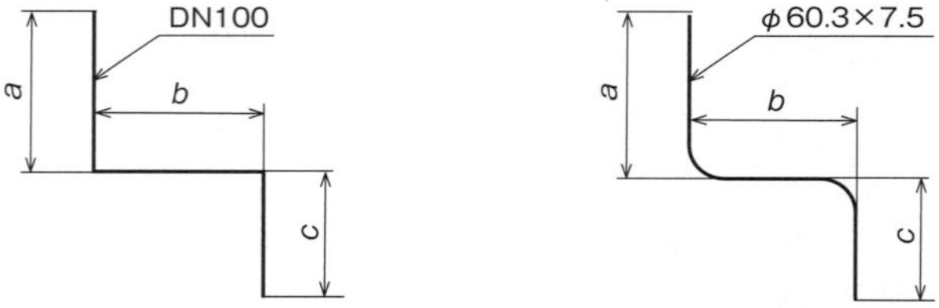

(a)　(b)

図1－75　管の図示方法（JIS B 0011 － 1：1998）

(2)　線の太さ

配管製図においては，管を表す線は，一般的に1種類の太さの線だけを用いる。ただし，2種類以上の太さの線を用いなければならない場合には，それでもよい。その場合，線の太さの相対比は2：$\sqrt{2}$：1とする。

表1－58は，配管製図に用いる線の種類を示したものである。

(3)　寸法記入

配管用鋼管の呼び径の寸法は，図1－75(a)に示したように，呼び径を表す寸法数字の前に短縮記号「DN」を記入する。この「DN」は，メートル法による標準サイズを表している。

また，管の寸法は，同図(b)に示すように，管の外径（d）及び肉厚（t）によって示してもよい。

表１－58　配管製図に用いる線の種類（JIS B 0011 － 1：1998）

線の種類	呼び方	線の適用
A	太い実線	A1　流れ線及び結合部品
B	細い実線	B1　ハッチング
		B2　寸法記入（寸法線，寸法補助線）
		B3　引出線
		B4　等角格子線
C	フリーハンドの波形の細い実線	C1/D1　破断線 （対象物の一部を破った境界，又は一部を取り去った境界を表す。）
D	ジグザグの細い実線	
E	太い破線	E1　他の図面に明示されている流れ線
F	細い破線	F1　床
		F2　壁
		F3　天井
		F4　穴（打抜き穴）
G	細い一点鎖線	G1　中心線
EJ	極太の一点鎖線[(1)]	EJ1　請負契約の境界
K	細い二点鎖線	K1　隣接部品の輪郭
		K2　切断面の手前にある形体

注(1)　線の種類 G の４倍の太さ

そのほかに，管の呼び径については，配管に関する JIS では「A」（メートル法）又は「B」（インチ法）の記号を数字の後に付して区分しているものもある。

(4)　管の交差部及び接続部

接続をしていない交差部分は，図１－76(a)に示すように，通常，陰に隠れた管を表す流れ線に切れ目を付けずに交差させて描く。ただし，ある管がもう１本の管の背後を通らなければならないことを指示することが不可欠な場合には，同図(b)のように，陰に隠れた管を表す流れ線に切れ目を付ける。それぞれの切れ目の幅は，実線の太さの５倍以上とする（同図(c)）。

溶接などの永久結合部は，図１－78 に示すように目立つ大きさの点で表す。点の直径は，線の太さの５倍とする。

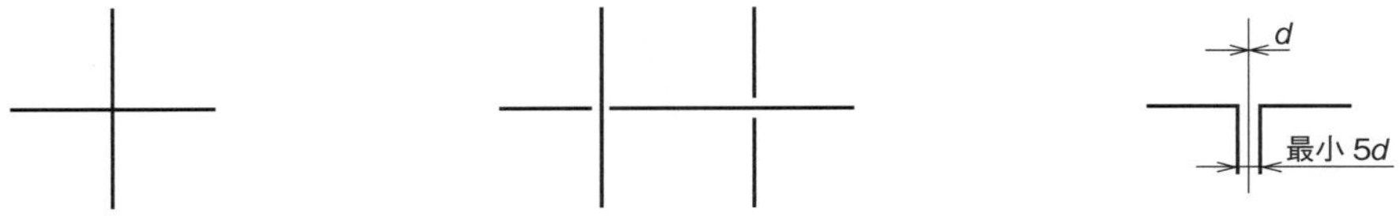

(a)　(b)　(c)

図１－76　管の交差部（JIS B 0011 － 1：1998）

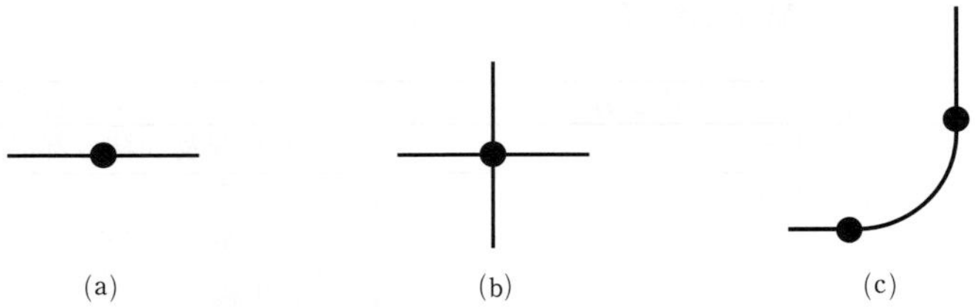

図1－77　管の接続部（JIS B 0011 － 1：1998）

⑸　流れの方向

流れの方向は，図1－78に示すように，流れ線上又はバルブを表す図記号の近傍に矢印で指示する。

図1－78　流れ方向（JIS B 0011 － 1：1998）

1.7.2　等角投影法による配管図

配管は，一般に三次元にわたって施工されるので，製作図や据付け図には，三次元にわたる情報が盛られていることが要望される場合がある。このようなときは，等角投影図による配管図を用いればよい。

この場合，個々の管又は組み立てられた管の座標は，据え付け全体に対して採用された座標によるのがよく，その座標を図面上又は付属文書中に指示しなければならない。

配管の図示方法としては，座標軸に平行に走る管は，特別な指示を行わず，その軸に平行に描く。座標軸方向以外の方向に斜行する管の場合には，図1－79に示すように，ハッチングを施した補助投影面を用いて表すことが望ましい。

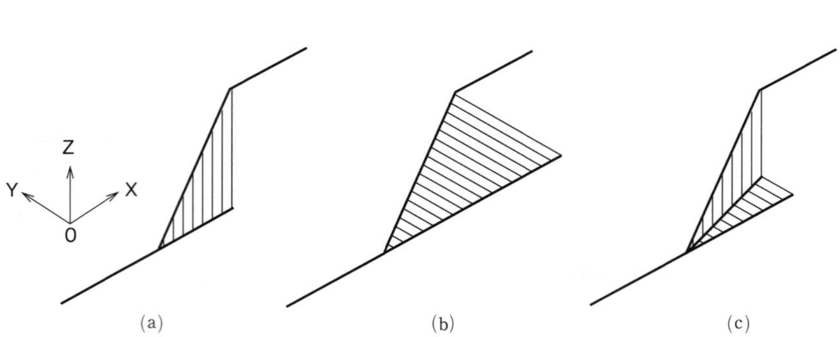

図1－79　等角投影法による配管図（JIS B 0011 － 2：1998）

第１章　章末問題

［１］ 次の文章の空白の各項目に，用語又は数値を記入せよ。

① 軸受には，転がり接触をする（　a　）と軸と軸受が滑り接触する（　b　）に大別できる。

② 軸の中心線に対して直角に作用する荷重を主として支える軸受を（　c　）といい，軸方向に作用する荷重を主として支える軸受を（　d　）という。

③ 転がり軸受の呼び番号 6308 から，転がり軸受の形式は，（　e　）であり，内径寸法は，（　f　）mm である。

④ 転がり軸受の基本簡略図示法は，四角形及び四角形の中央に直立した（　g　）で示す。

⑤ 滑り軸受には，軸との接触部に（　h　）が用いられることが多い。

⑥ 歯の大きさを表すには，（　i　）とピッチがある。

⑦ モジュール３歯数 20 枚とすると，基準円直径は（　j　）mm である。

⑧ 歯数が 17 枚以下で，ラック工具を少し離して製作された歯車を（　k　）歯車という。

⑨ 歯車は軸に直角方向から見た図を（　l　）図，軸方向から見た図を（　m　）図として図示される。

⑩ 歯車の外形図の主投影図において，歯先円は（　n　）で，基準円は（　o　）で表す。

第２章
図面管理

２．１　図面管理について

図面は，読図者に対して設計意図を完全に伝えるものであり，特に顧客やそのほかの生産に関わる外部関係者に対しては，設計情報を伝えるものでなければならない。したがって，図面は企業における貴重な技術財産でもある。

このような重要な図面は，機械を製作するときに使用されるばかりでなく，それに関連する他の作業にも広く利用されるものである。そのため，図面の保管と運用に当たっては，必要に応じて直ちに出し入れができるよう，常に十分な管理がなされていなければならない。

また，CAD 図面の場合は，印刷された図面とともに，その元となるデータも同様に管理されなければならない。このような一連の事項が図面管理である。

２．２　図面作成から出図までの流れ

図面作成から出図までの一般的な流れについて述べる（図２－１）。

出図（登録された図面を発行すること）するためには，作成した図面が正しく描けているか，その図面で製作して問題がないかどうかを確認する必要がある。これを**検図**という。初めから完全で誤りのない図面を作成することは難しく，不完全な図面をそのまま出図すると製作工程上の混乱や損失，顧客など関係者との信頼関係を失うことになるため，検図を行い，出図する前に誤りを修正することが重要である。

設計・製図者は，図面作成後，まず，自己検図を行う。自己検図のポイントは，客観的に図面を確認することである。チェックリストなどを使用して確認することも効果的である。第三者任せではなく，自分自身で誤りに気付くことができるように，設計・製図者の力量を備える必要がある。

次に，上司など第三者による検図が行われ，承認者による確認を経て，図面が承認される。ここまでの間にミスが見つかれば，その度に設計・製図者まで戻され，図面を修正することとなる。

承認された図面は，原図として登録され，各必要部門へ複写して出図される。登録された原図は，原図倉庫などに紙で保管される場合もあるが，現在ではCADを使用して作成されたものについては，図面管理システムを使用して電子ファイルで保管する場合が多い。

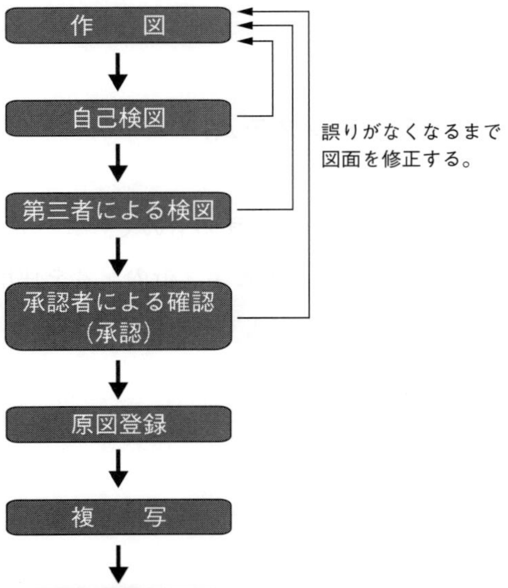

図２－１　図面作成から出図までの流れ

2.3 図面番号

図面には，簡単な部品図から複雑な組立図に至るまでいろいろな内容のものがあり，大量の図面を管理するためには，名称よりも図面番号が重要な役割を果たす。図面番号は，図面の分類や管理の基本となるもので，その番号の取り方が適切であるかどうかが，関連する部門の事務管理能率に著しい影響を及ぼす。

また，各種の管理事務が機械化され，さらにコンピュータを中心とした管理システムに発展しているため，製造管理の対象となる図面番号も，これに適したものでなくてはならない。

一般に用いられている図面番号は，数字だけのもの，数字とアルファベットの組み合わせなどにより，次の二つの形式に大別することができる。

2.3.1 一連番号方式（ユニバーサルシステム）

部品図，部品組立図，組立図又は機種番号，記号別の一連番号を，図面ができた順序に付ける方式である。

〔例〕

12　3456
- 3456：一連番号
- 12：工場別番号

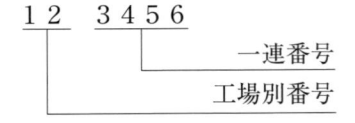

2.3.2 体系番号方式（コーデッドシステム）

製品，機種内容，部品などのコード化を目的とするもので，コード式の図面番号は，他の図面と区別する機能と，分類する機能をもつ。最初の桁と第2桁の記号を使用して，その図面の概要を表示し，その後に最小分類内の一連番号を与える方式である。

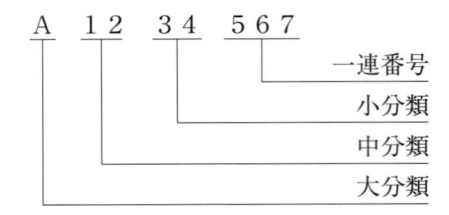

〔例〕

A　12　34　567
- 567：一連番号
- 34：小分類
- 12：中分類
- A：大分類

2.4 原図管理

企業は製品を開発し，その製品をユーザーが使用する際の安全性に対し責任がある。したがって，製品やユーザーへの対応方法を検討するためには，その製品を製作するために用いた図面が不可欠である。そのため，その原図は長期間保管する必要がある。

一般には，原図を保管するための原図保管庫があり，原図借用伝票の記入によって検索して，原図の出し入れを行う。原図は，折り目が付かないように広げたままか，巻いて保管するのがよい。

2.5　図面管理システム

原図は，「紙」によって管理している場合もあるが，図面管理システムを導入し，データとして管理する場合もある。ペーパーレス化することで，図面の経年劣化による影響がないこと，保管スペースの削減，印刷コストの削減などが期待できる。

さらに，図面管理システムを導入することのメリットとして，次のことが挙げられる。

①　図面作成ソフト（CAD）との連携

設計変更や流用設計のときに，目的のCADデータを検索し，使用できる。

また，CADから直接システムに図面を登録することで，手間を省き，登録する図面の誤りを防ぐことができるものもある。

②　図面データの共有管理

設計部門や生産部門など，様々な部門の担当者で図面を共有し，閲覧することができる。既に存在する図面を再度作成するなどの二度手間を防止できる。

③　図面情報の一元管理

図面だけではなく，作業手順書や発注先情報など，関連したデータを紐付けて管理することができる。

④　検索時間の短縮

大量の紙の図面の中から目的の図面を探すには時間が掛かるが，データとして管理しておくことで，検索時間が削減できる。

また，更新履歴なども併せて管理しておくことで，最新の図面であるかどうかを確認することもできる。

しかし，システムで管理する場合は，情報漏洩防止のためにアクセス制限の設定やコピーの禁止など，セキュリティ強化も必要になる。

2．6　図面の変更・訂正

2.6.1　変更手続き

図面の変更は，企業の活動に極めて大きな影響を与える。特に設計不良に起因する図面の変更は，製作工程上の混乱，損失のみならず，設計部門への不信感を生むことにもなり，問題が多い。

また，図面変更をする度に，設計・製図者及び関係技術者は，多くの時間を費やす結果となり，業務効率を著しく低下させ，さらには付帯業務の増加に伴い諸経費が増大する。

したがって，出図後の図面変更は全くないことが望ましいが，一般に次のような場合に図面の変更が行われる。

① 計画・仕様の変更

② 設計・製図の不良

③ 原価低減

④ 法規変更による図面変更

例えば，計画・仕様の変更は，受注生産のときに多く生じ，顧客↔営業↔設計者間における受注の際の誤解や，打ち合わせ不足による場合と，顧客の都合による変更の場合がある。いずれにしても計画・仕様の変更は，多くの図面変更を発生させる原因となる。

図面変更を減少させるためには，設計部門，図面管理部門，製造部門のそれぞれが協力して，次の事項について対応する必要がある。

① 開発・新規設計は，十分な試作を行って，性能上の検討並びに製作上の問題点を解決し，これを図面上に反映する。

② 図面は，必ず検図を行ってから出図する。

③ 製図作業を標準化し，簡略製図法の採用や，第二原図（原図を複写したもの）の活用によって作図を簡素化し，製図の誤りを少なくする。

④ 生産技術に関する組織的な検図部門の強化を行う。

⑤ 設計・製図者の教育を行う。

また，顧客へ卸す製品の図面変更は，自社だけの問題ではない。基本的には，製品を納める側は，一度承認された図面などを勝手に変更することはできない。例えば，自動車業界などでは，「生産部品承認プロセス（PPAP）」という製品を顧客へ納めるために承認してもらう手続きがある。そのため，製品の図面変更などは定められた手順に沿って，双方の合意の下で行わなければならない。

2.6.2　図面の訂正・変更の仕方

出図後に図面の内容を変更したときは，変更箇所に適当な記号を付記し，変更前の図形，寸法などは適切に保存する。ただし，寸法の変更に伴い，対象となる図形が自動的に修正される場合は，この限りではない。いずれの場合も，変更の日付や理由などを明記し，図面管理部署へ届け出る（図２－２）。

なお，明記する方法として，図面に変更欄を設けている場合がある（図２－３，巻末の付図参照）。

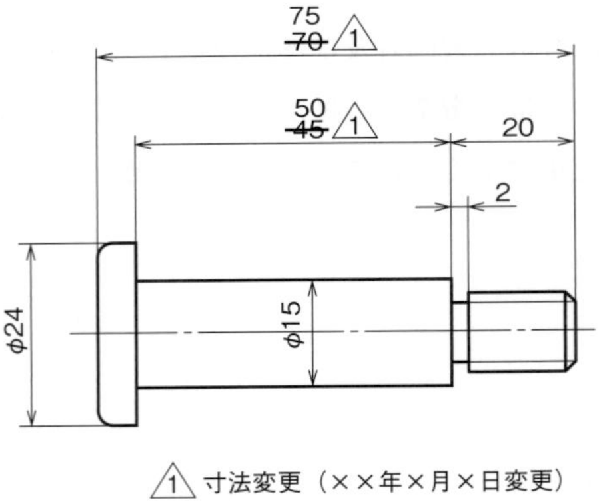

図２－２　図面の変更例（図形を修正しない寸法の変更）（JIS B 0001：2019）

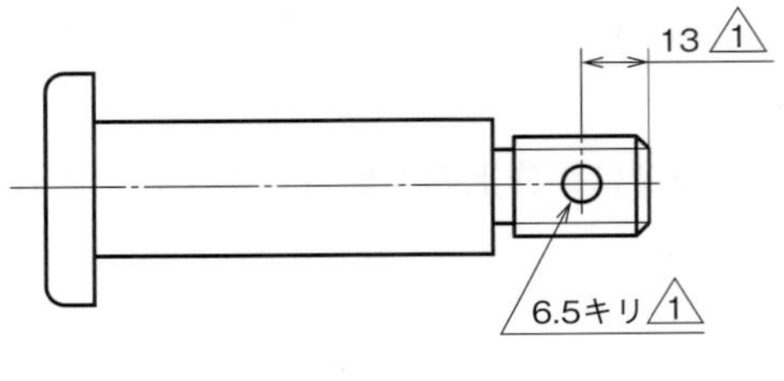

変更履歴			
記号	内容	日付	担当
△1	円筒穴を追加	YYYY-MM-DD	

図２－３　図面の変更例（形状の追加変更と変更履歴欄）（JIS B 0001：2019）

第２章　章末問題

［1］　下図を，変更内容に従って修正せよ。
また，変更内容は，変更履歴欄へ記入せよ。

〈変更内容〉

① フランジ厚 10 mm を 15 mm に変更。

② 6.5 キリの穴を 4 個から 8 個に変更（等間隔に配置すること）。

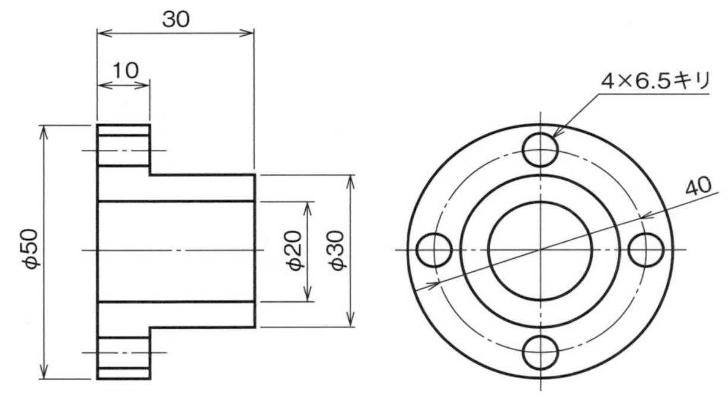

変更履歴			
記号	内容	日付	担当

第３章
熱処理及び表面処理

3.1 熱 処 理

3.1.1 鋼の熱処理

(1) 鋼の熱処理

熱処理とは，金属などの素材を加熱後に冷却することによって機械的性質を変化させることである。鉄鋼材料は，熱処理によって柔らかくしたり，硬くしたりすることができる。適切な熱処理をすることによって，製品や部品の寿命を延ばすことも可能となる。適切な熱処理を施さなければ，部品が折れる，曲がる，摩耗が進み著しく寿命が短くなるなどの不具合が生じることがある。

熱処理には，次に示す方法がある。

① 焼ならし

焼ならしとは，前加工の影響を除去し，結晶核を微細化して，機械的性質を改善することである。鉄鋼の焼ならし加工は，JIS B 6911 に規定されている。

② 焼なまし

焼なましとは，適切な温度に加熱及び均熱した後，室温に戻ったときに，平衡に近い組織状態になるような条件で冷却する熱処理であり，残留応力を除き時間経過による変形を少なくする処理のことである。

③ 焼入れ

焼入れとは，加熱後急冷することによって素材の表面硬度を高める処理のことである。

④ 焼戻し

焼戻しとは，じん（靭）性をもたせたり，機械的性質を調整したりすることである。

熱処理のほか，機械的性質を改善するために表面硬化処理や表面処理がある。

図面上で熱処理の指示をすることによって，設計者の意図に従った必要十分な機械的性質をもち，かつ，ばらつきのない部品を製作することが可能となる。

(2) 加 工 指 示

図面上に熱処理方法を指示する場合は，注記，規格番号，処理技術仕様書などを表題欄や注記として記載する。

図面には，焼入れ硬度と硬度範囲，焼入れ深さ（必要な硬度の深さ），焼入れ後表面性状，加工方法など，必要な情報を記載する必要がある。機械部品などの焼入れ硬度は，硬さを表す指標の一つであるロックウェルＣスケール硬さ（HRC）により指示することが多い。焼なまし，焼入れ，焼戻しなど，一連の熱処理が必要な場合も図面に詳しく記載する。

図３－１に図面例を示す。

特殊な加工を施す部分など，特別な要求事項を適用すべき範囲を表すには，特殊指定線を用いる。特殊指定線は，太い一点鎖線を使用する。

図面中の特定の範囲又は領域を指示する場合は，太い一点鎖線でその範囲を囲む（同図(a)）。

対象物の一部分に特殊な加工を施す場合は，外形線に平行でわずかに離して引いた太い一点鎖線によって示す（同図(b)）。範囲を示す場合は，区間指示記号を使用して示す（同図(c)）。

加工処理範囲を限定する場合は，太い一点鎖線を用いて位置及び範囲の寸法を記入し，加工，表面処理などの要求事項を指示する（同図(d)）。

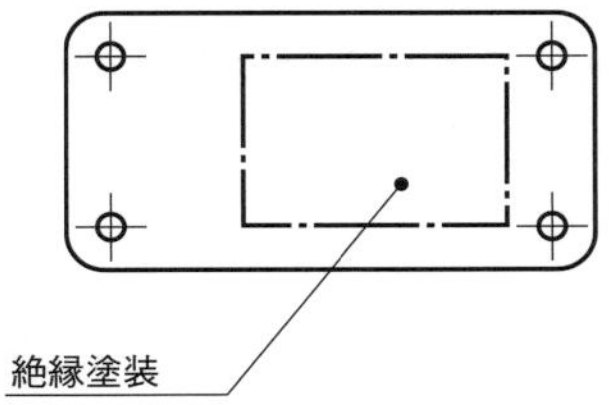

(a)　限定範囲の図指例①

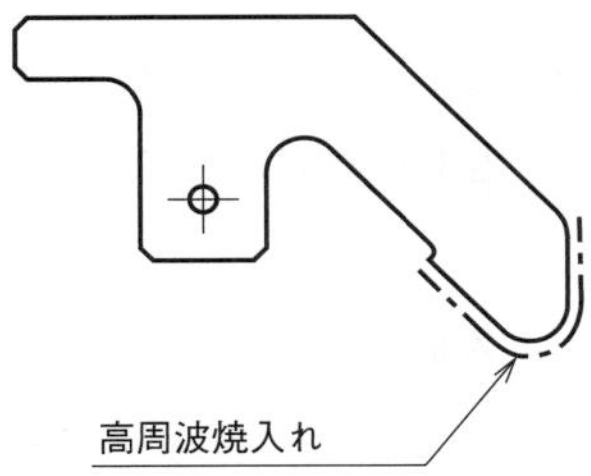

(b)　限定範囲の図指例②

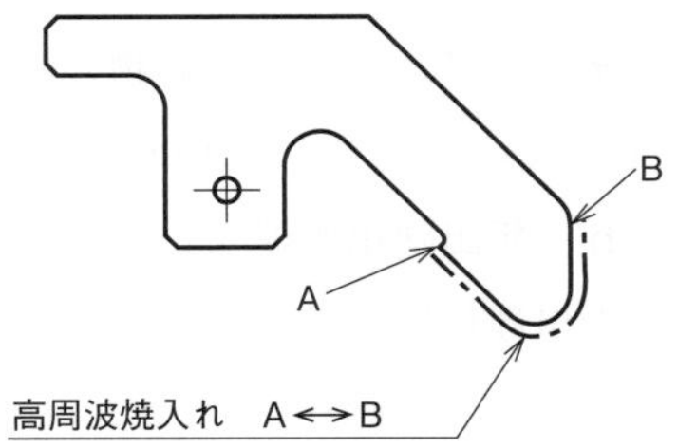

(c)　限定範囲の図指例③

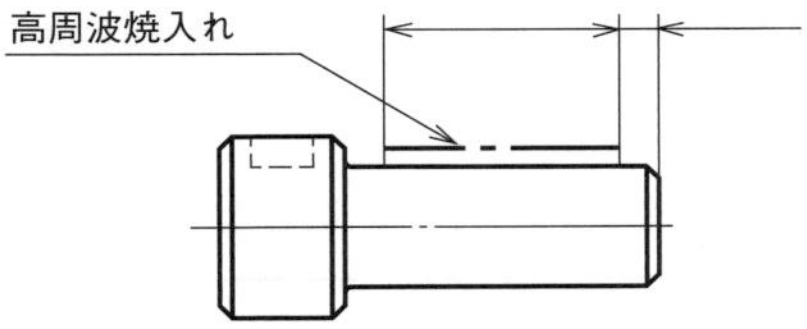

(d)　加工処理範囲の表示例

図３－１　作図図面例

(3) 記　　号

熱処理の主な記号を，表３－１に示す。

表３－１　加工記号の例（JIS B 0122：1978 参考）

記　号	加工方法
HNR	焼ならし
HA	焼なまし
HAF	完全焼なまし
HQA	オーステンパ
HC	浸炭
HCN	浸炭浸窒
HNT	窒化
HAM	可鍛化焼なまし

記　号	加工方法
HQ	焼入れ
HQP	プレス焼入れ
HQM	マルテンパ（マルクエンチ）
HSZ	サブゼロ処理
HAH	拡散焼なまし
HAS	球状化焼なまし
HNTS	軟窒化
HT	焼もどし

記　号	加工方法
HTP	プレス焼戻し
HG	時効
HASF	軟化焼なまし
HAR	応力除去焼なまし
HQI	高周波焼入れ
HQF	炎焼入れ
HQST	固溶化熱処理

⑷　熱処理と適用される金属材料

熱処理に適した金属材料の例を，表３－２に示す。金属材料によって施される熱処理には，次に述べるとおり溶体化処理（固溶化熱処理），析出硬化処理，時効硬化処理などがあり，必要に応じて図面に指示をする。

a　溶体化処理（固溶化熱処理）

溶体化処理とは，高温にしてから急速に冷却させる処理のことで，冷間加工，溶接で生じた内部応力を除去し，劣化した耐食性を復活させるなど，鋼組織の改善のために行う処理方法であり，オーステナイト系のステンレスに使用される。

また，アルミニウム鋳物の熱処理工程の一つで，約500℃で鋳物を加熱してアルミ合金中のCuやMgの溶け込んでいない元素を均一に溶け込ませる処理のことである。

b　析出硬化処理

析出硬化処理とは，析出硬化系ステンレス鋼の鋼中に溶け込んだ炭化物を析出させ，硬度を上げる処理のことである。

c　時効硬化処理

時効硬化処理とは，時間とともに硬さなどの機械的性質が変化する特性をもつ材料に温度を加えて，時間変態を促進させる処理のことである。硬さを変化させる目的で行う。

表３－２　熱処理とそれに適した金属材料

<table>
<tr><th colspan="2">熱処理</th><th>金属材料</th></tr>
<tr><td rowspan="3">焼なまし</td><td>完全焼なまし</td><td>鉄鋼材料全般</td></tr>
<tr><td>球状化焼なまし</td><td>機械構造用鋼・工具鋼</td></tr>
<tr><td>低温焼なまし</td><td>鉄鋼材料全般・非鉄金属材料全般</td></tr>
<tr><td colspan="2">焼ならし</td><td>機械構造用鋼</td></tr>
<tr><td colspan="2">焼入れ</td><td>機械構造用鋼・工具鋼</td></tr>
<tr><td rowspan="4">焼戻し</td><td>100 ～ 200℃</td><td>工具鋼</td></tr>
<tr><td>400 ～ 450℃</td><td>バネ鋼・炭素工具鋼</td></tr>
<tr><td>450 ～ 650℃</td><td>機械構造用鋼</td></tr>
<tr><td>500 ～ 600℃</td><td>高速度工具鋼・ダイス鋼</td></tr>
<tr><td colspan="2">サブゼロ処理</td><td>工具鋼全般・マルテンサイト系ステンレス鋼</td></tr>
<tr><td colspan="2">溶体化処理（固溶化熱処理）</td><td>オーステナイト系ステンレス鋼
析出硬化系ステンレス鋼・マルエージング鋼
アルミニウム合金・銅合金</td></tr>
<tr><td colspan="2">析出硬化処理</td><td>析出硬化系ステンレス鋼・マルエージング鋼</td></tr>
<tr><td colspan="2">時効硬化処理</td><td>アルミニウム合金・銅合金</td></tr>
<tr><td rowspan="2">等温熱処理</td><td>オーステンパ</td><td>機械構造用鋼・ばね鋼・工具鋼</td></tr>
<tr><td>マルテンパ</td><td>機械構造用鋼・工具鋼</td></tr>
</table>

(5) 表面熱処理の種類と付与される特性

熱処理することによって付与される特性の一覧を，表３－３に示す。
図面には，焼入れする種類とともに焼入れをする範囲を示す。

表３－３　表面処理と付与される特性

表面処理	表面処理方法	付与される特性
表面焼入れ	高周波焼入れ	耐摩耗性・耐疲労性
	炎焼入れ	
	レーザ焼入れ	
	電子ビーム焼入れ	
非金属元素の拡散浸透処理	浸炭焼入れ	耐摩耗性・耐疲労性
	浸炭窒化焼入れ	耐摩耗性・耐疲労性
	窒化処理	耐摩耗性・耐疲労性
	軟窒化処理	耐摩耗性・耐疲労性
	サルファライジング（浸硫処理）	摺動性・耐焼付性
	浸硫窒化処理	摺動性・耐焼付性
	ポロナイジング（浸ほう処理）	耐摩耗性・耐焼付性
	水蒸気処理（ホモ処理）	耐食性・耐焼付性
金属元素の拡散浸透処理	アルミナイジング	耐食性・耐高温酸化
	クロマイジング	耐食性・耐摩耗性
	炭化物皮膜処理	耐摩耗性・摺動性

3.2 表面処理

3.2.1 電気めっき

めっきの種類は，湿式めっき，乾式めっきと溶融めっきがあり，湿式めっきには電気めっきと無電解めっきがある。乾式めっきには，物理的蒸着方式と化学的蒸着方式がある。溶融めっきには，亜鉛などの溶融金属中に鉄などの金属を浸して表面に亜鉛を付着させたものなどがある。めっきの方法ごとにそれぞれ優れた特性をもっている。

ここでは，電気めっきについて述べる。

電気めっきとは，材料がもたない表面特性を付与するために，特性をもった金属を被覆することである。電気めっきは，金属材料，プラスチック，セラミックに施すことが可能である。表3－4にめっきの種類と適用される材料を示す。

電気めっきによって得られる機能には，防食，装飾，耐摩耗性の付与，電気特性の付与，光・熱特性の付与などがある。

図面に指示する場合は，注記，規格番号，処理技術仕様書などを表題欄や注記として記載する。

JIS B 0122：1978に規定されているめっきに関連する表面処理及び記号には，陽極酸化（SA），硬質陽極酸化（SAH），クロメート処理（SCHC），りん酸塩処理（SCHP），着色（SO），黒染め（SOB），めっき（SPL），無電解めっき（SPLEL），イオンめっき（SPLI），溶融めっき（SD），金属溶射法（SM）などがある。

表3－4　めっきの種類と適用される材料

めっきの種類	適用素材
銅	鉄鋼，亜鉛，アルミニウムの合金等
ニッケル	鉄鋼，銅，亜鉛，アルミニウムの合金等
クロム	鉄鋼，銅，亜鉛，アルミニウムの合金等
亜鉛	鉄鋼，鋳鉄
カドミウム	鉄鋼，鋳鉄，銅合金
錫	鉄鋼，鋳鉄，銅合金
錫－鉛	鉄鋼，鋳鉄，銅合金
銀	鉄鋼，銅，亜鉛合金，ステンレス鋼
金	各種素材，ステンレス鋼
鉛	鉄鋼，鋳鉄，銅合金
鉄	鉄鋼，銅合金，アルミニウム
黄銅	鉄鋼，銅合金
無電解ニッケル	非導電性材料を含む各種素材
複合めっき（Ni-Sic等）	鉄鋼，銅，亜鉛，アルミニウム合金

注）カドミウム，鉛等を含むものは，環境，健康に影響を及ぼす可能性があるため関連する法律や規則に十分留意する必要がある。

(1)　電気めっきの記号による表示方法

電気めっきの記号は，JIS H 0404：1988（一部無電解めっきが含まれる）に規定されているとおり，図3－2に示す順序で表示する。

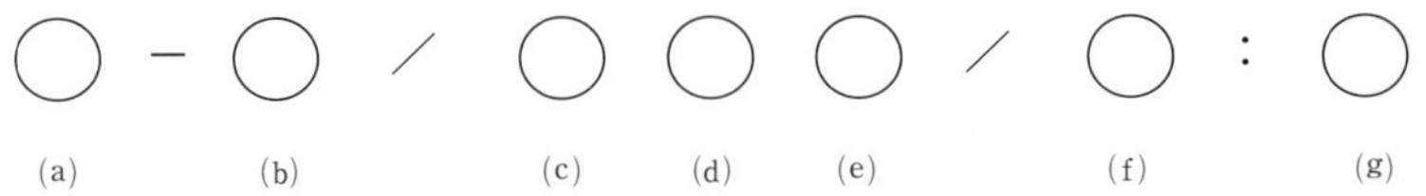

(a)　電気めっきを表す記号　(c)　電気めっきの種類を表す記号　(f)　後処理を表す記号
(b)　素地の種類を表す記号　(d)　電気めっきの厚さを表す記号　(g)　使用環境を表す記号
(e)　電気めっきのタイプを表す記号

図3－2　電気めっきの記号の表し方

a　電気めっきを表す記号

図3－2(a)の電気めっきを表す記号は，Ep 又は SPLE である。無電解めっきは，ELp 又は SPLEL で表す。

b　素地の種類を表す記号

同図(b)は，素地が金属のときは金属の元素記号，素地が合金のときは主成分金属の元素記号を用いる。

〔記号の例〕

Fe（鉄，鋼などの鉄合金），Al（アルミニウム，アルミニウム合金），
Cu（銅，銅合金），PL（プラスチック），Zn（亜鉛，亜鉛合金），CE（セラミック）

c　電気めっきの種類を表す記号

めっきの種類を表す記号（同図(c)）は，その元素記号，合金めっきの場合は合金を構成している主な元素の元素記号で表す。主要な合金元素の組成を示す場合は，その質量％の数値を元素記号の次に括弧を付けて表す。

d　電気めっきの厚さを示す記号

めっきの厚さ（同図(d)）は，最小厚さを μm 単位の数字で表す。

e　電気めっきのタイプを表す記号

電気めっきのタイプを表す記号（同図(e)）の例を次に挙げる。

〔記号の例〕

b（光沢めっき），s（半光沢めっき），cf（クラックフリーめっき），v（ビロード状めっき），n（非平滑めっき），mc（マイクロクラックめっき），m（無光沢めっき），cp（複合めっき），mp（マイクロポーラスめっき），bk（黒色めっき），d（二層めっき），t（三層めっき），r（普通めっき）

f　後処理を表す記号

後処理を表す記号（図３－２(f)）の例を次に挙げる。

〔記号の例〕

HB（水素除去のベーキング），PA（塗装），CM1（光沢クロメート処理），DH（拡散熱処理），CL（着色），CM2（有色クロメート処理），AT（変色防止処理）

g　使用環境を表す記号

同図(g)には，装飾，防食などの目的で使用する場合に，その使用環境を示す。

使用環境を表す記号の例を次に挙げる。

〔記号の例〕

A（腐食性の強い屋外環境），B（通常の屋外環境），C（湿度の高い屋内環境），D（通常の屋内環境）

(2)　表　示　例

電気めっきの記号例を図３－３に示す。

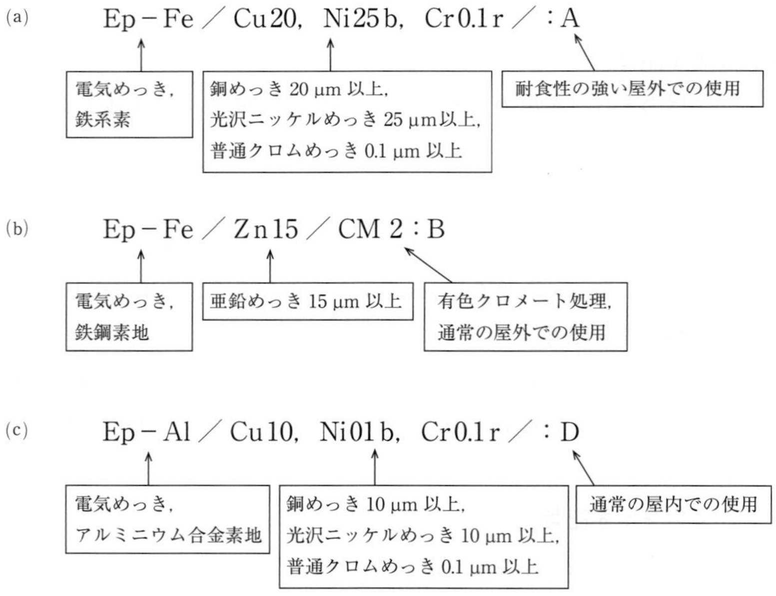

図３－３　電気めっきの記号例

3.2.2 塗　　　装

塗装は，金属などの表面に塗料を塗布し，金属がもたない機能を付与するために使用される。塗装によって，美観・意匠性の確保，素材の保護，機能付加（耐熱性，潤滑性）などが可能となる。

JIS B 0122：1978で規定されている塗装に関連する表面処理及び記号には，塗装（SPA），静電塗装（SPAES），浸せき塗装（SPAD），粉体塗装（SPAP），電着塗装（SPAED）がある。

⑴　塗料の種類

塗料の種類には，有機溶剤が入った塗料と水性塗料とがある。

合成樹脂系塗料には，エポキシ樹脂塗料，ウレタン樹脂塗料，フッ素樹脂塗料，ポリエステル樹脂塗料，メラミン樹脂塗料，シリコーン樹脂塗料，アクリル樹脂塗料がある。

天然油樹脂塗料には，油性塗料があり，繊維素塗料には硝酸繊維素塗料がある。

⑵　塗　装　色

塗装色を指示する場合には，色見本を使い図面指示する方法や，マンセル表色系を使って指示する方法がある。マンセル表色系は，色相，明度，彩度の三つの属性の段階で色を表す（図３－４）。

a　色　　　相

赤（R），黄色（Y），緑（G），青（B），紫（P）を基本色とし，ほかに黄赤（YR），黄緑（GY），青緑（BG），青紫（PB），赤紫（RP）を加えた10色で色相を表す。

b　明　　　度

明度は，黒の明るさを０，白の明るさを10とし，明るさが均等に変わる度合いを数値で表す。

c　彩　　　度

彩度は，無彩色の彩度を０とし，そこからどれくらい離れているか数値で表す。最高彩度は，色相によって異なる。

(a)　有彩色の場合

５R　５　／　８

①　②　③

①　色相：赤で色味段階５
②　明度：明るさ段階５
③　彩度：段階８

(b)　無彩色の場合

N　／　１

①　②

①　色相がないためNを使用する
②　明度：明るさ段階１

図３－４　マンセル表色系の表示例

3.2.3 蒸　　着

蒸着は，金属材料などの表面に蒸発した金属を被覆させ，元の材料がもたない機能を付与するものである。金属を気化させ対象物に皮膜を形成する点が電気めっきと異なる。

蒸着は，金属や，非金属であるガラス，プラスチックなどにも施すことが可能である。電気めっきは，液中で電子の移動が可能でなければできないが，蒸着にはその制約がない。

図面には，注記や表題欄に処理内容を記入する。

なお，JIS B 0122：1978で規定されている蒸着に関連する表面処理及び記号には，被覆法（SCT），スパッタリング（SSP），セラミックコーティング（SCTC），蒸着（SVD）がある。

(1) 蒸着の分類

蒸着には，物理蒸着（PVD）と化学蒸着（CVD）がある。

物理蒸着には，①真空蒸着方法，②イオンプレーティング方法，③スパッタリング方法などがある。化学蒸着には，①熱化学反応方法，②プラズマCVDがある。

表３－５に，物理蒸着（PVD）と化学蒸着（CVD）における皮膜の種類と用途を示す。

表３－５　皮膜の種類と用途

被　膜	用　途
TiN	切削工具，金型，装飾品
CrN	機械部品，金型
TiN	切削工具
TiCN	切削工具，金型
ZrN	装飾品
DLC	切削工具，金型，機能皮膜

注）DLC：ダイヤモンドライクカーボンの略

第３章　章末問題

［1］ 鋼の焼入れ，焼なまし，窒化の熱処理記号は何か述べよ。

［2］ 耐摩耗性・耐疲労性を付与する表面焼入れをする場合，図面に指示する内容には何が必要か述べよ。

［3］ 機械部品加工を焼入れ加工する場合，焼入れ後の焼入れ硬度を表す指標を述べよ。

［4］ めっきをする理由と，めっきによって得られる機能にはどのようなものがあるか，答えよ。

［5］ 黒染め，電気めっき，無電解めっきの記号は何か述べよ。

［6］ 電気めっきのタイプを表す記号で光沢めっき，無光沢めっき，黒色めっきに使われる記号は何か述べよ。

［7］ 図面で電気めっき指示を行うとき，必要な指示と順番を述べよ。

［8］ JIS B 0122 で決められている塗装記号は何か述べよ。

［9］ 塗装色を表すものにマンセル表色系があるが，必要な要素を三つ挙げよ。

［10］ PVD，CVD とは何か述べよ。

［11］ 皮膜の形成で，電気めっきと蒸着の違いは何か答えよ。

第４章
ＣAD機械製図

4．1　CAD 機械製図規格

製品の高精度化，製品技術の高度化に伴って，その基礎となる機械設計及び製図に関する技術も高度化しており，コンピュータを利用した設計や製図を行う **CAD（Computer Aided Design）** システムが企業で広く活用されている。大学，高専，工業高校などの教育機関にも導入され，CAD 教育は必要不可欠となっている。

設計・製図は，二次元 CAD から立体図形を作成できる三次元 CAD へ移行している。三次元 CAD では，部品ファイル，図面ファイル，アセンブリファイルが相互にリンクされている。そのため，部品ファイルで変更を行うと，アセンブリファイル，部品図，組立図が自動的に変更内容が反映され，効率よく業務を行うことができる。

CAD システムを使用することで，各部の質量・強度計算や組み立て部品の干渉・動きなどをチェックすることもできる。

また，NC 工作機械や三次元プリンタの入力用データとして利用することで，製品の試作などに役立ち，生産性が向上している。

注意することとして，CAD システムは外国製のものも多く，メーカーによっては，JIS 規格に合わせて設定・変更し，使用するものもある。JIS 規格を正確に表現できないものについては，個人でカスタマイズをして対応する。

この章は，『機械製図　基礎編』第１章「機械製図の基礎事項」と重複する部分はなるべく省略し，CAD 機械製図の特徴的な事項について述べる。

4．2　CAD 用語

主として機械工業における CAD に関して用いる，主な用語及びその定義について述べる（JIS B 3401：1993）。

① **CAD**（Computer Aided Design）

製品の形状，そのほかの属性データからなるモデルを，コンピュータの内部に作成し解析・処理することによって進める設計。

② **CAM**（Computer Aided Manufacturing）

コンピュータの内部に表現されたモデルに基づいて，生産に必要な各種情報を生成すること，及びそれに基づいて進める生産の形式。

③ **CAE**（Computer Aided Engineering）

CAD の過程でコンピュータ内部に作成されたモデルを利用して，各種シミュレーション，技術解析など工学的な検討を行うこと。

④ **パラメトリックデザイン**（parametric design）

製品又はその部分について，形状を類型化し，寸法などをパラメータで与えることによって，コンピュータ内部のモデルを簡易に生成する設計方法。

⑤ **ワイヤーフレームモデル**（wire frame model）

三次元形状を，りょう線によって表現した形状モデル（図４－１）。

⑥ **サーフェスモデル**（surface model）

三次元形状を，面分によって表現した形状モデル（図４－２）。

⑦ **ソリッドモデル**（solid model）

三次元形状を，その形状の占める空間があいまいでなく規定されるように表現した形状モデル（図４－３）。

⑧ **スプライン曲線**（spline curve）

特定の連続性の条件を満たすように接続した曲線分の集まりとして定義付けされる曲線。

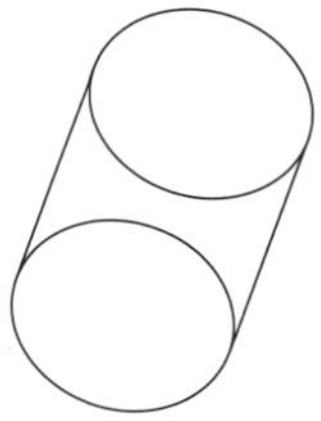

図４－１　ワイヤーフレームモデル

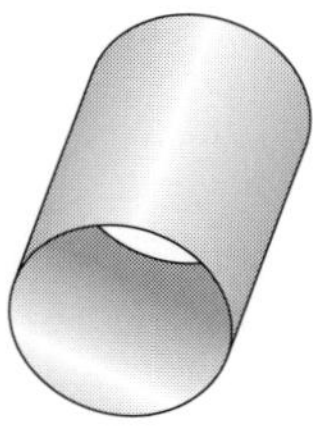

図４－２　サーフェスモデル

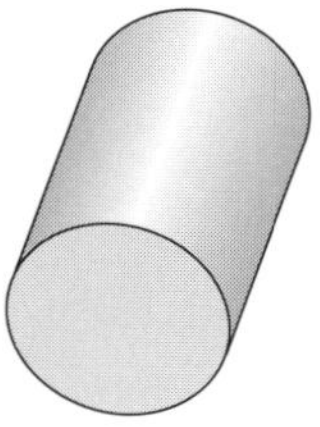

図４－３　ソリッドモデル

⑨　**Bースプライン曲線**（B-spline curve，basis spline curve）

順序付けられた点の1次結合として表現された曲線式において，B－スプライン関数を係数関数として用いた曲線。

⑩　**NURBS**（なーぶす）（Non Uniform Rational B-spline）

非一様で，かつ，有理なB－スプライン関数。又はその関数を係数関数とする曲線又は曲面。

⑪　**干渉チェック**（interference check）

平面上，又は三次元空間内において，複数形状間の重なり合いを調べること。

⑫　**レイヤ，画層**（layer）

複数の画像を重ね合わせて表示するために用いる層。

⑬　**シェーディング**（shading）

三次元形状の画像を写実的に表現するために，面の傾き，光源の位置などを考慮して，面の見掛けの色や明るさを決定すること。

⑭　**レンダリング**（rendering）

三次元形状の描画において，明るさ及び色を付与して，現実に近い質感を与えること。

⑮　**IGES**（あいじぇす）（the Initial Graphics Exchange Specification）

製品定義データの交換のため，ファイル形式，言語形式及びそれらの書式で定義される製品定義データを規定したANSIの略称。

⑯　**STEP**（すてっぷ）（Standard for the Exchange of Product Model Data）

ISO（国際標準化機構）で開発中の，製品モデルの表現及び交換に関する規格全体の通称。

4．3　CAD 機械製図

4.3.1　具備すべき情報

CAD 機械製図は，次の事項を備えなければならない。

① 図面管理上必要な情報（例えば，図面名称，図面番号，製図者，図面承認者など）
② 形状に必要な情報（例えば，投影図，断面図，寸法，三次元形状データなど）
③ 属性情報（例えば，材料，表面粗さ，熱処理条件，試験条件，引用規格など）

基本要件として，次の項目が挙げられる。

① 上記の情報を明確に表現しなければならない。
② あいまいな解釈が生じないように，表現の一義性（sufficiently definitive）をもたなければならない。
③ 複写したものは，鮮明に読むことができなければならない。
④ CAD 製図は，適切なシステムを用い，手書き製図と混用しない。ただし，製図者，設計者，図面承認者などの署名は，混用とはみなさない。

また，製品の製作のための CAD 図面情報は，管理状態になければならない。

4.3.2　線

(1) 線の種類及び用途

線の種類及びその用途は，『機械製図　基礎編』第 1 章 1. 5 節参照。

(2) 線 の 太 さ

線の太さは，『機械製図　基礎編』第 1 章 1. 5 節参照。

(3) 線の要素の長さ

線の要素の長さは，JIS Z 8321：2000 に基づいて，図 4 － 4 ～図 4 － 7 に示す計算による値がよい。

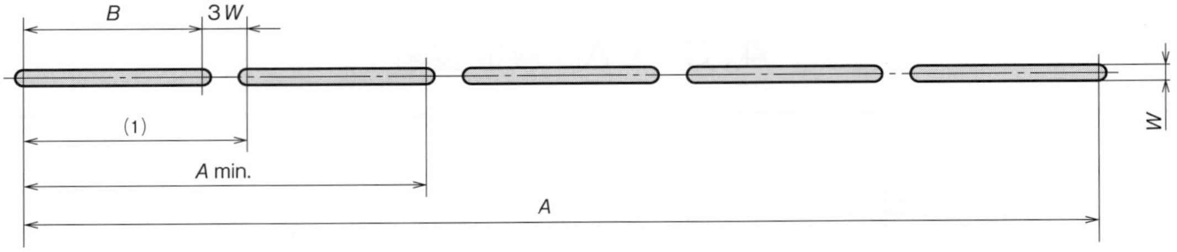

A min.$=B+3W+B=12W+3W+12W=27W$

例）Wを0.25 mmの細線としたとき，A min.は6.75 mmとなる。
注(1)　線の構成単位

図4－4　破　線

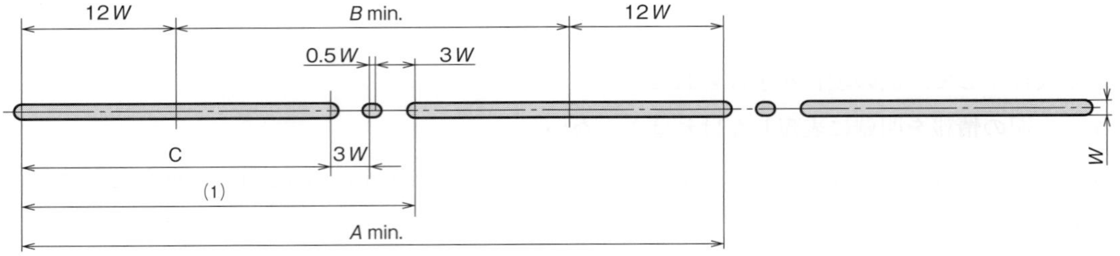

A min.$=54.5W$

例）Wを0.25 mmの細線としたとき，A min.は13.625 mmとなる。

図4－5　一点長鎖線

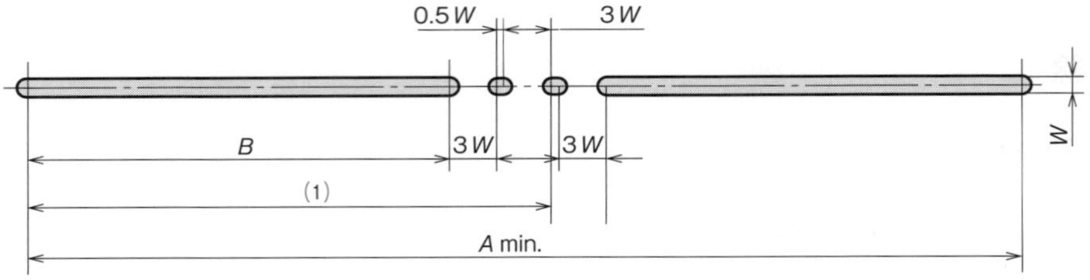

A min.$=58W$

例）Wを0.25 mmの細線としたときA min.は14.5 mmとなる。

図4－6　二点長鎖線

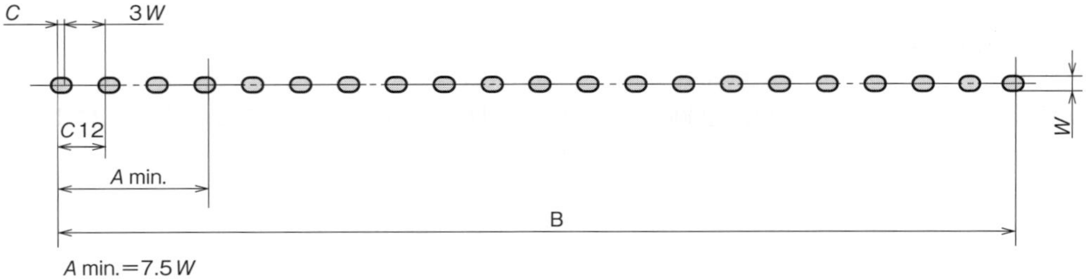

A min.$=7.5W$

例）Wを0.25 mmの細線としたとき，A min.は1.875 mmとなる。

図4－7　点　線

4.3.3 線の表し方

(1) 一般事項

① 線の太さ方向の中心は，線の理論上描くべき位置になければならない。

② 平行な線と線との最小間隔は，特に指示がない限り，0.7 mm とする。
なお，特に指示をするのは，CAD 製図情報を三次元データに利用する場合などである。

(2) 線の交差

① 長・短線で構成される線を交差させる場合は，なるべく長線で交差させる（図4－8）。
なお，一方が短線で交差してもよいが，短線と短線で交差させないのがよい。

② 点線を交差させる場合には，点と点で交差させるのがよい（図4－9）。

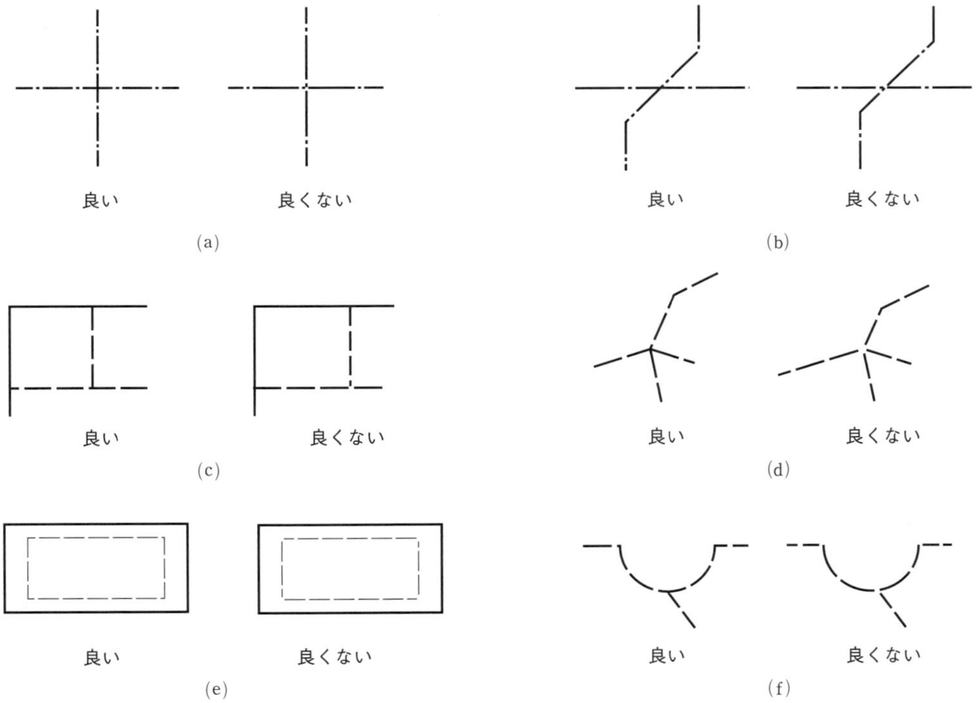

図4－8　長・単線で構成される線の交差

図4－9　点線の交差

(3) 線　の　色

線の色は，黒を標準とするが，他の色を使用又は併用する場合には，それらの色の線が示す意味を図面上に注記する。ただし，他の色を使用する場合には，鮮明に複写できる色でなければならない。

4.3.4　尺　　　度

尺度は，『機械製図　基礎編』第３章 3.1 節参照。

例外的に現尺，縮尺及び倍尺のいずれも用いない場合には，「非比例尺」と表示する。

なお，二次元図形の図面に三次元図形を参考図示する場合には，その三次元図形に尺度を表示しない。

4．4　デジタル製品技術文書情報（DTPD）

4.4.1　デジタル製品技術文書情報（DTPD）の目的

従来からものづくりの設計・生産プロセスでは，JIS B 0001：2019「機械製図」を適用した二次元製図が主流であるが，三次元CADの普及に伴い，設計者・製作者の間などで必要な属性情報（寸法，サイズ公差，幾何公差，表面性状など）を指示したデジタルデータを作製する三次元製図も利用されつつある。

三次元製図によって作製された**三次元図面**（図４－10）は，コンピュータ画面で三次元モデルを自由に拡大・縮小・回転することができるため，形状が把握しやすく，製品に関する情報を連携することができるなどのメリットがある。

なお，現在の三次元CADでは，三次元モデルの表示方向を変更しても，属性情報の向きは変更されないため，表示方向を変更すると必要な情報が見えにくくなってしまうことが現状である。

従来の開発プロセスは，製品開発のプロセスが終了した後に製品検証プロセスが始まり，それが終わると試作プロセスが開始されるため，多くの開発時間を要していた。一方，三次元デジタルデータを活用することで，製品開発プロセスと製品検証プロセスを同時並行で実施することができる（**コンカレントエンジニアリング**）。コンピュータ内の仮想試作品での解析，生産設備の検討など，作業を前倒しで実施することにより，手戻りや修正を少なくし，全プロセスの時間を大幅に減少させることができる。さらに，コスト低減や製品の高精度，高品質化にもつなげられる（図４－11）。

デジタル形式の情報で製品を表現し，従来より精度よく，明確に，効率的に，その情報の作成者と使用者との間で確実に伝達させること，さらに，各プロセスでその情報を実際に活用しようとすることが，**デジタル製品技術文書情報（DTPD：Digital Technical Product Documentation）**の使用目的である。

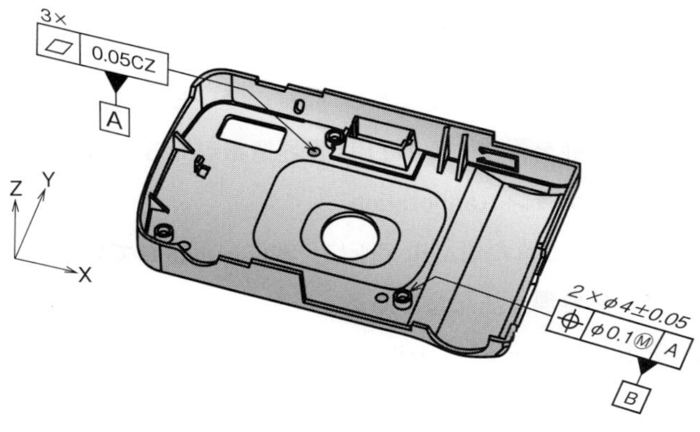

図４－10　三次元製図・三次元情報付加モデルの例（JIS B 0060－2：2015）

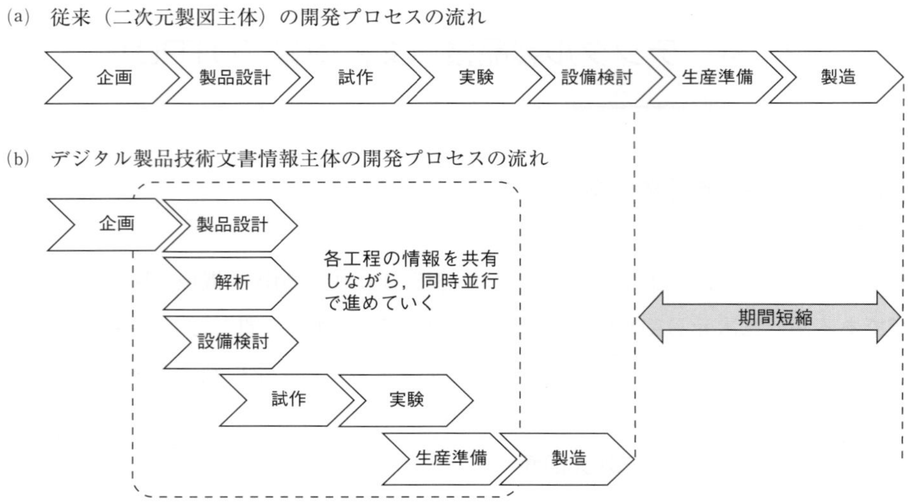

図4－11　開発プロセスの効率比較

4.4.2　用語及び定義

次にデジタル製品技術文書情報（DTPD）に関して用いる，主な用語及びその定義について述べる。

① **三次元製品情報付加モデル**（3DA モデル：3D Annotated model）

三次元 CAD を用いて作成された設計モデルに，(a)製品特性（寸法，公差，表面性状，溶接，熱処理，注記など），(b)二次元図面（必要な場合だけ），(c)モデル管理情報（部品番号，部品名称，設計変更履歴，必要に応じて，材質，表面処理，質量など）を加えたものである（図4－10）。

② **デジタル製品技術文書情報**（DTPD）

三次元製品情報付加モデルに，製品製造に関連した各工程に関する情報を連携させた，製品製造のためのデジタル形式の文書情報をいう。各工程に関わる情報には，製造や解析，試験，DMU（デジタルモックアップ：試作品を作成せずに，三次元モデルを使用して，製品の外観や組み立て時の干渉などを評価，検証すること），品質，サービスに関わるものが挙げられる。

さらに，これらのデータ群を管理する DTPD 管理情報がある（図4－12）。

③ **表示要求事項，アノテーション**（annotation）

三次元 CAD を用いて作成された設計モデルに，常に表示されている要求事項（例えば，寸法，公差，表面性状，溶接，熱処理，注記）である。

④ **非表示要求事項，アトリビュート**（attribute）

通常は表示しないが，設計モデル又はアノテーションに照会することで表示できる要求事項（例えば，材料，表面処理，注記，記号）である。

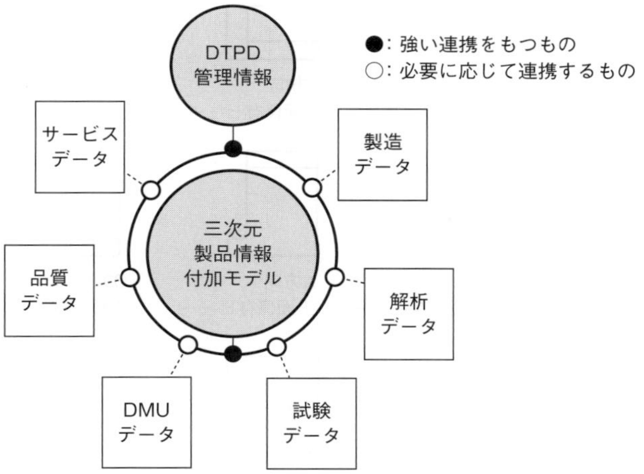

図４－12　DTPDの情報体系

⑤　**要求事項配置面，アノテーションプレーン**（annotation plane）

表示要求事項を設計モデルに関連付けて指示・表示する場合に用いる，実際には存在しない概念的な平面（形体の一つ以上の表面と完全に一致する表面か，又は形体に対して直角に交わる平面）のことである。要求事項配置面上で，複数の表示要求事項ができるだけ重ならないように配置することが望ましい。

⑥　**保存ビュー，保存図**（saved view）

設計モデルの形状や表示要求事項などを明確に表示・解釈するために，任意の方向（視点の位置及び視線の方向）及び表示範囲を再現可能な形式で保存した，設計モデルの投影図である。

4.4.3　3DAモデル（三次元製品情報付加モデル）における設計モデルの表し方

3DAモデルにおける設計モデルは，二次元投影図に等しい保存ビューを設定することができる。軸測投影に基づいた設定例を図４－13に，第三角法の投影法に基づいた設定例を図４－14に示す。

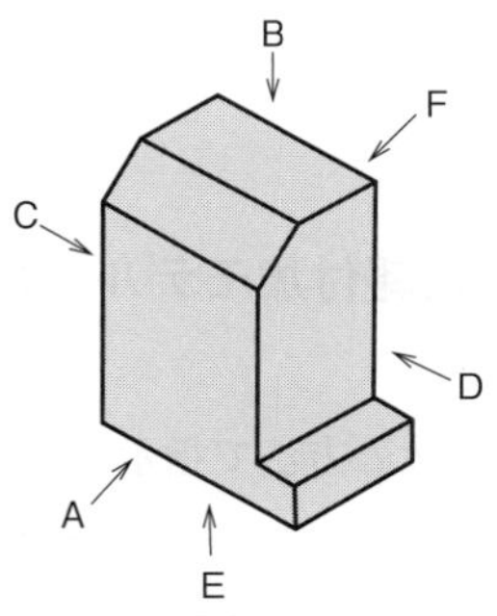

図４－13　軸測投影保存ビューの例

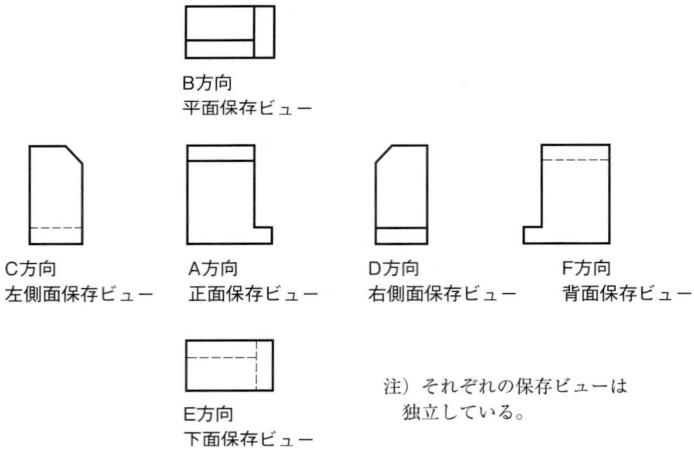

図４－14　第三角法の投影保存ビューの例

断面の保存ビューは，本来，正面から見るものである。したがって，通常は二次元表示をすることが望ましい。断面保存ビューの指示例を，図４－15 に示す。

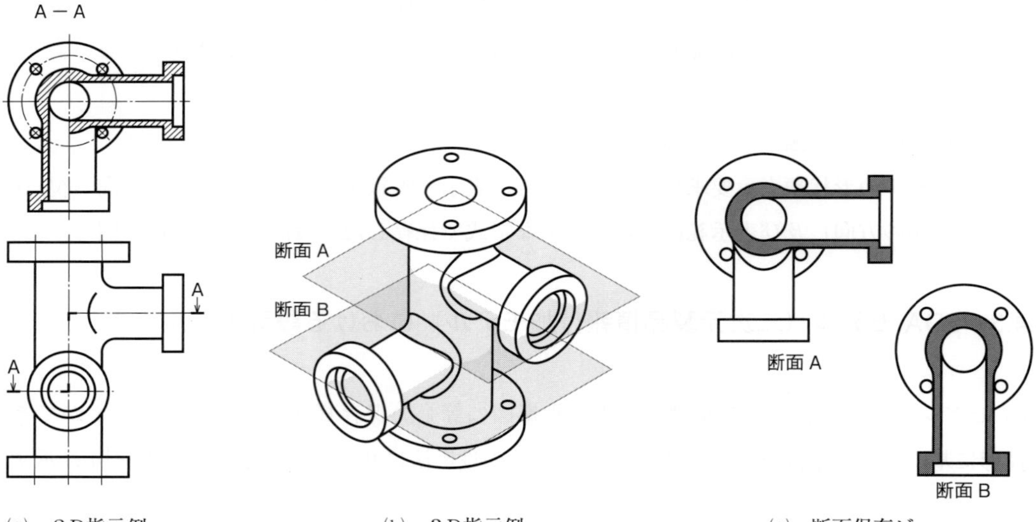

(a)　２D指示例　　(b)　３D指示例　　(c)　断面保存ビュー

図４－15　断面保存ビューの指示例

4.4.4　3DA モデル（三次元製品情報付加モデル）における寸法及び公差の指示方法

3DA モデルにおける寸法及び公差は，次の方法で指示する（図４－16)。

① 寸法線及び寸法数値は，設計モデルの内部に記入してはならない。
　また，寸法補助線は，設計モデルの外部に記入するのがよい。

② 寸法は，他の表示要求事項も含めて，できるだけ表示が重ならないように配置するのがよい。

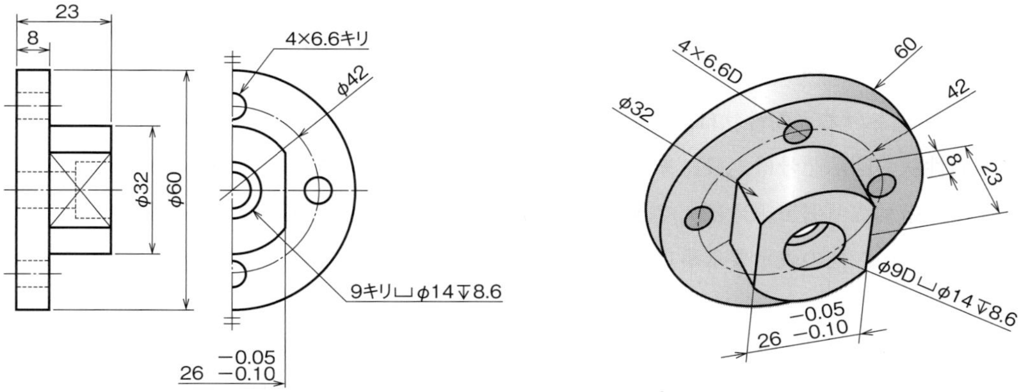

(a)　2D指示例　　　(b)　3D指示例

図４－16　寸法記入の指示例

③ 「対象物の大きさ，形状，姿勢及び位置を表す寸法は設計モデルによる」旨の記述が，注記などに記載されている場合，寸法の表示は省略できる。ただし，寸法の許容限界を要求する場合は，寸法を省略してはならない。

④ 寸法は，要求事項配置面を用いて記入する。

4.4.5　3DA モデル（三次元製品情報付加モデル）における幾何公差の指示方法

3DA モデルにおける幾何公差は，次の方法で指示する（図４－17）。

① 公差記入枠及びデータム記号は，設計モデルの内部に記入してはならない。
　また，指示線（引出線）は，できるだけ設計モデルの内部に記入しないのがよい。

② 幾何公差は，他の表示要求事項も含めて，できるだけ表示が重ならないように配置する。

③ 幾何公差は，要求事項配置面を用いて記入する。

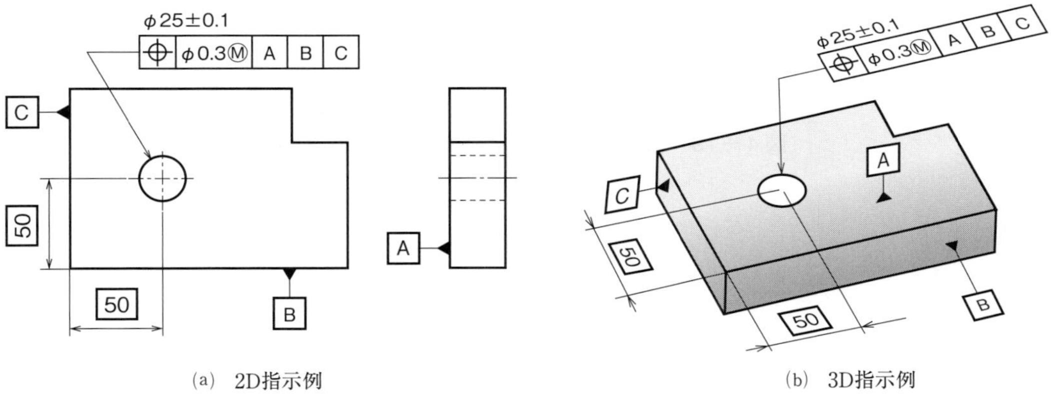

(a)　2D指示例　　　(b)　3D指示例

図４－17　幾何公差の指示例

4.4.6　3DA モデル（三次元製品情報付加モデル）における表面性状の指示方法

3DA モデルにおける表面性状は，次の方法で指示する（図４－18，図４－19）。

① 表面性状の図示記号は，設計モデルの内部に記入してはならない。
また，指示線（引出線）は，できるだけ設計モデルの内部に記入しないのがよい。

② 表面性状は，他の表示要求事項も含めて，できるだけ表示が重ならないように配置するのがよい。

③ 表面性状は，非表示要求事項で指示してもよいが，一つの三次元製品情報付加モデルの中では，設計モデルに表面性状の図示記号を表示する表示要求事項と混用してはならない。

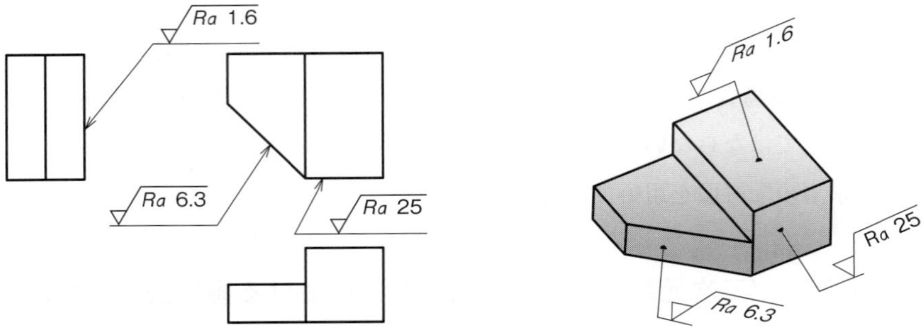

(a)　2D指示例　　(b)　3D指示例

図４－18　表面性状の表示要求事項による指示例

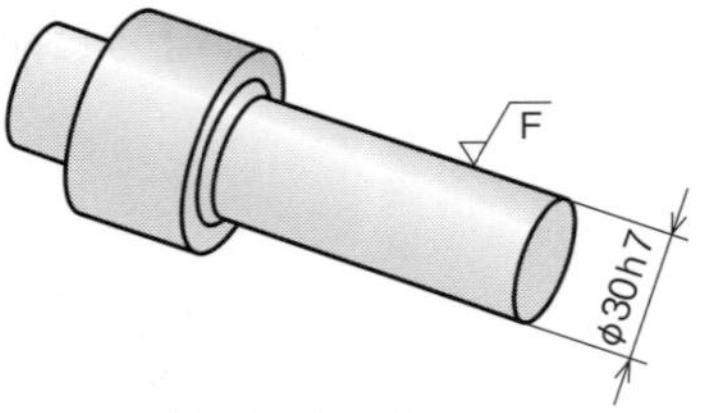

(a)　3DAモデル

表面性状
F：Ep－Fe／Cu20，Ni25b，Cr0.1r／：A 処理前Ra 1.6 処理後Ra 0.8

(b)　非要求事項（加工処理前後の指示）

図４－19　表面性状の非表示要求事項による指示例

第４章　章末問題

［１］ 巻末の付図１「フランジ」の製作図を，二次元CADシステムを用いて作成せよ。

［２］ 巻末の付図１「フランジ」の立体図を，三次元CADシステムを用いて作成せよ。

［３］［２］で作成した設計モデルに必要な表示要求事項（アノテーション）を付け加え，三次元製品情報付加モデルを作成せよ。

第5章
スケッチ手法

５．１　機械のスケッチ

5.1.1　スケッチについて

スケッチの目的には，機械を分解して部品を観察し，その構造，仕組みなどを理解することと，工業的には機械の構造，動作，仕様などを分析調査するリバースエンジニアリング（reverse engineering）での利用がある。

機械又は機械の部品を見ながら，形状，大きさ，材質，個数，加工方法など，機械や部品の製作に必要な事項を方眼紙などに描き取った図をスケッチ図（見取り図）といい，第三角法によって描くのが一般的である。しかし，形状が複雑な場合には，図の理解を助けるために，斜投影図や等角図などを併用しても差し支えない。これらの図形や寸法線は，一般に製図用具を使用せず，筆記用具によってフリーハンドで描くが，次のことに留意する。

①　機械の実物を見ながら，各部の寸法を写し取る。

②　図形を描く場合，フリーハンドで描く。

・どんな用具が必要か。

・確実なスケッチを能率的に行うには，どんな方法によればよいか。

・材質や仕上げ程度及びはめあい程度の判別方法は，どのようにするか。

5.1.2　スケッチの方法

品物の形状を写し取るには，品物の形に応じて，プリントによる方法，フリーハンドによる方法，型取りによる方法，カメラを用いる方法のうちいずれかを，又はそれらを併用して行う。

⑴　プリントによる方法

面が平らに仕上げられ，しかも複雑な輪郭をもつ品物の場合に，当たり検査用塗布剤などを塗って，紙面にその実形を写し取る方法である。ただし，面取りなど，角が丸くなっているものは正しく形を写し取ることができないのが欠点である。

プリントによる方法には，直接方法と間接方法がある（図５－１）。

a　直 接 方 法

直接方法は，写そうとする品物の面に当たり検査用塗布剤又は油を薄く塗って，スタンプを押すように紙に直接押し付けて写す方法である。ただし，品物と反対に写るので，中心線を境として円，角形などのように左右対称な品物の場合に行うとよい。

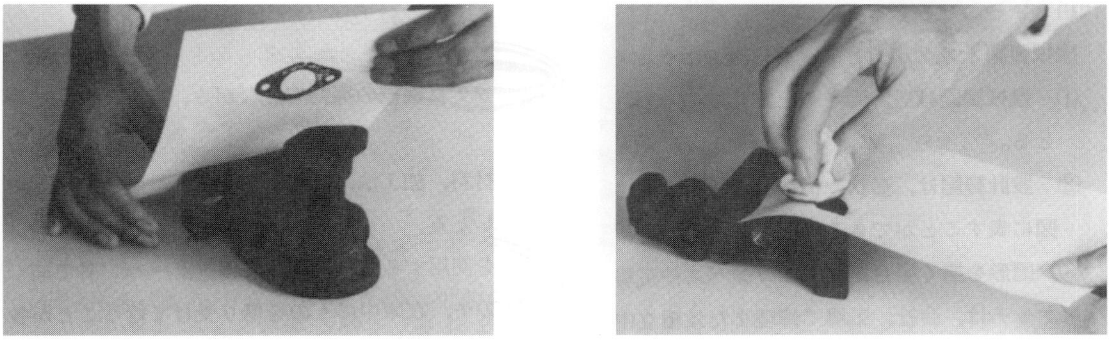

(a)　直接方法　　　　(b)　間接方法

図5－1　プリントによる方法

b　間 接 方 法

間接方法は，写そうとする品物の面に紙を当て，その上から当たり検査用塗布剤を付けた布あるいは鉛筆などをこすり付けて，石版式に写すと容易に実形を取ることができる。

⑵　フリーハンドによる方法

フリーハンドによる方法は，適切な大きさでその品物をフリーハンドで描き，寸法を一つひとつ測りながら図形に記入していく方法である。用紙は，方眼紙を用いると便利である（図５－２）。

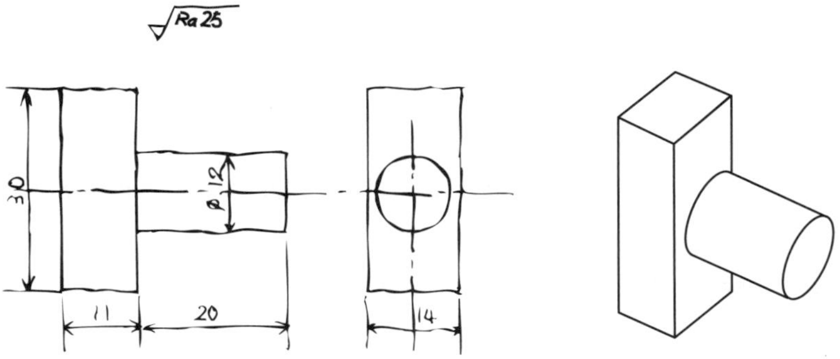

図5－2　フリーハンドの例

⑶　型取りによる方法

型取りによる方法には，紙の上に部品を置いて，その外周を鉛筆で型取る直接型取り方法（図５－３）や，鉛フリーはんだ又は純銅線で型を取り，それを紙面に写し取る間接型取り方法（図５－４）がある。

次に写し取った品物の寸法を測定して，寸法線，寸法数字を記入する。

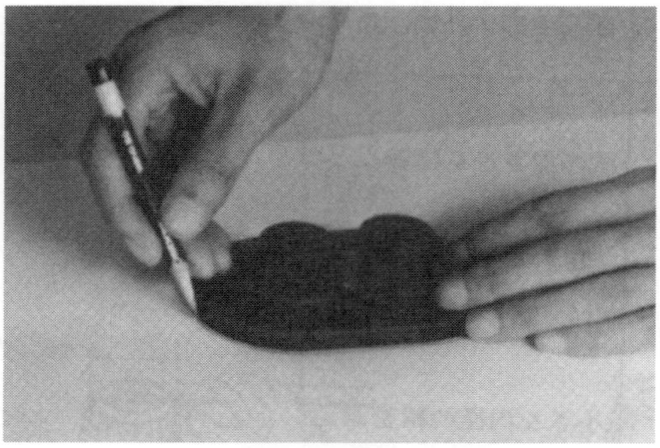

図5－3　直接型取り方法

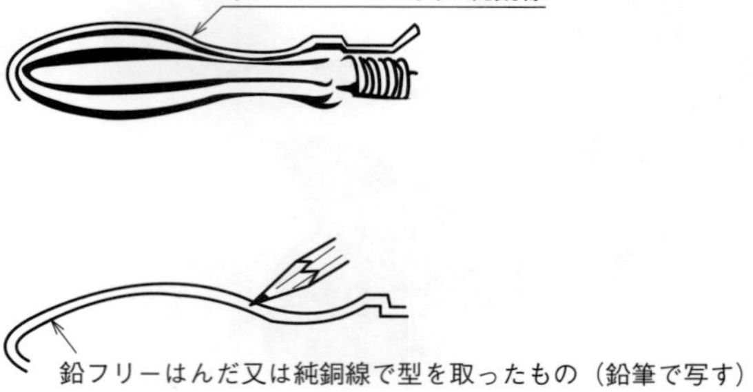

図5－4　間接型取り方法

(4) カメラを用いる方法

複雑な機械の組み立て状態や品物の形状，構造を最もよく表している方向から数枚の写真を撮っておくと，製図するとき，又は品物を組み立てるときによい参考になる。

5.1.3 スケッチ用具と寸法の測り方

(1) スケッチに必要な用具

スケッチをする際は，機械の分解，組み立てに用いる用具と，寸法を測るための測定用具，図形を写し取るためのスケッチ用具が必要である。これらの用具は，スケッチをする機械の形状，種類，大きさなどによって適切なものを選んで用いる。

表5－1に一般的に必要なものを示す。そのほかに機械を分解するのに必要なハンマ，たがね，スパナ，プライヤ，ポンチ，ドライバ，平やすりなどがある。

また，定盤，硬さ試験機，表面粗さの見本，ナイフ，のり，クリップ，消しゴム，布，荷札，せっけんなども，必要に応じて用意する。

表5－1　スケッチ用具

品名		形状	摘要
シャープペンシル又は鉛筆			B，HBくらいの硬さ，及び色鉛筆など
用紙	方眼紙		図を描いたり，型を取ったりする
	西洋紙又はざら紙		
スケッチ図板			厚手のボール紙で，ひもがつき，肩からつるすと図が描きやすい
スケール	鋼製直尺	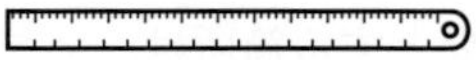	寸法測定，30 cmの長さで0.5 mm目盛
	巻尺・折尺		長い部分又はカーブのある箇所の測定・長い部分の測定
パス	外パス	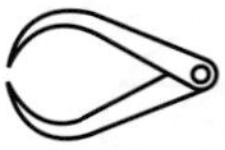	部品の外径測定
	内(穴)パス	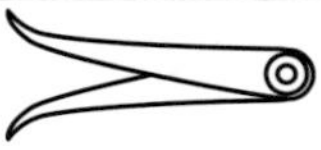	部品の内径測定
ノギス		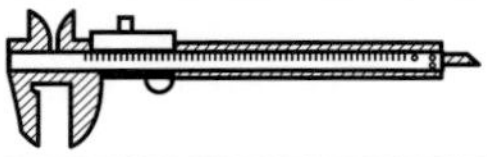	部品の内・外径，長さなどの精密測定
デプスゲージ		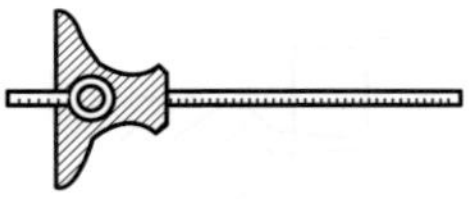	穴の深さ，くぼみなどの精密測定
マイクロメータ	外側用	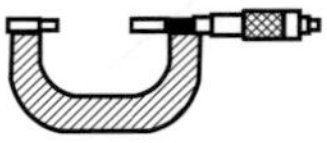	外径の精密測定
	内側用	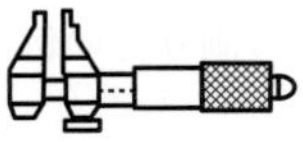	小さな内径の精密測定
シクネス（すきま）ゲージ			部品と部品の合わせ目のすきま測定
ネジピッチゲージ		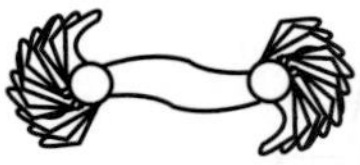	ねじのピッチや山の測定
歯形ゲージ			歯車の歯形の大きさ測定
新明丹（光明丹）			部品の型を取る場合，塗る塗料
スコヤ		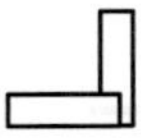	部品の直角測定
プロトラクタ			角度の測定
鉛線又は銅線			型取り用

(2) 寸法の測り方

寸法の測り方は，スケッチ作業のうちで最も難しく，重要である。

一般的にはスケールやパスで測るが，精度を要する品物にはノギス，マイクロメータ，プロトラクタ，各種のゲージを使い，そのときどきに適応した測り方を工夫する。

a　長さの測り方

図５－５に，長さの測り方を示す。精度を必要とする箇所は，ノギスを用いるとよい。

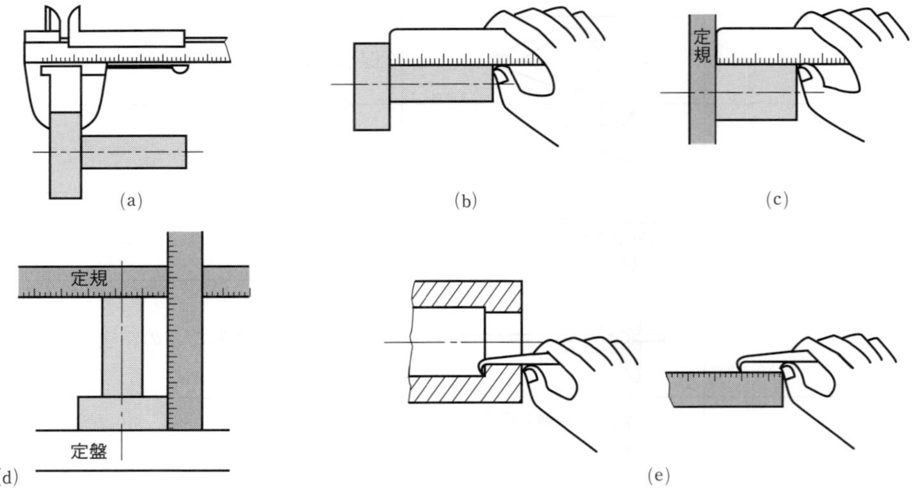

図５－５　長さの測り方の例

b　直径の測り方

外径，内径を測る場合は，スケール，外パス，内パス，ノギスなどを用いる（図５－６）。

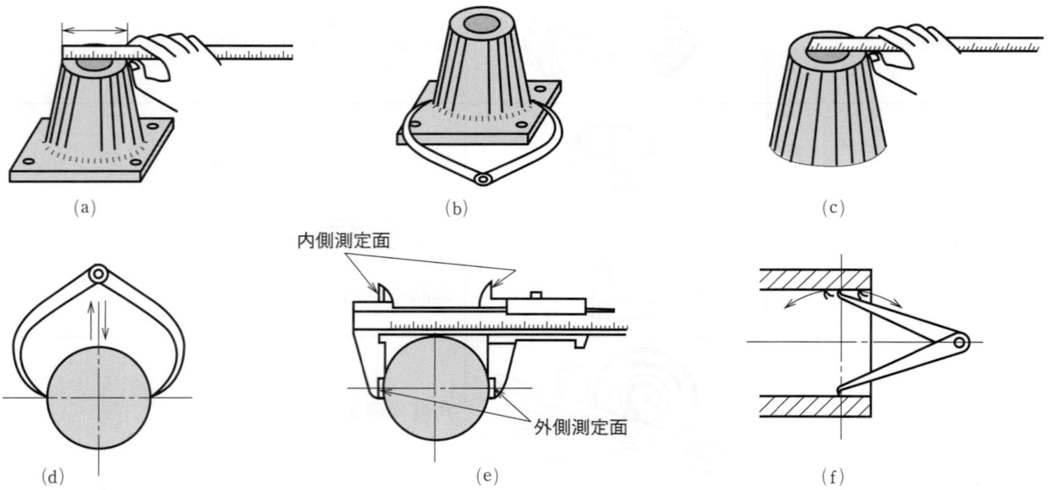

図５－６　直径の測り方の例

c　穴の中心距離

図5－7に，穴の中心距離の測り方の要領を示す。

(a)　同径穴の場合　　(b)　異径穴の場合

図5－7　穴の中心距離の測り方の例

d　深さ及びくぼみの測り方

深さ及びくぼみの測り方は，図5－8のように測る。デプスゲージ又はデプスバー付ノギスを用いると簡単で正確である。

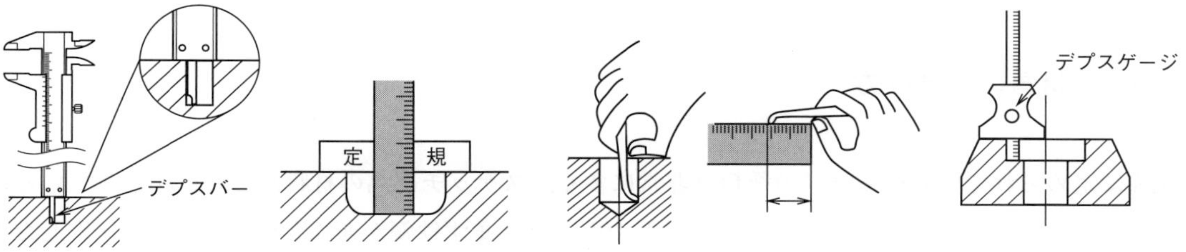

(a)　(b)　(c)　(d)

図5－8　深さの測り方

e　パスの特殊な使い方

測定しにくい場所でも，図5－9のように工夫して測る。

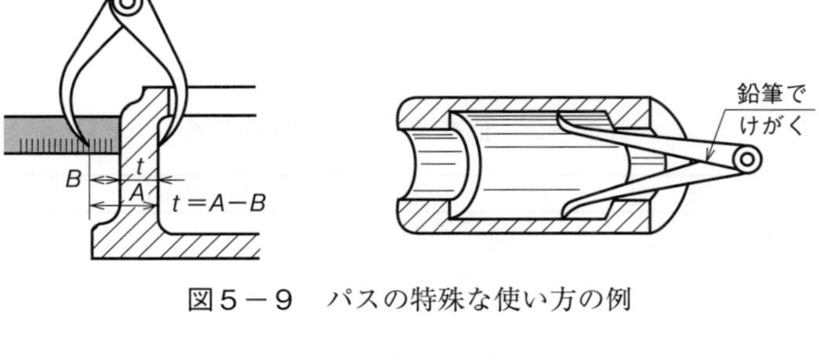

図5－9　パスの特殊な使い方の例

f　円弧の測り方

小さい丸みを正確に測るには，半径ゲージを用い，概略でよい場合は，スケールにより中心を目測する。曲面をもつ品物では，その曲面の端部にスケールを当て，上下に動かして曲率半径の中心点を求めて寸法を測る（図5－10）。

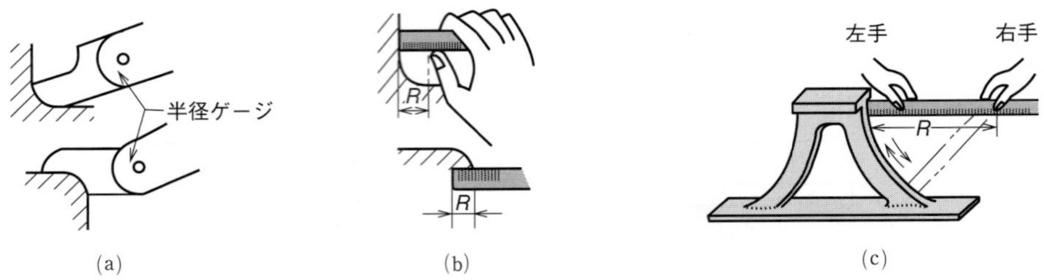

図５−10　円弧の測り方

g　鋳 造 品

黒皮，鋳放し面の肉厚は，一般に一様でなく，小物，中物で±２mm，大物で±５mm の差があるものと考え，端数を切り捨てるか又は数箇所測ってその平均値を求めるようにする。

h　標 準 部 品

機械には，ボルト，ナット，キー，ピンなど多くの標準部品が使われている。これらは，図形を描かず，JIS 関連規格を参照して部品番号と呼び方を記載すればよい。

5.1.4　材質の見分け方

JIS に定められている機械材料の種類は非常に多く，スケッチ部品の材料がどれに相当しているかを見分けるのはなかなか難しいことである。したがって，まず鉄鋼か非鉄金属かの程度に区別したのち，目的や形状，用途を考えて，さらに詳しく判定していく。材質は，色や光沢及び肌合いによって，ある程度は見分けることができる。

なお，品物に小さな傷を付けても差し支えなければ，やすりなどで表面を削り，軟らかいか硬いか，又は焼入れがしてあるか，などを調べるとよい。

⑴　色や光沢による判別

表５−２は，各種の材料の色や光沢の例を示したものである。

表５−２　色や光沢による判別の例

金属の種類	破　面	仕上げしていない表面	新しい切削面
ねずみ鋳鉄	暗灰色	非常に鈍い灰色	適当に平滑，明灰色
可鍛鋳鉄	暗灰色	鈍い灰色	平滑，明灰色
鋳　鉄	輝いた灰色	明灰色，平滑	非常に平滑，明灰色
鋳　鋼	輝いた灰色	暗灰色，鍛造，鋳造肌	非常に平滑，輝灰色
高炭素鋼	非常に輝いた灰色	暗灰色，鍛圧延の線が見える	非常に平滑，輝灰色
合金鋼	中程度に輝いた灰色	暗灰色，鍛圧延の線が見える	非常に平滑，輝灰色
銅	赤色	赤茶色→緑色の酸化物，平滑	輝いた赤銅色
黄銅・青銅	赤→黄色	緑，茶，黄の酸化物，平滑	赤〜白黄色，非常に平滑
アルミ及びアルミ合金	白色	鋳型，圧延のあとが見える，明るい灰色	平滑，純白色
ニッケル	ほとんど白色	平滑，暗灰色	非常に平滑，白色

⑵　火花試験による判別

火花試験には，いろいろな方法がある。試験をする品物をグラインダに当てて飛び散る火花の状態を見て材質を判別するグラインダ火花試験法が，広く用いられている。

炭素鋼の火花は，C（炭素）の量によって破裂の変化に特徴がある。図5－11にその例を示す。

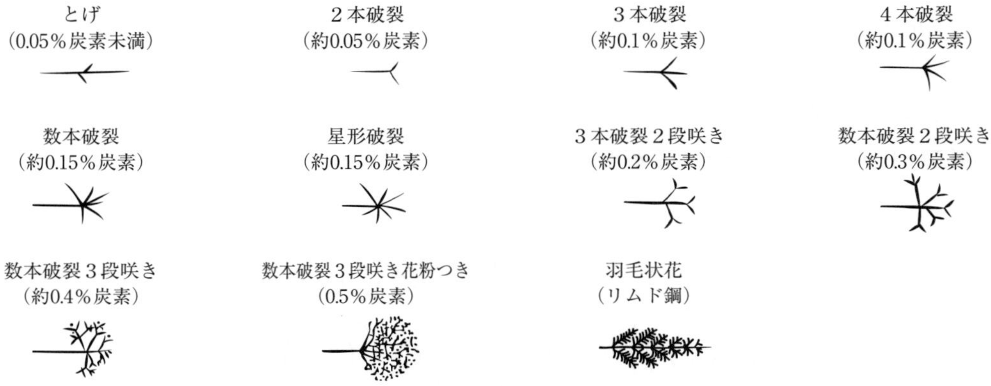

図5－11　炭素鋼火花の破裂の変化（JIS G 0566：2022）

5.1.5　仕上げ程度及びはめあいの判定

⑴　仕上げ程度の判定

スケッチする品物の仕上げ程度を判定する場合，新しいものであれば，表面粗さ標準片と対照することによって，仕上げ面と標準片とを視覚や触覚などによって比較し，表面粗さ及び加工法を知ることができる。しかし，ある程度使用したものや，錆びたものは，その面の使用目的，寸法精度などによって推定し，最も適合した表面粗さを選んで表示する必要がある。

⑵　はめあいの判定

軸と軸受，歯車と軸，プーリと軸などのような品物のはめあい部分は，マイクロメータを用いて1/100 mmまでの寸法を測って，はめあいの程度や種類を判定する。

これらのはまり合う部分を別々に測った場合は，その間に寸法の矛盾が起こらないように，スケッチの結果を後で突き合わせる必要がある。

また，摩耗した品物を作り直すとき，品物のはめあい部分は，すきまばめになっていることが多い。したがって，その部分を測った寸法のままスケッチすると，品物の復元にならないこともあるため，測った寸法に摩耗した部分（推定）を加えた寸法を記入する。摩耗の起こりやすい品物は，軸と軸受，歯車の組み合わせやカムなどがある。

5．2　スケッチ図の作成

5.2.1　スケッチ図の作成の順序

機械を分解する前に，機械の構造，機能をあらかじめ調べておき，分解と組み立て方法を知り，それに必要な工具を準備する。

分解の際は，その順序を誤らず，特に新品の場合などは慎重に丁寧に行い，接合部など主要な箇所には，図５－12のようにポンチ，けがき針などで合い印を付ける。

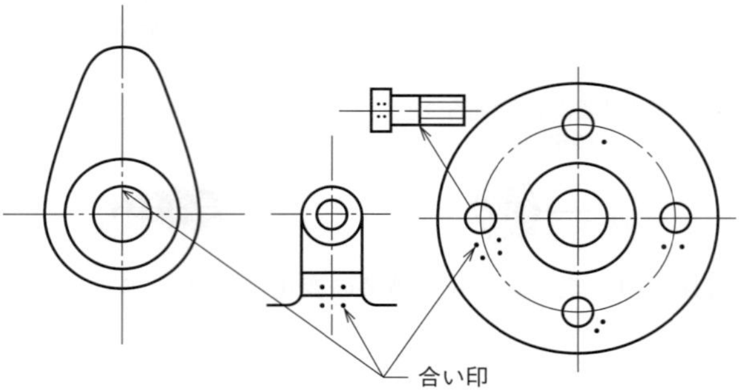

図５－12　合い印

複雑な機械のスケッチ図は，次の順序で作るとよい。

⑴　組み立て状態のスケッチ

機械を分解する前に，概略の組立図をフリーハンドで描き，構造部品相互の関連や取り付け位置を明らかにするとともに，主要寸法，移動量などを測定し，記入する。

⑵　機械分解，部分組み立て状態，部品のスケッチの準備

部分組立図を必要とするときは，各部分別に組み立てたまま描く。これは，組立図を製図する場合に必要であるとともに，分解前の状態に組み立てる際の手引きになるので，各部品の取り付け状態が明らかに表されるように描く必要がある。

⑶　部品のスケッチ

分解された部品は，組立図の分解される順番で，荷札に部品番号（荷札１枚を上半分，下半分に分けてそれぞれ番号を記入する）を定めて記入して，結び付けておく。

図５－13にトースカンのスケッチ例を示す。

この部品番号は，明細表を作成する場合に参考になるとともに，組み立てや整理の際にも便利である。

また，部品の中には複数の部品が固定されており，分解ができないものもあるが（例：リベット継手，堅いはめあい），それは分解しないでおく。

部品のスケッチは，次の順序で行う。

①　第1作業段階

機械のすべての部品は，各々その形状は異なるが，ほとんどのものは工夫によってプリントできるものである。プリントできないのは球面のものぐらいで，曲面の多いものでも，必ずプリント可能な部分があるため，プリント不可能な部分だけフリーハンドなどで描き加えておけばよい。

②　第2作業段階

プリント可能な部分は，その場での寸法記入は必要としない。しかし，プリント不可能な部分は，寸法を測って記入しなくてはならないため，この段階では，寸法補助線，寸法線，引出線を引いておく。これには，色鉛筆（青）を用いるとよい。

③　第3作業段階

この段階では，前の段階で寸法線などを引いた部分に，寸法を測定し，数字を記入するだけである。

部品の中には，摩耗，破損しているものがあるが，スケッチ図には，そのままの形状と寸法を記入しておく。この寸法数字は，紙面が油で汚れても差し支えないよう色鉛筆（赤）を使用するとよい。

④　第4作業段階

この段階では，仕上げ面の加工範囲及び仕上げ程度，加工法，加工模様，はめあいの程度を調べて，それに必要な記号，文字などを記入する。これには，色鉛筆（赤）を使用するとよい。

⑤　第5作業段階

部品番号，材質，個数，品名などを記入する。記入すると，スケッチ後の整理に便利である。

⑥　第6作業段階

最後にスケッチ図を点検して，寸法の測り漏れ，記入漏れの有無を調べる。特に，主要寸法は記入漏れや誤りがないかを再点検する。

⑦　第7作業段階

スケッチが完了した部品の，荷札の下半分を破り取る。これにより，スケッチ未完成のものとの区別がつき，スケッチ漏れがなくなる。

⑧　第8作業段階

スケッチが完了した各々の部品を，洗い油で洗うか，布できれいに拭く。組み立ての際は，しゅう動，回転部分に十分注油し，次に，分解したときと逆の順序に従って組み立てる。

組み立てが完了した後，ボルトやナットの締め付け加減や，部品の取り付け落としがないかなどを点検し，異常がなければ，運転部分に再度注油して試運転を行う。

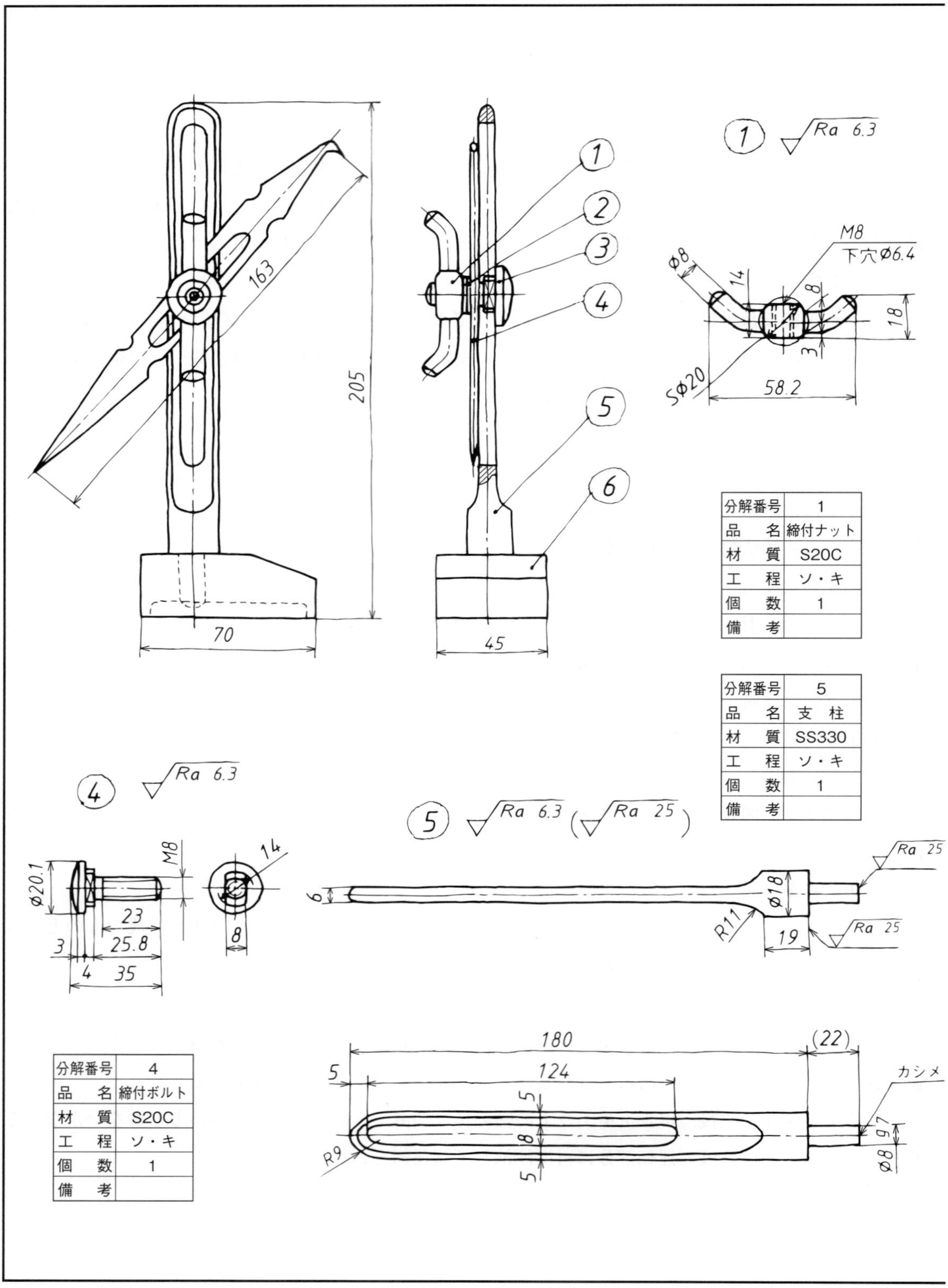

分解番号	1
品　名	締付ナット
材　質	S20C
工　程	ソ・キ
個　数	1
備　考	

分解番号	5
品　名	支　柱
材　質	SS330
工　程	ソ・キ
個　数	1
備　考	

分解番号	4
品　名	締付ボルト
材　質	S20C
工　程	ソ・キ
個　数	1
備　考	

図5－13　トースカンのスケッチ例①

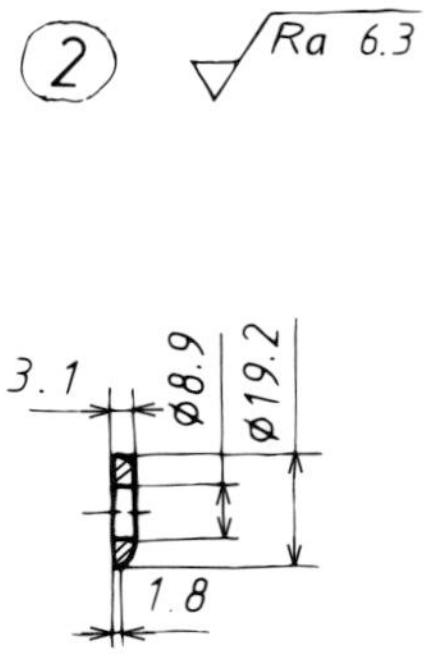

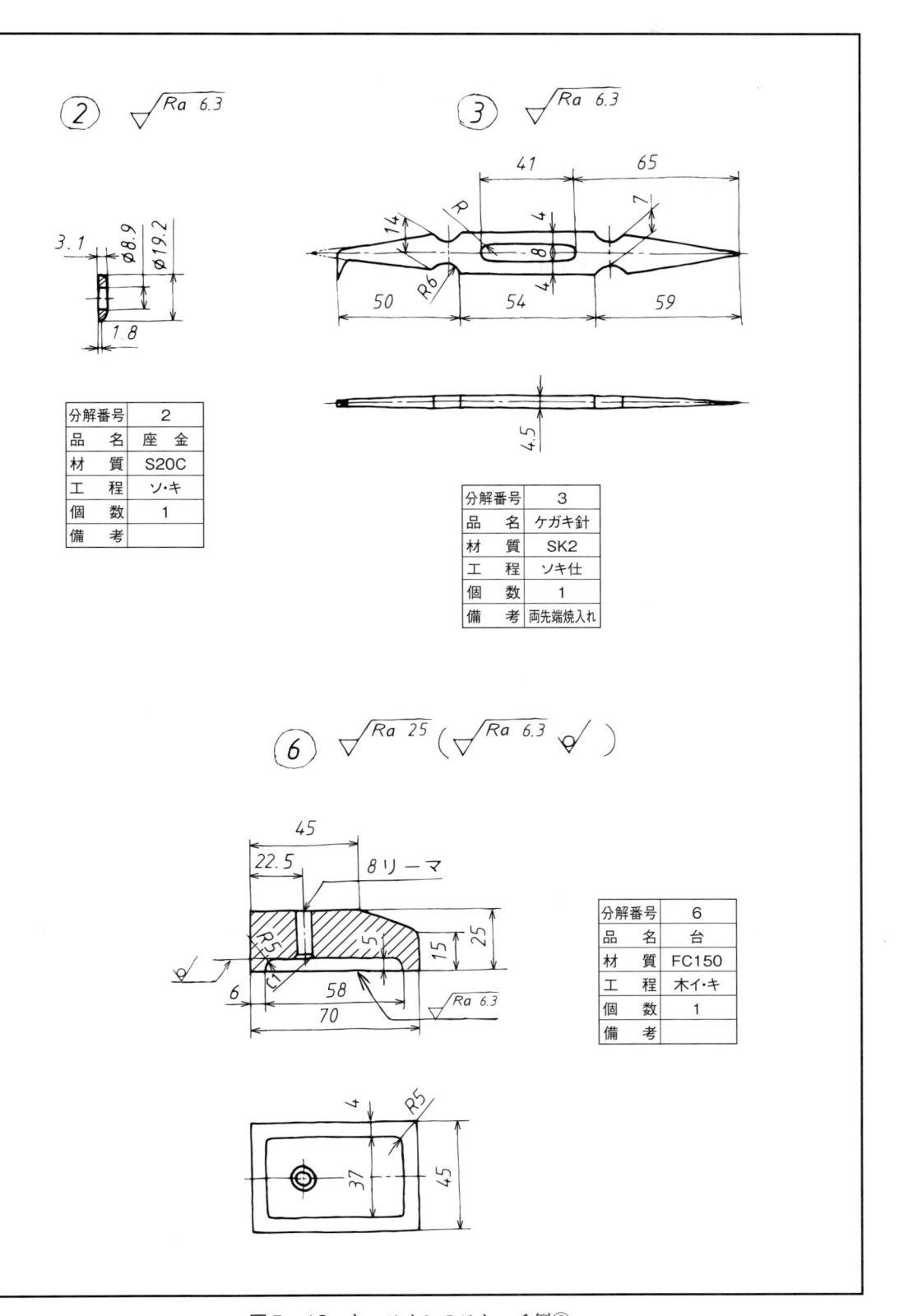

分解番号	2
品　名	座　金
材　質	S20C
工　程	ソ･キ
個　数	1
備　考	

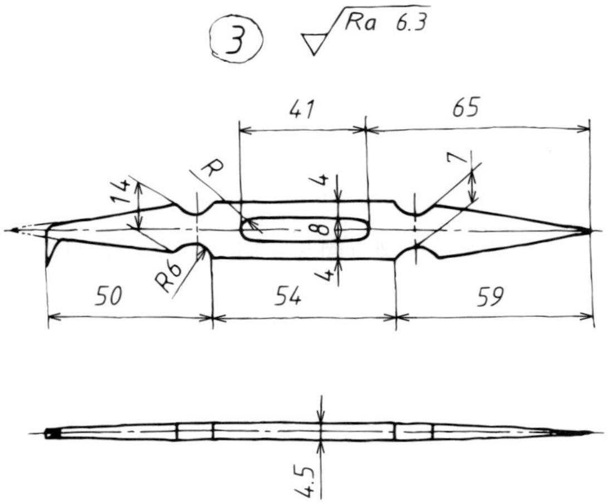

分解番号	3
品　名	ケガキ針
材　質	SK2
工　程	ソキ仕
個　数	1
備　考	両先端焼入れ

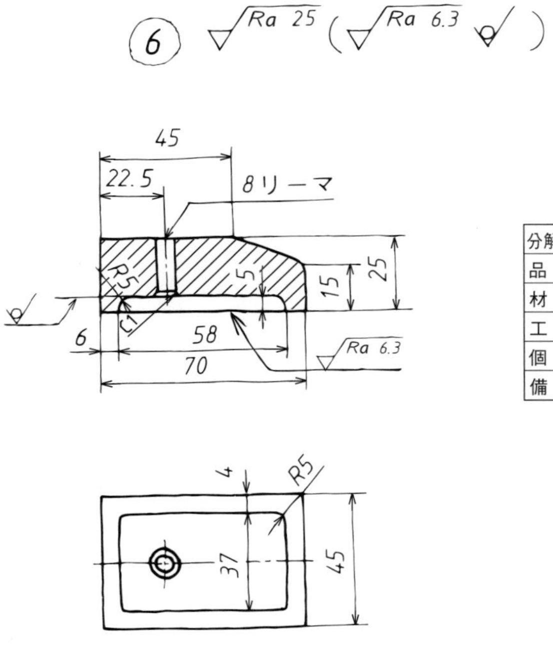

分解番号	6
品　名	台
材　質	FC150
工　程	木イ･キ
個　数	1
備　考	

図5－13　トースカンのスケッチ例②

第５章　章末問題

［１］　両口スパナのスケッチ図を作成せよ。そのスケッチ図から，部品図も作成せよ（巻末の付図２「両口スパナ」参照）。

［２］　トースカンのスケッチ図（図５－13）から，部品図及び組立図を作成せよ。

巻末資料

付図 1

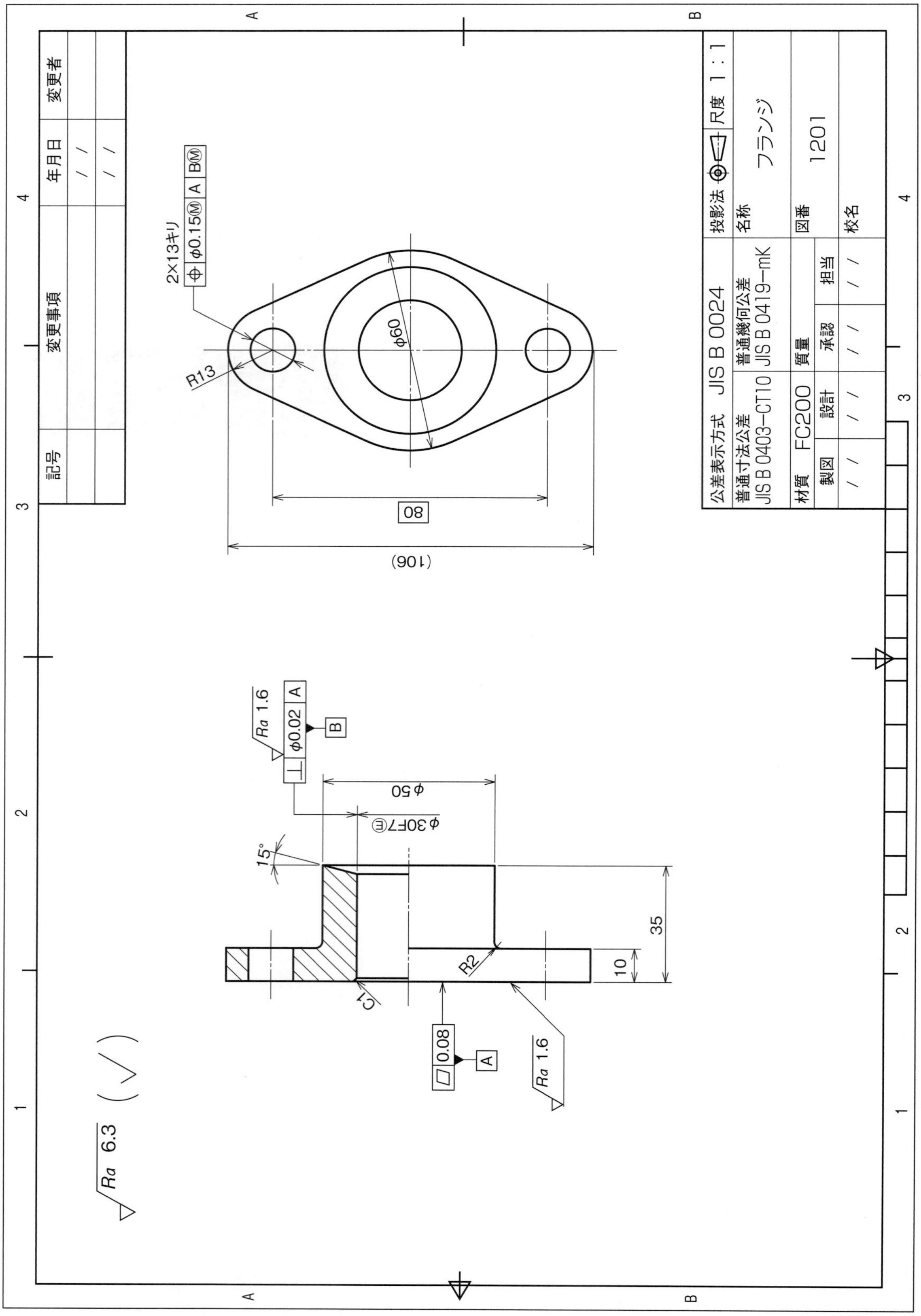

公差表示方式 JIS B 0024
普通寸法公差 JIS B 0403−CT10
普通幾何公差 JIS B 0419−mK
投影法
尺度 1：1
名称 フランジ
図番 1201
材質 FC200
質量
製図
設計
承認
担当
校名
記号
変更事項
年月日
変更者
2×13キリ
φ0.15Ⓜ A BⓂ
R13
φ60
80
(106)
Ra 1.6
φ0.02 A
B
φ50
φ30F7Ⓔ
15°
35
10
R2
C1
0.08
A
Ra 1.6
Ra 6.3

付図2

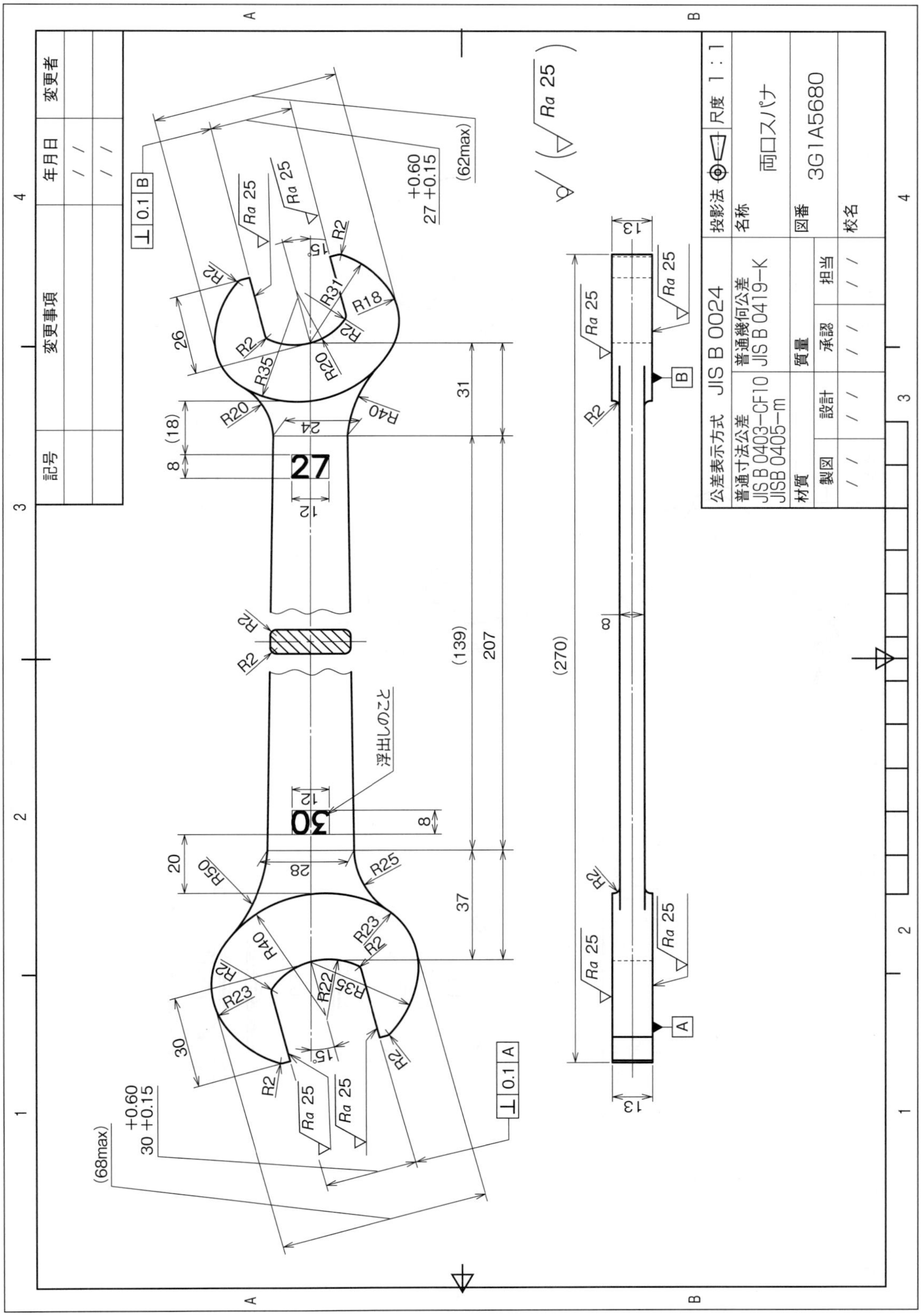

記号
変更事項
年月日
変更者
公差表示方式 JIS B 0024
投影法
尺度 1：1
名称
両口スパナ
図番
3G1A5680
普通寸法公差 JIS B 0403−CF10 JISB 0405−m
普通幾何公差 JIS B 0419−K
材質
質量
製図
設計
承認
担当
校名
浮出しのこと
27
30

付図３

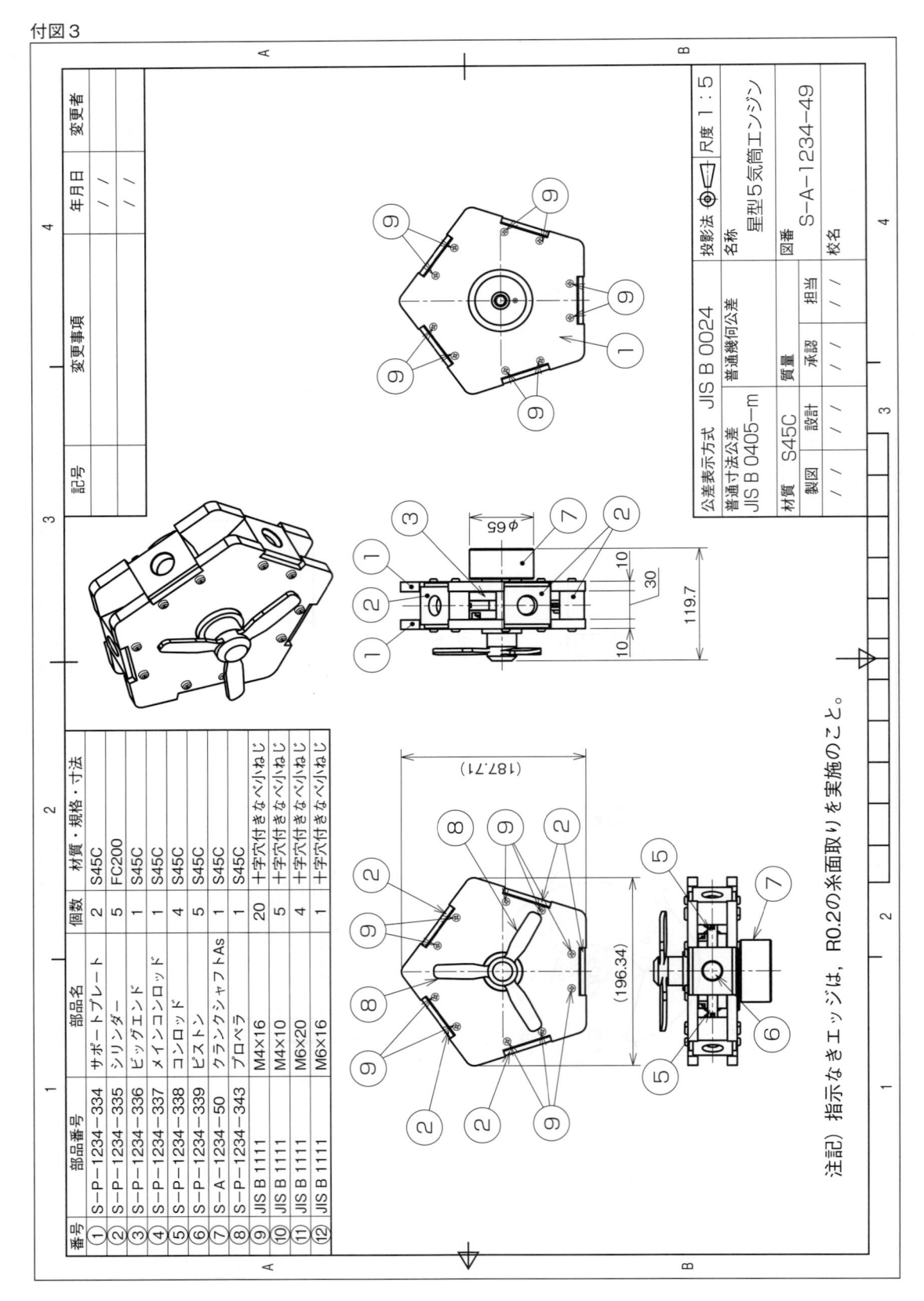

番号	部品番号	部品名	個数	材質・規格・寸法
①	S−P−1234−334	サポートプレート	2	S45C
②	S−P−1234−335	シリンダー	5	FC200
③	S−P−1234−336	ビッグエンド	1	S45C
④	S−P−1234−337	メインコンロッド	1	S45C
⑤	S−P−1234−338	コンロッド	4	S45C
⑥	S−P−1234−339	ピストン	5	S45C
⑦	S−A−1234−50	クランクシャフトAs	1	S45C
⑧	S−P−1234−343	プロペラ	1	S45C
⑨	JIS B 1111	M4×16	20	十字穴付きなべ小ねじ
⑩	JIS B 1111	M4×10	5	十字穴付きなべ小ねじ
⑪	JIS B 1111	M6×20	4	十字穴付きなべ小ねじ
⑫	JIS B 1111	M6×16	1	十字穴付きなべ小ねじ

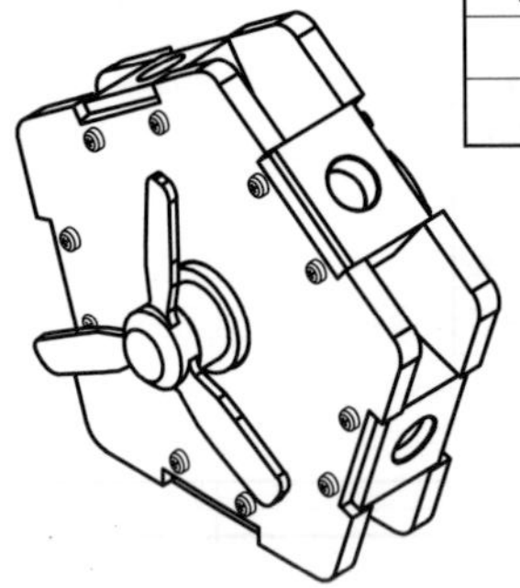

記号	変更事項	年月日	変更者
		/ /	
		/ /	

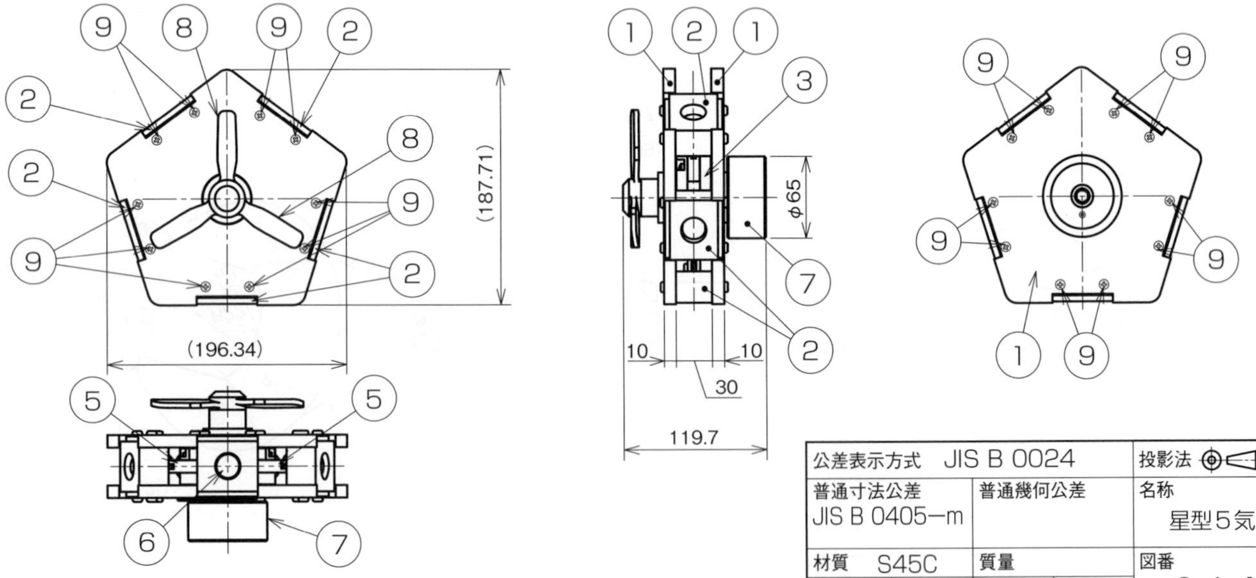

注記）指示なきエッジは，R0.2の糸面取りを実施のこと。

公差表示方式　JIS B 0024			投影法	尺度　1：5
普通寸法公差 JIS B 0405−m		普通幾何公差	名称 星型５気筒エンジン	
材質　S45C		質量	図番 S−A−1234−49	
製図	設計	承認	担当	
/ /	/ /	/ /	/ /	校名

付図４

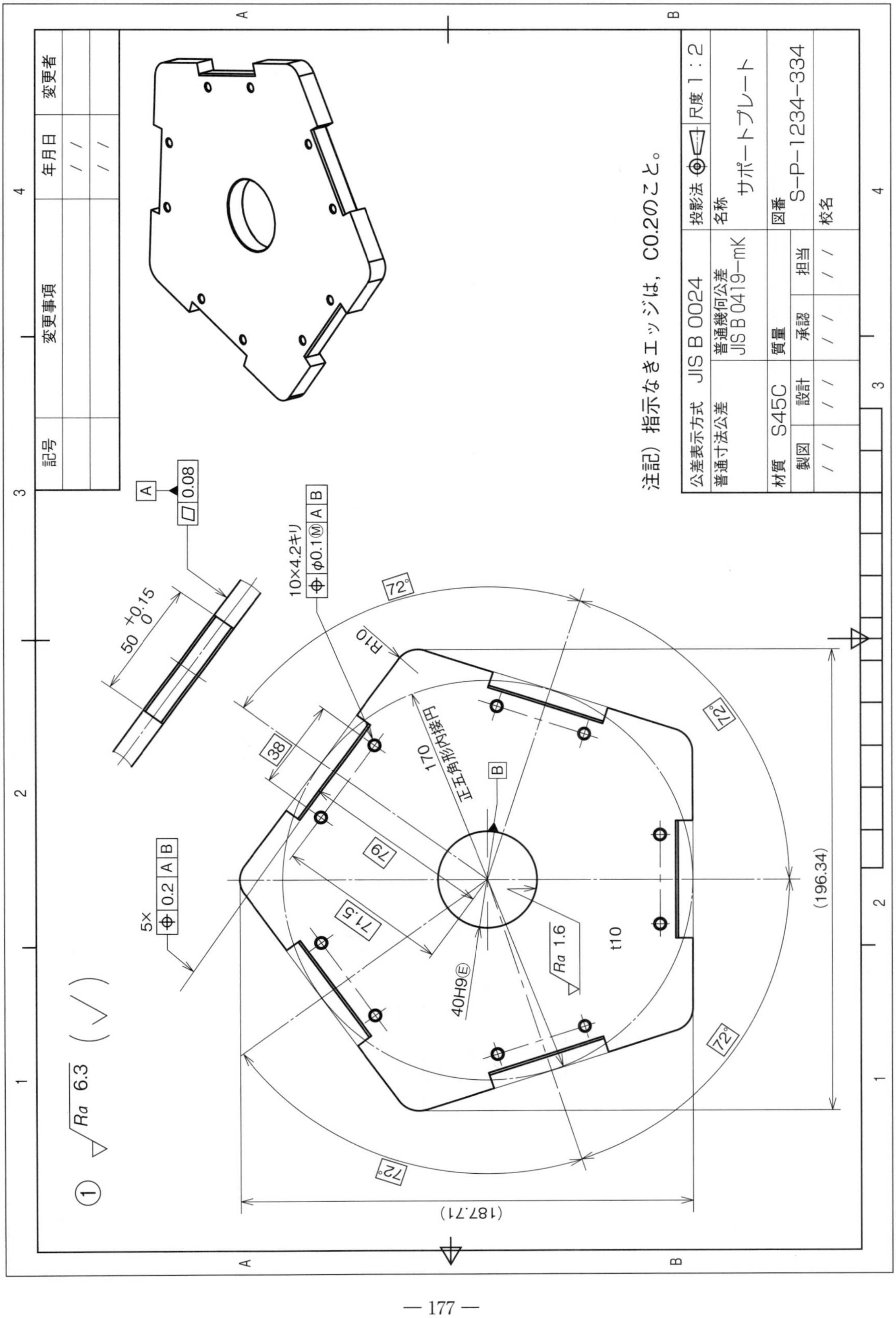

注記）指示なきエッジは，C0.2のこと。
公差表示方式　JIS B 0024
普通寸法公差
普通幾何公差
JIS B 0419-mK
投影法
尺度 1：2
名称
サポートプレート
材質　S45C
質量
図番
S-P-1234-334
製図
設計
承認
担当
校名
記号
変更事項
年月日
変更者
① Ra 6.3 (√)
Ra 1.6
t10
40H9Ⓔ
170
正五角形内接円
10×4.2キリ
φ0.1Ⓜ A B
5×
0.2 A B
0.08
A
B
50 +0.15 0
38
79
71.5
R10
72°
(196.34)
(187.71)

付図５

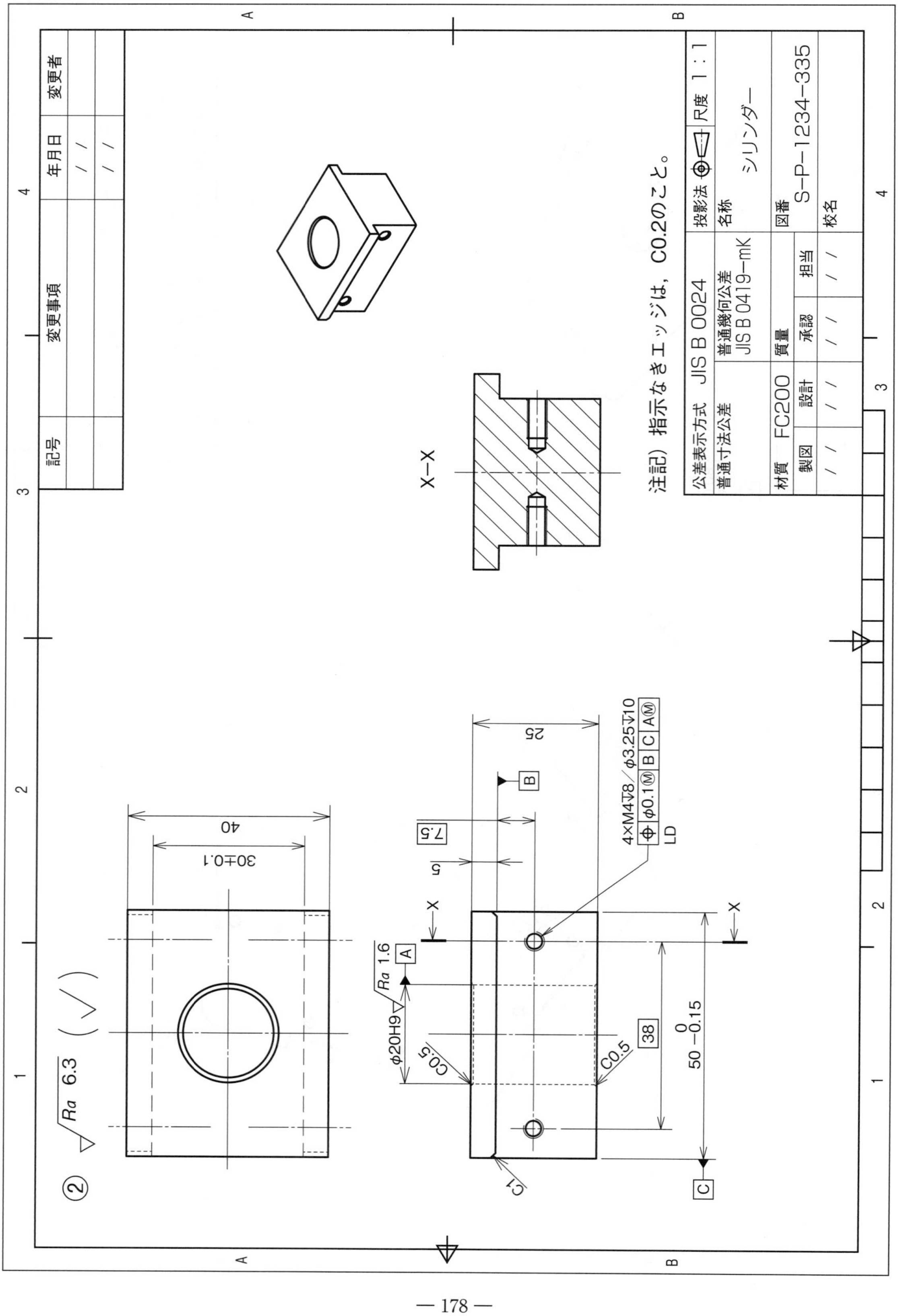
注記）指示なきエッジは，C0.2のこと。
公差表示方式 JIS B 0024
普通寸法公差
普通幾何公差
JIS B 0419−mK
投影法
尺度 1：1
名称
シリンダー
材質 FC200
質量
図番
S-P-1234-335
製図
設計
承認
担当
校名
記号
変更事項
年月日
変更者
X−X
②
Ra 6.3
40
30±0.1
25
7.5
5
38
50 0 −0.15
φ20H9
Ra 1.6
C0.5
C1
4×M4↧8／φ3.25↧10
φ0.1Ⓜ B C AⓂ
LD

付図6

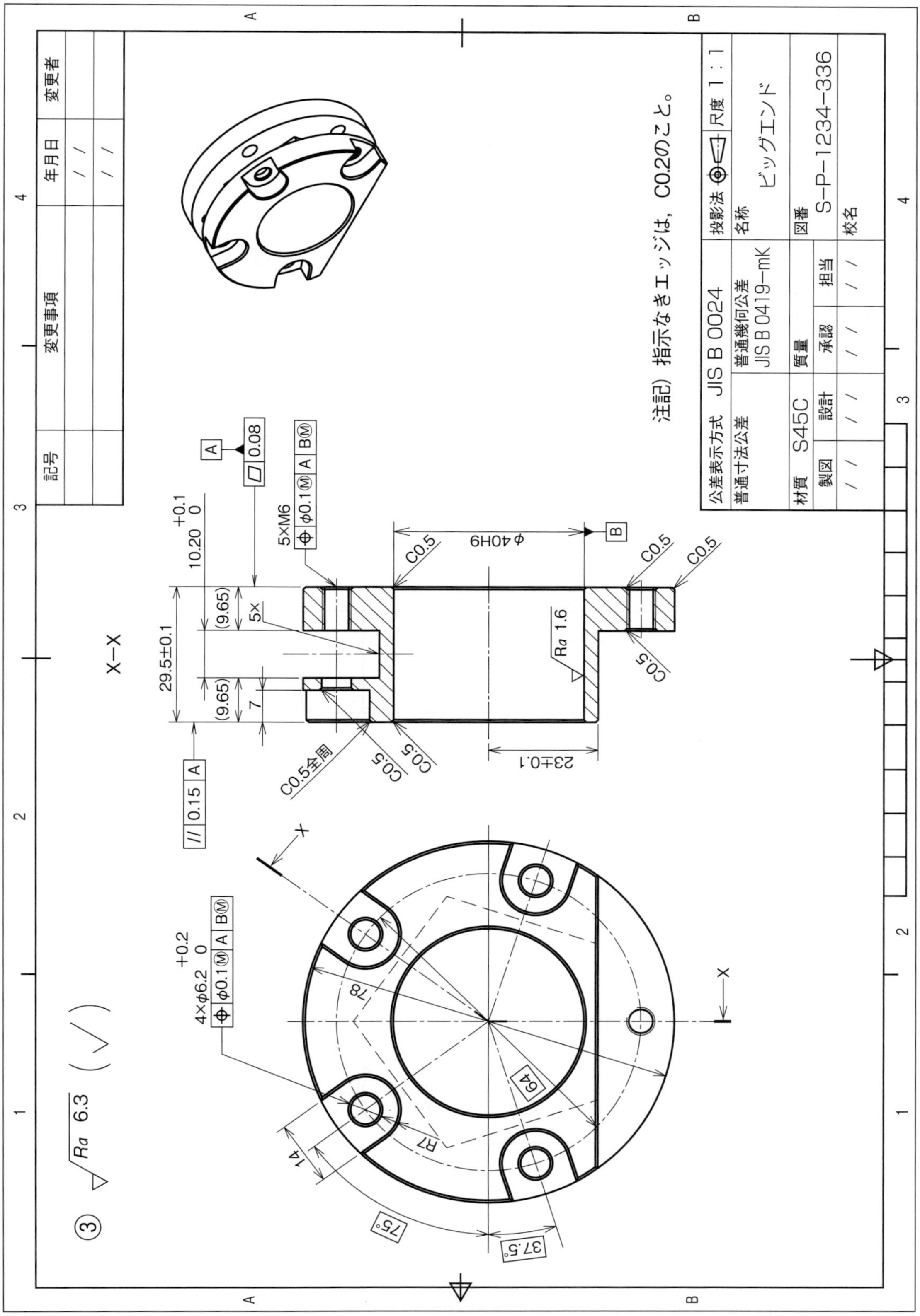

③ Ra 6.3 (✓)
X−X
4×φ6.2 +0.2 0
φ0.1Ⓜ A BⓂ
78
64
R7
14
75°
37.5°
X
29.5±0.1
10.20 +0.1 0
(9.65)
(9.65)
5X
7
5×M6
φ0.1Ⓜ A BⓂ
0.08
A
B
φ40H9
Ra 1.6
23±0.1
0.15 A
C0.5
C0.5
C0.5
C0.5
C0.5
C0.5
C0.5全周
注記）指示なきエッジは，C0.2のこと。
記号
変更事項
年月日
変更者
公差表示方式 JIS B 0024
投影法
尺度 1：1
普通寸法公差
普通幾何公差 JIS B 0419−mK
名称 ビッグエンド
材質 S45C
質量
図番 S-P-1234-336
製図
設計
承認
担当
校名

付図７

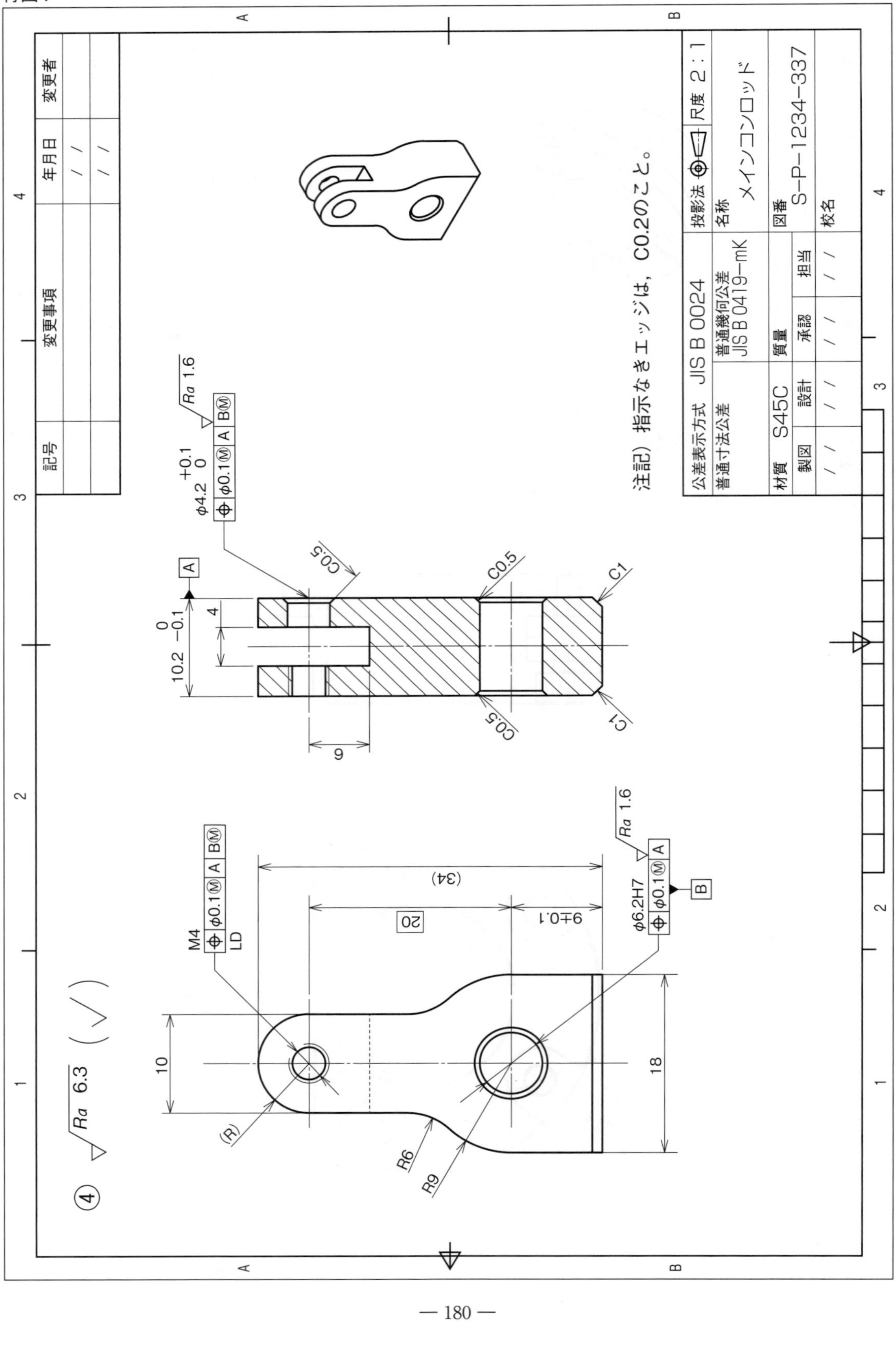
記号
変更事項
年月日
変更者
④
Ra 6.3
注記）指示なきエッジは，C0.2のこと。
公差表示方式　JIS B 0024
投影法
尺度　2：1
普通寸法公差
普通幾何公差 JIS B 0419−mK
名称
メインコンロッド
材質　S45C
質量
図番
S−P−1234−337
製図
設計
承認
担当
校名
M4
LD
φ6.2H7
φ4.2
Ra 1.6
(34)
20
9±0.1
10
18
R6
R9
(R)
C0.5
C1
10.2
4
9

付図８

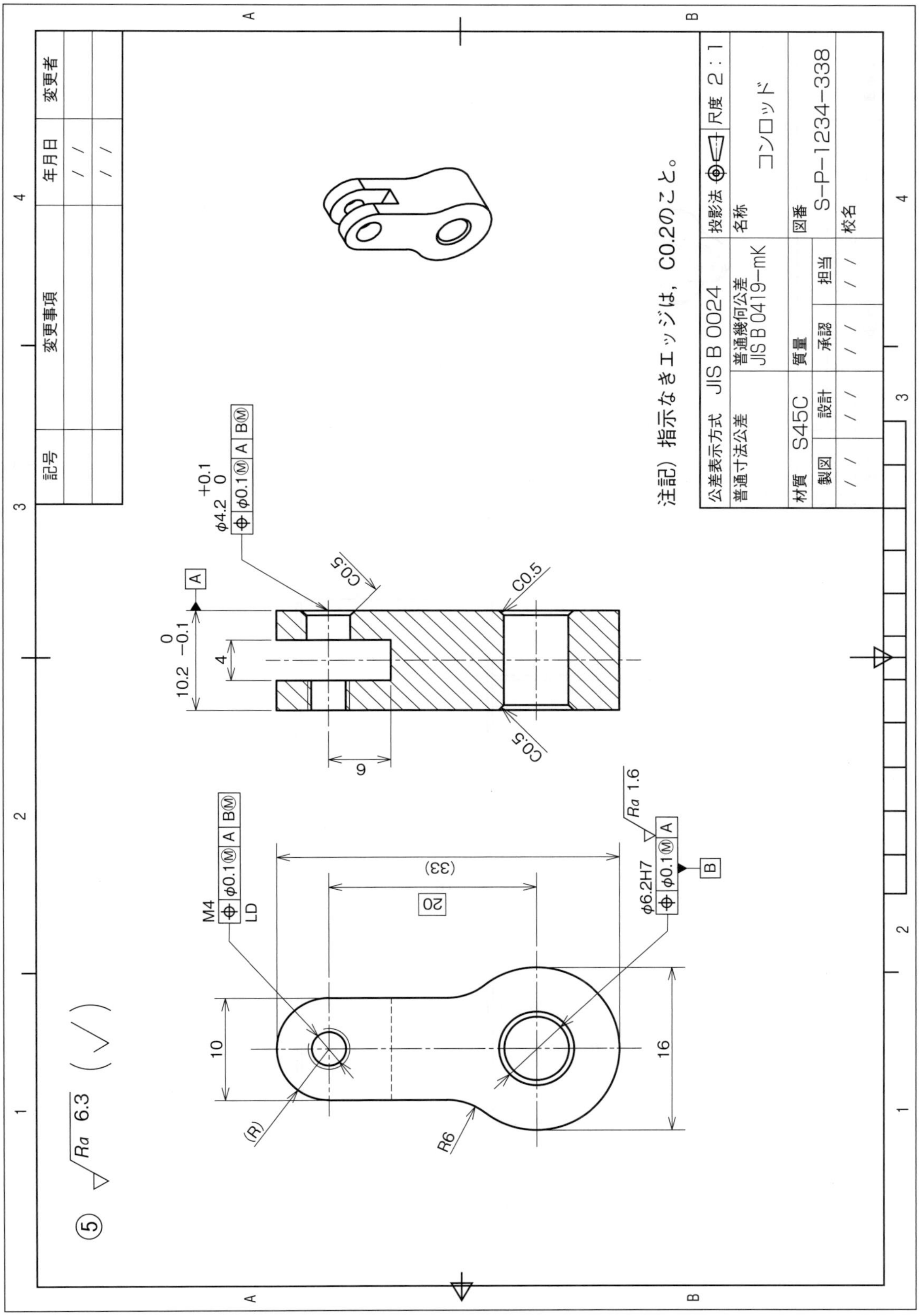
⑤ Ra 6.3 (√)
注記）指示なきエッジは，C0.2のこと。
公差表示方式 JIS B 0024
普通寸法公差
普通幾何公差 JIS B 0419−mK
材質 S45C
質量
投影法
尺度 2：1
名称 コンロッド
図番 S-P-1234-338
校名
製図
設計
承認
担当
記号
変更事項
年月日
変更者
M4 LD
φ6.2H7
φ4.2 +0.1 0
10.2 0 −0.1
Ra 1.6
C0.5
(33)
20
10
16
R6
(R)
4
6

付図９

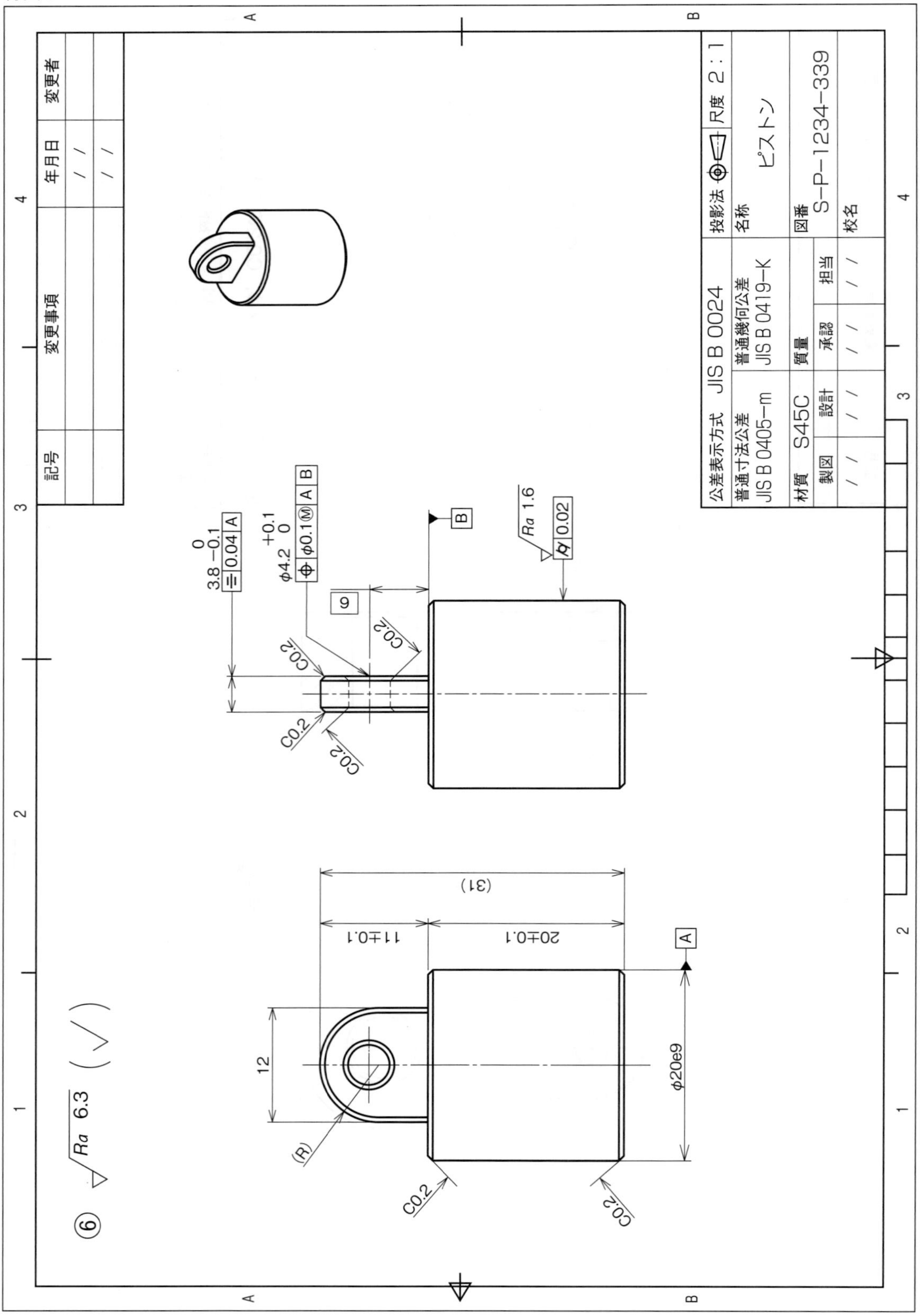
⑥
Ra 6.3 (√)
12
(R)
φ20e9
C0.2
20±0.1
11±0.1
(31)
A
B
9
Ra 1.6
0.02
3.8 0 −0.1
0.04 A
φ4.2 +0.1 0
φ0.1Ⓜ A B
記号
変更事項
年月日
変更者
公差表示方式 JIS B 0024
普通寸法公差 JIS B 0405−m
普通幾何公差 JIS B 0419−K
材質 S45C
質量
投影法
尺度 2：1
名称 ピストン
図番 S−P−1234−339
製図
設計
承認
担当
校名

付図 10

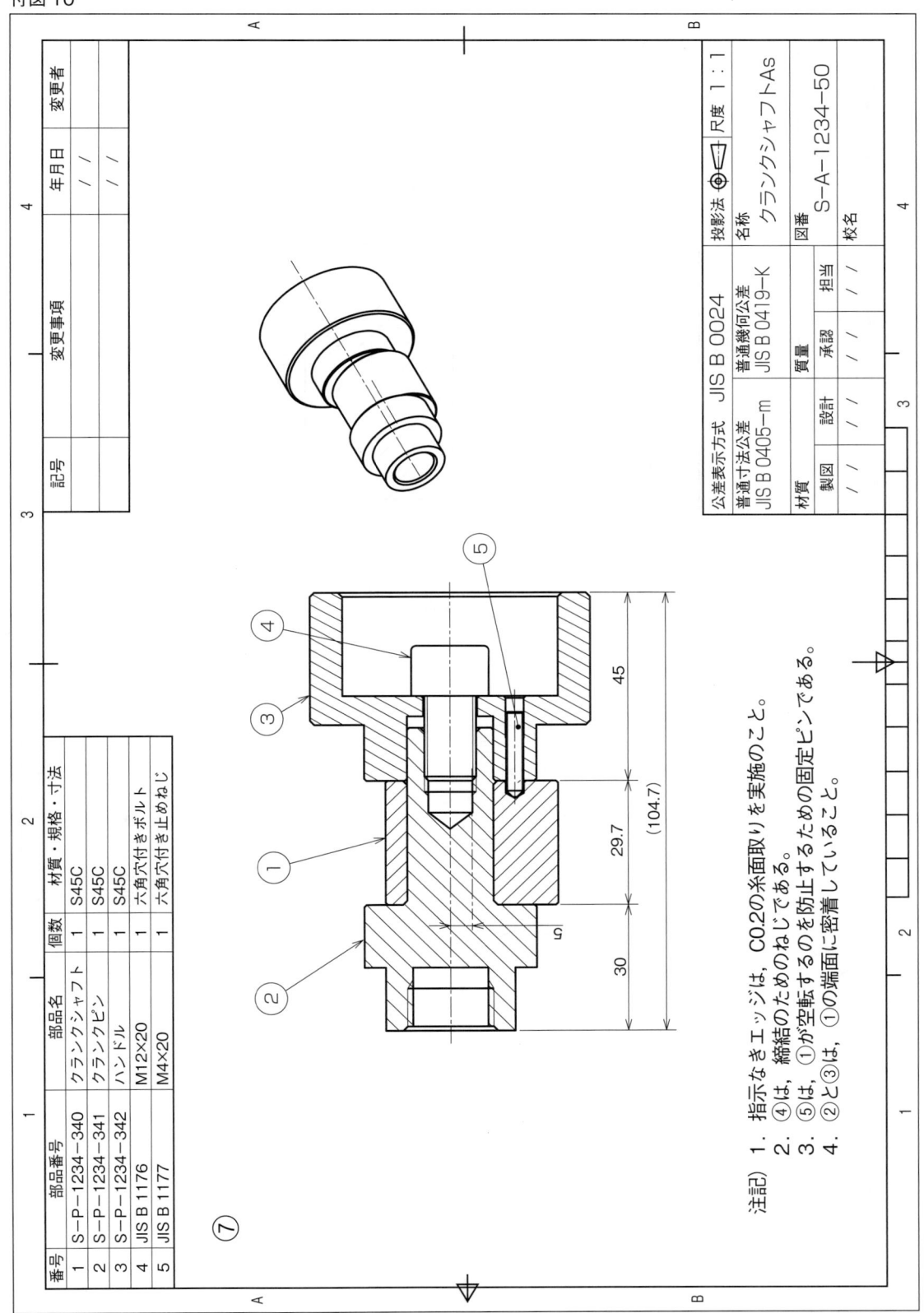

番号	部品番号	部品名	個数	材質・規格・寸法
1	S−P−1234−340	クランクシャフト	1	S45C
2	S−P−1234−341	クランクピン	1	S45C
3	S−P−1234−342	ハンドル	1	S45C
4	JIS B 1176	M12×20	1	六角穴付きボルト
5	JIS B 1177	M4×20	1	六角穴付き止めねじ

記号	変更事項	年月日	変更者
		/ /	
		/ /	

⑦

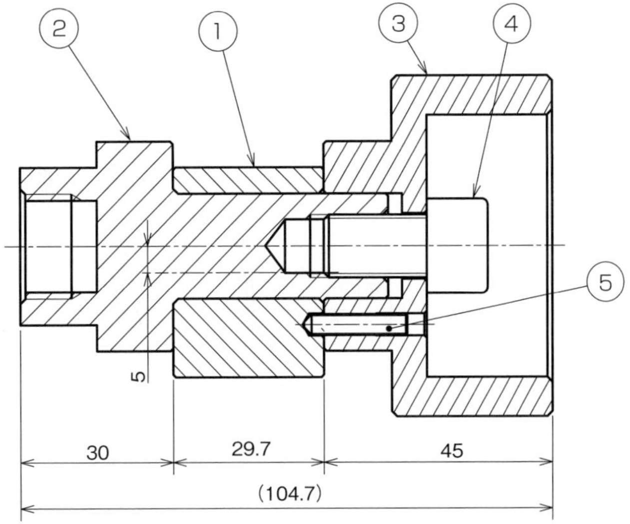

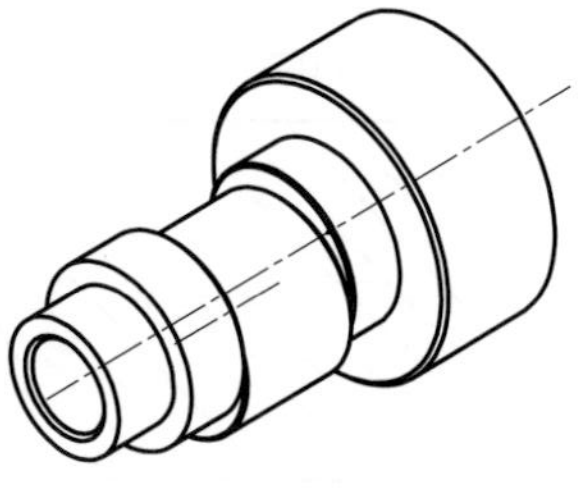

注記）1．指示なきエッジは，C0.2の糸面取りを実施のこと。
2．④は，締結のためのねじである。
3．⑤は，①が空転するのを防止するための固定ピンである。
4．②と③は，①の端面に密着していること。

公差表示方式 JIS B 0024				投影法 ⊕◁ 尺度 1：1
普通寸法公差 JIS B 0405−m		普通幾何公差 JIS B 0419−K		名称 クランクシャフトAs
材質		質量		図番 S−A−1234−50
製図	設計	承認	担当	
/ /	/ /	/ /	/ /	校名

付図 11

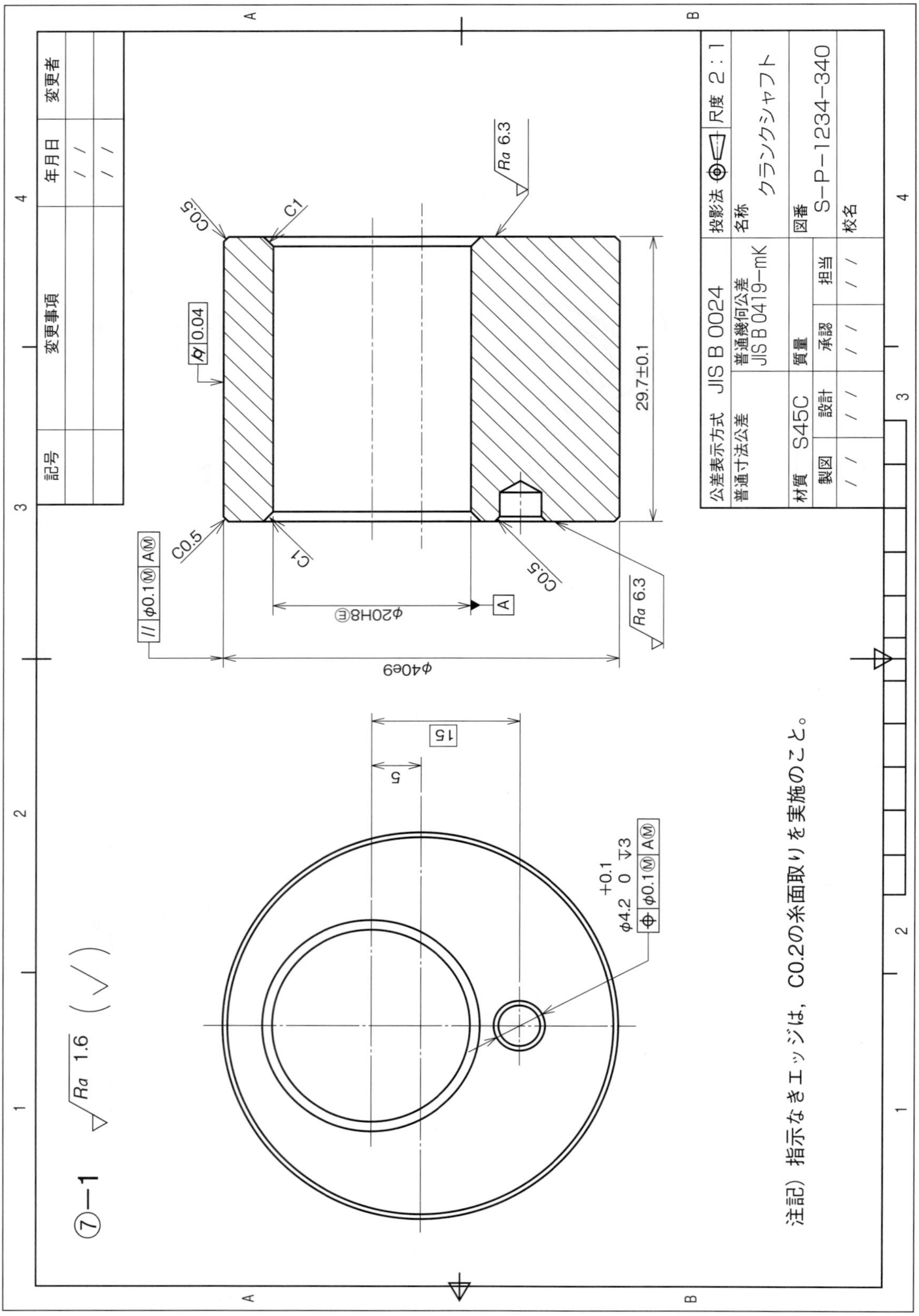
⑦—1
Ra 1.6 (√)
注記）指示なきエッジは，C0.2の糸面取りを実施のこと。
記号
変更事項
年月日
変更者
公差表示方式 JIS B 0024
普通寸法公差
普通幾何公差 JIS B 0419−mK
材質 S45C
質量
製図
設計
承認
担当
投影法
尺度 2：1
名称
クランクシャフト
図番
S−P−1234−340
校名
φ40e9
φ20H8Ⓔ
29.7±0.1
15
5
C0.5
C1
Ra 6.3
0.04
A
φ0.1Ⓜ AⓂ
φ4.2 +0.1 0 ↧3

付図 12

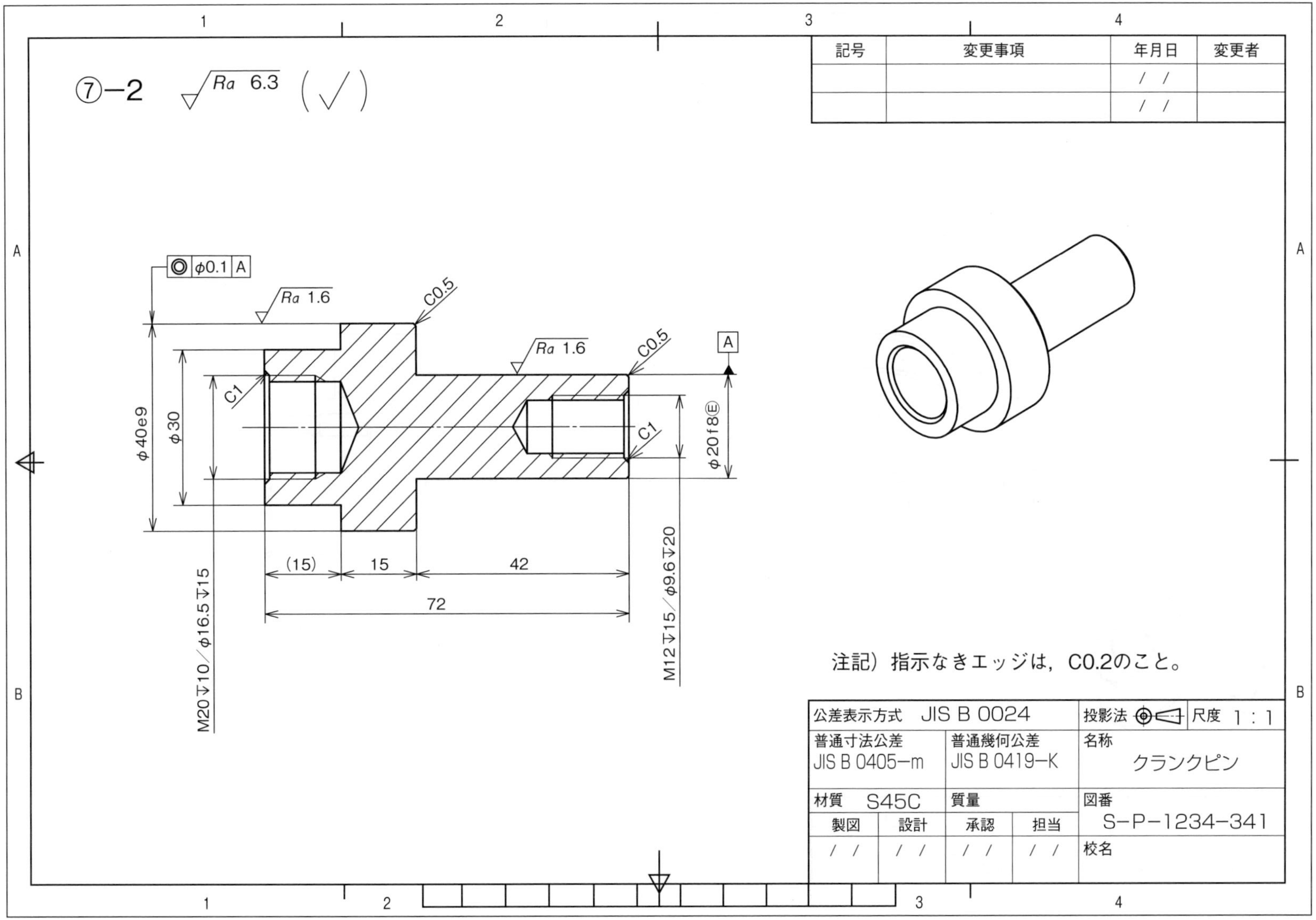
⑦−2 Ra 6.3 (√)
記号
変更事項
年月日
変更者
/ /
/ /
φ0.1 A
Ra 1.6
C0.5
Ra 1.6
C0.5
A
C1
C1
φ40e9
φ30
φ20f8Ⓔ
(15)
15
42
72
M20↧10／φ16.5↧15
M12↧15／φ9.6↧20
注記）指示なきエッジは，C0.2のこと。
公差表示方式 JIS B 0024
投影法
尺度 1：1
普通寸法公差 JIS B 0405−m
普通幾何公差 JIS B 0419−K
名称 クランクピン
材質 S45C
質量
図番 S−P−1234−341
製図
設計
承認
担当
/ /
/ /
/ /
/ /
校名

付図 13

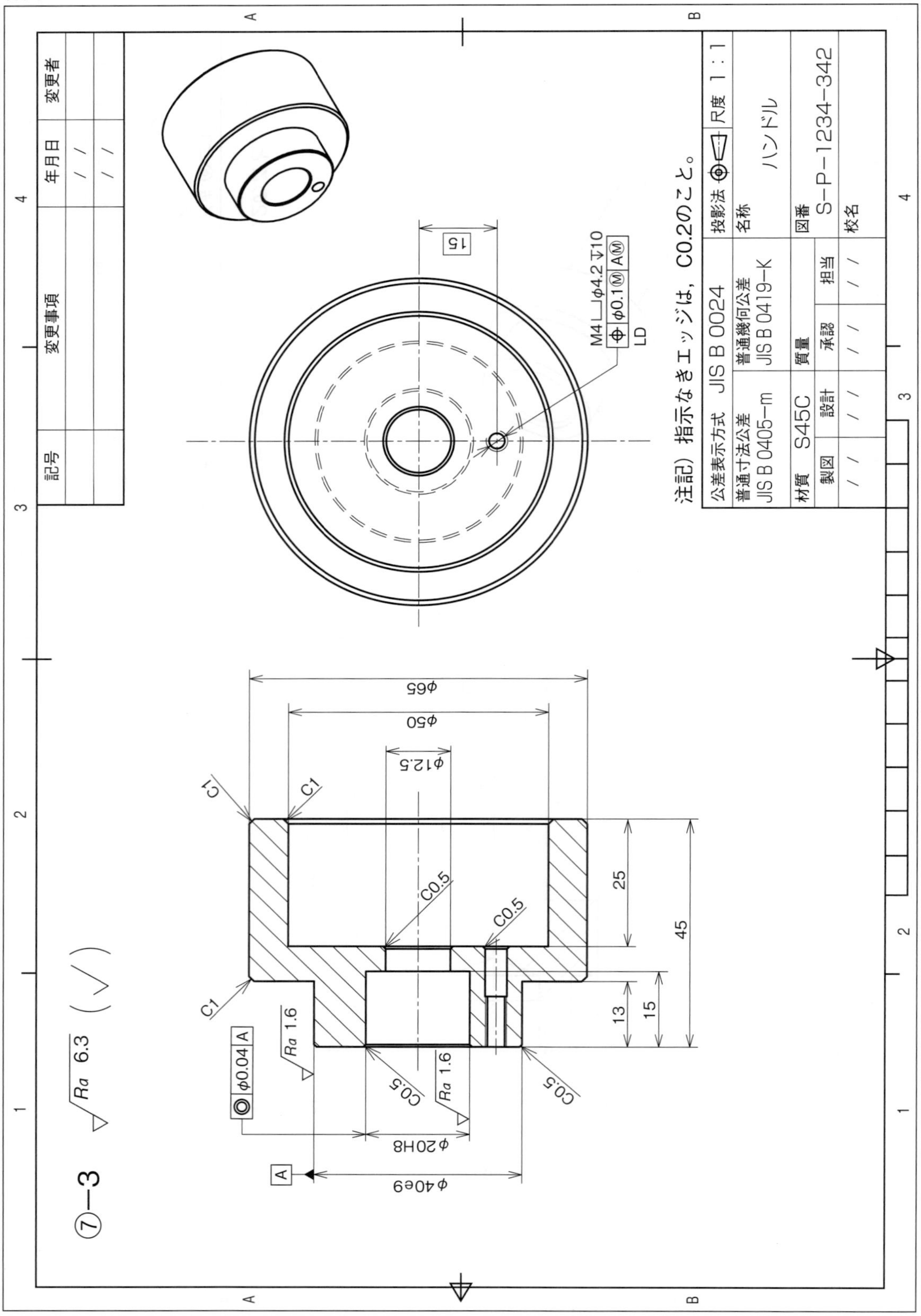
⑦—3
Ra 6.3
Ra 1.6
φ0.04 A
A
φ20H8
φ40e9
φ65
φ50
φ12.5
C1
C0.5
25
45
13
15
M4 φ4.2 ↧10
φ0.1Ⓜ AⓂ
LD
注記）指示なきエッジは，C0.2のこと。
記号
変更事項
年月日
変更者
公差表示方式 JIS B 0024
普通寸法公差 JIS B 0405-m
普通幾何公差 JIS B 0419-K
投影法
尺度 1：1
名称
ハンドル
材質 S45C
質量
図番
S-P-1234-342
製図
設計
承認
担当
校名

付図 14

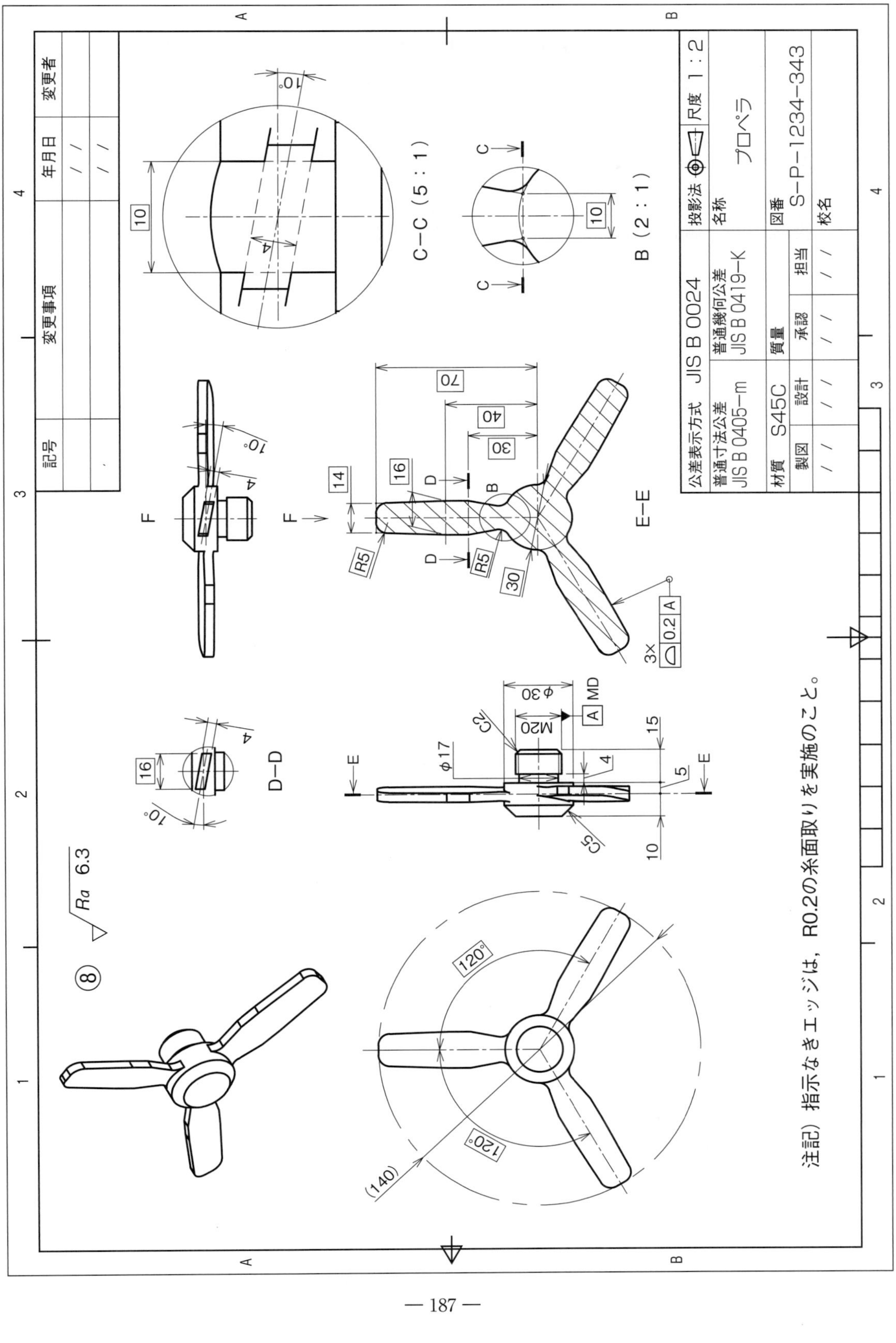
公差表示方式 JIS B 0024
普通寸法公差 JIS B 0405–m
普通幾何公差 JIS B 0419–K
材質 S45C
質量
投影法
尺度 1：2
名称 プロペラ
図番 S–P–1234–343
製図
設計
承認
担当
校名
記号
変更事項
年月日
変更者
C–C（5：1）
B（2：1）
D–D
E–E
F
Ra 6.3
⑧
3× 0.2 A
A MD
M20
ϕ30
ϕ17
C2
C5
R5
(140)
120°
10°
注記）指示なきエッジは，R0.2の糸面取りを実施のこと。

第１章　章末問題（解答）

［1］

a：転がり軸受，　b：滑り軸受，　c：ラジアル軸受，　d：スラスト軸受，　e：深溝玉軸受，
f：40，　g：十字，　h：軸受メタル（ブッシュ），　i：モジュール，　j：60，　k：転位，
l：主投影，　m：側面，　n：太い実線，　o：細い一点鎖線

第２章　章末問題（解答）

［1］

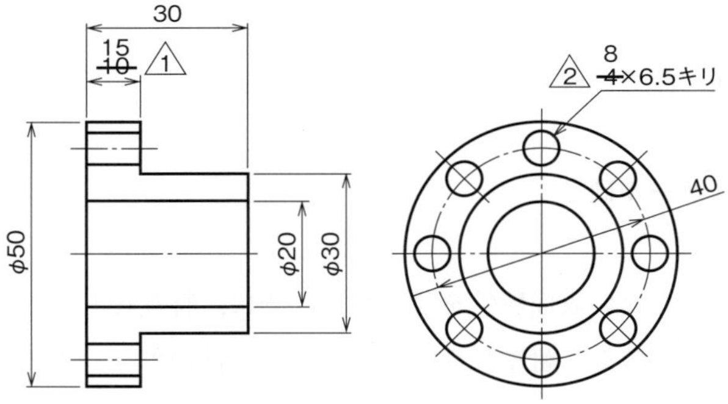

変更履歴			
記号	内容	日付	担当
△1	寸法変更	YYYY-MM-DD	
△2	キリ穴数変更	YYYY-MM-DD	

第３章　章末問題（解答）

［１］ 焼入れ：HQ，焼なまし：HA，窒化：HNT

［２］ 焼入れ方法，範囲，深さ，硬度

［３］ ロックウェルＣスケール硬さ

［４］ 理由：金属材料がもたない表面特性を付与するために，特性をもった金属を被覆すること。
得られる機能：防食，装飾，耐摩耗性の付与，電気特性の付与，光・熱特性の付与など。

［５］ 黒染め：SOB，電気めっき：SPLE，無電解めっき：SPLEL

［６］ 光沢めっき：b，無光沢めっき：m，黒色めっき：bk

［７］ 電気めっきを表す記号　－　素地の種類を表す記号　／　電気めっきの種類を表す記号　電気めっきの厚さを表す記号　　電気めっきのタイプを表す記号　／　後処理を表す記号　：　使用環境を表す記号

［８］ SPA

［９］ 色相，明度，彩度の三つの属性

［10］ PVD：物理蒸着，CVD：化学蒸着

［11］ 液中で電子の移動に伴い，金属表面に皮膜を作るのが電気めっきであり，蒸着は，蒸発した金属により被めっき物質上に皮膜を形成させる。電気めっきは，液中で行う必要があるが，蒸着は液中で行わないという特徴がある。

第4章　章末問題（解答）

［1］　省略（巻末の付図1参照）

［2］

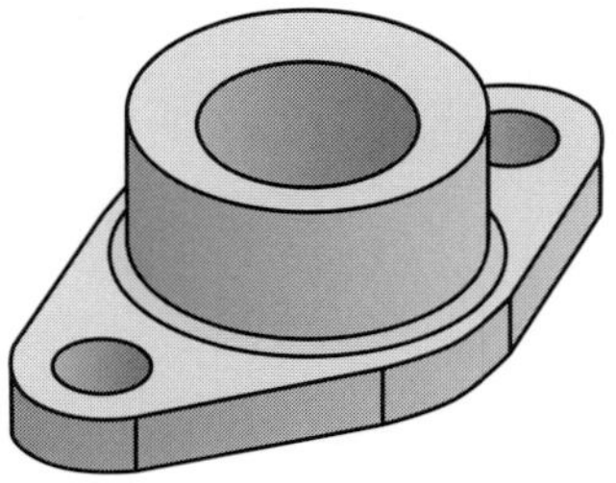

［3］

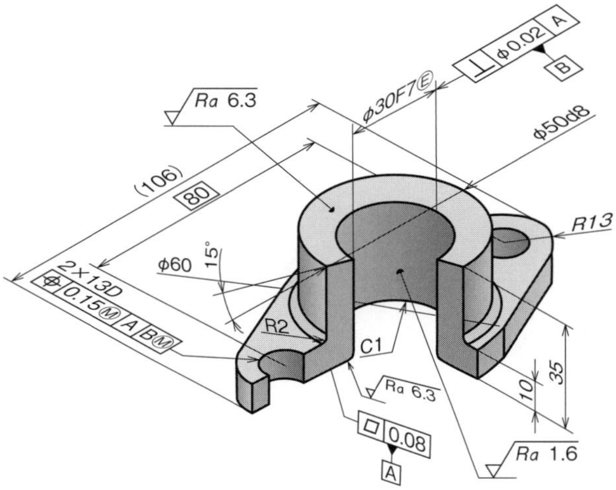

第５章　章末問題（解答）

［１］　省略

［２］　省略

○使用規格一覧

（　）内は本教科書の該当ページ又は図表番号

日本産業規格（発行元：一般財団法人日本規格協会）

・JIS B 0001：2019「機械製図」（128）

・JIS B 0003：2012「歯車製図」（91，92）

・JIS B 0004：2007「ばね製図」（112 ～ 115）

・JIS B 0005－2：1999「製図－転がり軸受－第２部：個別簡略図示方法」（81）

・JIS B 0011－1：1998「製図－配管の簡略図示方法－第１部：通則及び正投影図」（116 ～ 118）

・JIS B 0011－2：1998「製図－配管の簡略図示方法－第２部：等角投影図」（118）

・JIS B 0041：1999「製図－センタ穴の簡略図示方法」（64）

・JIS B 0060－2：2015「デジタル製品技術文書情報－第２部：用語」（151）

・JIS B 0904：2001「テーパ比１：10円すい軸端」（62）

・JIS B 1001：1985「ボルト穴径及びざぐり径」（24）

・JIS B 1011：1987「センタ穴」（63，64）

・JIS B 1101：2017「すりわり付き小ねじ」（32 ～ 34）

・JIS B 1111：2017「十字穴付き小ねじ」（35 ～ 39）

・JIS B 1173：2010「植込みボルト」（21）

・JIS B 1176：2014「六角穴付きボルト」（20）

・JIS B 1177：2007「六角穴付き止めねじ」（41，42）

・JIS B 1180：2014「六角ボルト」（10 ～ 14）

・JIS B 1181：2014「六角ナット」（17，18）

・JIS B 1251：2018「ばね座金」（30，31）

・JIS B 1256：2008「平座金」（27 ～ 29）

・JIS B 1301：1996「キー及びキー溝」（46，47）

・JIS B 1351：1987「割りピン」（52）

・JIS B 1352：2006「テーパピン」（53）

・JIS B 1354：2012「平行ピン」（52）

・JIS B 1451：1991「フランジ形固定軸継手」（66）

・JIS B 1452：1991「フランジ形たわみ軸継手」（68）

・JIS B 1453：1988「歯車形軸継手」（69）

・JIS B 1454：1988「こま形自在軸継手」（71）

・JIS B 1456：2022「ローラチェーン軸継手」（70）

・JIS B 1513：1995「転がり軸受の呼び番号」（74 ～ 76）

・JIS B 1701－1：2012「円筒歯車－インボリュート歯車歯形－第１部：標準基準ラック歯形」（88）

・JIS B 1701－2：2017「円筒歯車－インボリュート歯車歯形－第２部：モジュール」（87）

・JIS B 1801：2020「伝動用ローラチェーン及びブシュチェーン」（103，104，106，107）

・JIS B 1854：1987「一般用Ｖプーリ」(100)

・JIS B 1855：1991「細幅Ｖプーリ」(101)

・JIS B 2804：2010「止め輪」(57, 58, 60)

・JIS B 2808：2013「スプリングピン」(54, 55)

・JIS B 3401：1993「CAD 用語」(145)

・JIS G 0566：2022「鋼の火花試験方法」(167)

・JIS K 6323：2008「一般用Ｖベルト」(98, 99)

・JIS K 6368：1999「細幅Ｖベルト」(99)

○参考規格一覧

日本産業規格（発行元：一般財団法人日本規格協会）

・JIS B 0001：2019「機械製図」(151)

・JIS B 0003：2012「歯車製図」(90)

・JIS B 0005−1：1999「製図−転がり軸受−第１部：基本簡略図示方法」(79)

・JIS B 0005−2：1999「製図−転がり軸受−第２部：個別簡略図示方法」(79)

・JIS B 0006：1993「製図−スプライン及びセレーションの表し方」(48)

・JIS B 0011−1：1998「製図−配管の簡略図示方法−第１部：通則及び正投影図」(116)

・JIS B 0011−2：1998「製図−配管の簡略図示方法−第２部：等角投影図」(116)

・JIS B 0011−3：1998「製図−配管の簡略図示方法−第３部：換気系及び排水系の末端装置」(116)

・JIS B 0101：2013「ねじ用語」(15)

・JIS B 0122：1978「加工方法記号」(133, 136, 139, 140)

・JIS B 0901：1977（2023 年廃止）「軸の直径」(63)

・JIS B 0902：2001「駆動機及び被駆動機−軸高さ」(62)

・JIS B 0903：2001「円筒軸端」(62)

・JIS B 0904：2001「テーパ比１：10 円すい軸端」(62)

・JIS B 0951：1962「ローレット目」(61)

・JIS B 1011：1987「センタ穴」(63)

・JIS B 1044：2024「締結用部品−電気めっき皮膜システム」(19)

・JIS B 1052−2：2025「締結用部品−炭素鋼及び合金鋼製締結用部品の機械的性質−第２部：強度区分を規定したナット」(15)

・JIS B 1111：2017「十字穴付き小ねじ」(35)

・JIS B 1176：1974「六角穴付きボルト」(25)

・JIS B 1180：2014「六角ボルト」(9)

・JIS B 1181：2014「六角ナット」(15)

・JIS B 1256：2008「平座金」(26)

・JIS B 1451：1991「フランジ形固定軸継手」(65)

・JIS B 1455：1988（2023年廃止）「ゴム軸継手」(67)

・JIS B 1513：1995「転がり軸受の呼び番号」(77, 79)

・JIS B 1701 − 1：2012「円筒歯車−インボリュート歯車歯形−第1部：標準基準ラック歯形」(95)

・JIS B 1701−2：2017「円筒歯車−インボリュート歯車歯形−第2部：モジュール」(95)

・JIS B 1704：2010「かさ歯車の精度」(95)

・JIS B 1801：2020「伝動用ローラチェーン及びブシュチェーン」(105)

・JIS B 2804：2010「止め輪」(55)

・JIS H 0404：1988「電気めっきの記号による表示方法」(137)

・JIS Z 8321：2000「製図−表示の一般原則−CADに用いる線」(147)

○参考文献等（五十音順）

・「ISO・JIS準拠　図面の新しい見方・読み方　改訂3版」桑田浩志著，日本規格協会，2013

・「JIS使い方シリーズ　機械製図マニュアル　第4版」桑田浩志・徳岡直静 共著，日本規格協会，2010

・「機械製図（7実教　工業702)」富岡淳ほか，実教出版，2022

索　引

[へ]

[ほ]

[も]

[や]

[よ]

[れ]

[ろ]

[わ]

委員一覧

昭和61年2月		
〈作成委員〉	加藤　勇	東京都立大塚高等職業訓練校
	岸本　正史	神奈川県立京浜技能開発センター
	幸田　隆司	国立職業リハビリテーションセンター
	諏訪　敬一	神奈川県立横須賀高等職業技術校
	星野　忠	東京都立大田高等職業訓練校
平成6年3月		
〈改定委員〉	山田　守	茨城職業能力開発短期大学校
平成14年3月		
〈改定委員〉	石井　藤隆	神奈川県立横須賀高等職業技術校
平成27年2月		
〈監修委員〉	岡部　眞幸	職業能力開発総合大学校
	森　茂樹	職業能力開発総合大学校
〈改定委員〉	小川　和史	栃木県立県央産業技術専門校
	島崎　光憲	群馬県立太田産業技術専門校
	横林　照之	広島県立技術短期大学校

（委員名は五十音順，所属は執筆当時のものです）

職業訓練教材
機械製図 応用編

厚生労働省認定教材	
認定番号	第59274号
認定年月日	昭和60年4月19日
改定承認年月日	令和 7 年3月31日
訓練の種類	普通職業訓練
訓練課程名	普通課程

昭和61年2月　初版発行
平成6年3月　改定初版1刷発行
平成14年3月　改定3版1刷発行
平成27年2月　改定4版1刷発行
令和7年3月　改定5版1刷発行

編　集　独立行政法人 高齢・障害・求職者雇用支援機構
　　　　職業能力開発総合大学校 基盤整備センター

発行所　一般社団法人 雇用問題研究会
〒103－0002 東京都中央区日本橋馬喰町 1－14－5 日本橋Kビル2階
電話 03（5651）7071（代表） FAX 03（5651）7077
URL https://www.koyoerc.or.jp/

印刷所　株式会社 ワイズ

151504-25-31

ISBN978-4-87563-433-1